"十三五"江苏省高等学校重点教材（编号：2020-2-039）

飞行器动力工程专业系列教材

燃气轮机原理与构造

Gas Turbine Theory and Structure

范育新　岳　晨　编著

科学出版社

北　京

内 容 简 介

本书共分 8 章,第 1 章介绍燃气轮机应用领域和发展趋势;第 2 章介绍燃气轮机工作过程的基本方程和理想热力循环;第 3 章介绍燃气轮机主要应用领域的实际循环,包括地面发电用燃气轮机实际循环和航空燃气轮机循环;第 4~6 章,对燃气轮机的关键部件压气机、燃烧室和涡轮的工作原理进行介绍;第 7 章对燃气轮机的进排气装置和辅机进行介绍;第 8 章对燃气轮机性能预测和变工况特性进行介绍。本书着重编写基本概念和原理,以及基本知识和基本理论,力求联系燃气轮机设计和应用实践,反映国内外先进科学技术。

本书可作为能源动力类的高年级本科生专业教材,也可供其他从事燃气轮机专业方面研究的科研人员和工程技术人员参考。

图书在版编目(CIP)数据

燃气轮机原理与构造/范育新,岳晨编著. —北京:科学出版社,2023.5
"十三五"江苏省高等学校重点教材
飞行器动力工程专业系列教材
ISBN 978-7-03-072661-2

I. ①燃… II. ①范… ②岳… III. ①燃气轮机–理论–高等学校–教材
②燃气轮机–构造–高等学校–教材 IV. ①TK47

中国版本图书馆 CIP 数据核字(2022)第 114837 号

责任编辑:李涪汁 高慧元/责任校对:郝璐璐
责任印制:张 伟/封面设计:许 瑞

科学出版社 出版
北京东黄城根北街 16 号
邮政编码:100717
http://www.sciencep.com
天津市新科印刷有限公司 印刷
科学出版社发行 各地新华书店经销
*
2023 年 5 月第 一 版 开本:787×1092 1/16
2023 年 5 月第 次印刷 印张:17 1/2
字数:413 000
定价:99.00 元
(如有印装质量问题,我社负责调换)

"飞行器动力工程专业系列教材"编委会

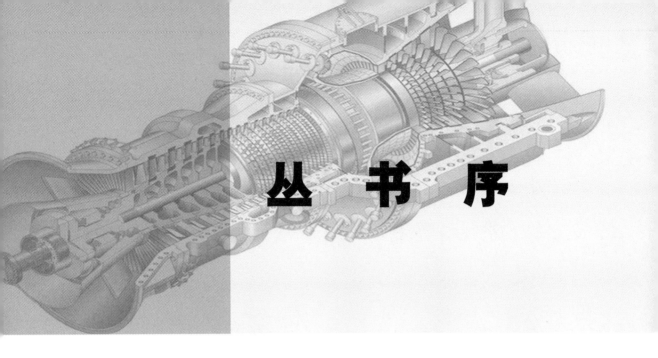

丛 书 序

作为飞行器的"心脏"，航空发动机是技术高度集成和高附加值的科技产品，集中体现了一个国家的工业技术水平，被誉为现代工业皇冠上的明珠。经过几代航空人艰苦卓绝的奋斗，我国航空发动机工业取得了一系列令人瞩目的成就，为我国国防事业发展和国民经济建设做出了重要的贡献。2015 年，李克强总理在《政府工作报告》中明确提出了要实施航空发动机和燃气轮机国家重大专项，自主研制和发展高水平的航空发动机已成为国家战略。2016 年，《中华人民共和国国民经济和社会发展第十三个五年规划纲要》中也明确指出：中国计划实施 100 个重大工程及项目，其中"航空发动机及燃气轮机"位列首位。可以预计，未来相当长的一段时间内，航空发动机技术领域高素质创新人才的培养将是服务国家重大战略需求和国防建设的核心工作之一。

南京航空航天大学是我国航空发动机高层次人才培养和科学研究的重要基地，为国家培养了近万名航空发动机专门人才。在江苏高校品牌专业一期建设工程的资助下，南京航空航天大学于 2016 年启动了飞行器动力工程专业系列教材的建设工作，旨在使教材内容能够更好地反映当前科学技术水平和适应现代教育教学理念。教材内容涉及航空发动机的学科基础、部件/系统工作原理与设计、整机工作原理与设计、航空发动机工程研制与测试等方面，汇聚了高等院校和航空发动机厂所的理论基础及研发经验，注重设计方法和体系介绍，突出工程应用及能力培养。

希望本系列教材的出版能够起到服务国家重大需求、服务国防、服务行业的积极作用，为我国航空发动机领域的创新性人才培养和技术进步贡献力量。

南京航空航天大学

2017 年 5 月

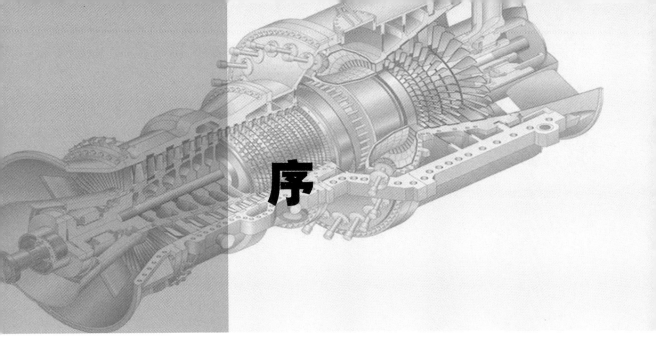

序

  燃气轮机具有功率大、启动快、加速性好等技术特点，其在现代国防和工业等领域的应用日益广泛。作为一种尖端动力技术，燃气轮机涉及高温、高压、高速等多种极端苛刻的工作环境。其工作原理和相应结构形式多种多样，其表现出的综合性能体现了一个国家的现代化工业水平。

  为了满足市场需求，各大燃气轮机公司针对不同应用领域，目前发展了航空发动机、工业燃气轮机、舰船推动和油气输送等几类典型的燃气轮机形式。近年来，燃气轮机技术发展迅猛，其应用领域不断拓宽，出现了许多先进的新型燃气轮机形式，而常规高等院校教材对此类技术的信息涉及较少，已经不能满足当前及未来市场对燃气轮机类专业人才的基本知识需求，亟须一本适应高等教育发展的燃气轮机专业类教材。

  该书作者范育新教授长期从事燃气轮机关键技术及系统方面的科研工作，尤其在航空燃气轮机教学和研究方面，有着非常高的学术造诣和教学经验。在总结多年教学实践和教材编写经验的基础上，紧密结合燃气轮机技术科研发展前沿，为编写出高质量的好教材打下了坚实的基础。

  我与范育新教授认识很早，我们在科研领域也非常熟悉。她治学态度严谨，对主编的教材要求细致，严格把关。该书初稿自形成并投入试用以来，在师生中反应良好，但其本人仍对其中存在的细小问题不断进行修订，力求完美。

  目前，国内外从事与燃气轮机相关的科研、管理、生产、维护等单位和人员众多，而系统介绍其工作原理和结构的相关书籍却不多，我相信该书的出版，对于培养与时俱进的燃气轮机类高年级本科生或者研究生专业人才具有重要的价值。

宋迎东
2022 年 9 月

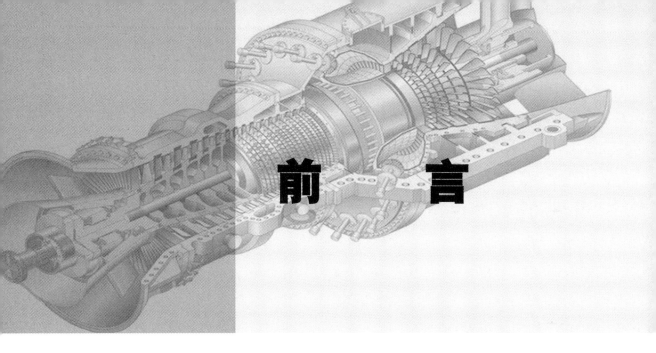

前　　言

　　本书初稿自 2017 年在南京航空航天大学投入使用以来，受到本校师生以及能源动力类工程技术人员的普遍欢迎，对本领域专业人员产生了一定的积极影响。

　　目前燃气轮机类教材种类较多，根据应用领域侧重不同，大体可以分为工业燃气轮机和航空发动机两类。

　　航空燃气轮机类教材，主要对航空燃机的基础知识，各主要部件的工作原理、性能、典型结构，以及航空燃机的总体结构、工作系统、附件传动装置及航机他用等进行了较详细深入的介绍。但该类教材侧重于结构方面的论述，在燃气轮机的原理和性能方面阐述偏弱，缺乏对地面燃气轮机的介绍。

　　工业燃气轮机类教材，注重工程热力学和流体力学基础，对各种实际燃气轮机热力循环、气动计算和动态分析介绍较为细致，侧重燃气轮机气体流动、能量转换和损失形式等重要过程的理论分析方法。但这类教材又缺乏航空燃气轮机的性能及原理等知识的介绍，同时也缺乏燃气轮机的结构论述。

　　近 20 年来，燃气轮机技术发展迅猛，应用领域不断拓宽，出现了很多先进的新型燃气轮机形式，而常规高等院校教材对此类技术的信息涉及较少，已经不能满足当前及未来市场对燃气轮机类专业人才的基本需求，亟须一本适应高等教育发展的燃气轮机专业类教材。

　　为此，本书融合了不同应用领域燃气轮机的工作原理与性能分析方法，紧密结合最新燃机发展前沿，内容包括燃气轮机总体概述、循环分析、性能计算、压气机、燃烧室、涡轮和进排气装置等，同时又侧重燃气轮机的核心部件工作原理和结构分析。

　　本书力求所阐述的内容深刻而与时俱进，反映燃气轮机技术的最新进展和成果，更好地适应本专业人才培养的需要。但是，限于作者水平，书中难免会有疏漏之处，敬请读者提出宝贵意见，以使本书不断得到完善。

编著者

2022 年 9 月

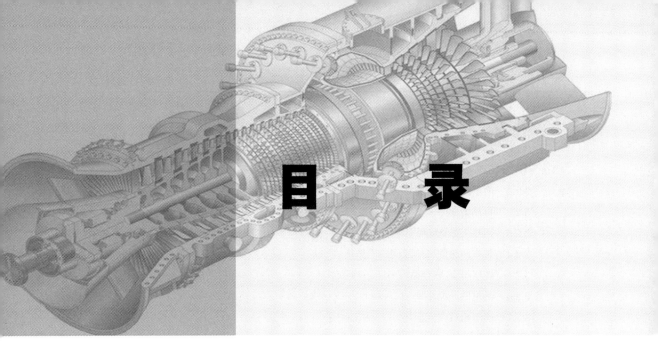

目　录

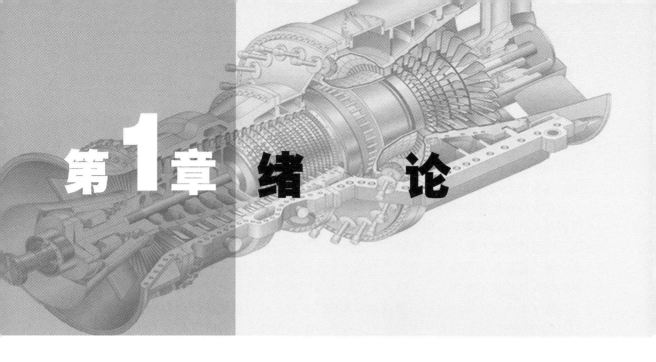

第1章 绪 论

1.1 燃气轮机简介

　　燃气轮机简称"燃机",是一种以空气为介质,将燃料的化学能转变为高温、高压燃气的热能,再通过燃气涡轮将热能转变为机械能的动力装置,主要由压气机、燃烧室和涡轮三大核心部件组成,如图 1-1 所示为燃气轮机的基本结构。经过进气缸进入的空气被压气机压缩为高压空气,与燃料混合之后进入燃烧室燃烧,然后通过涡轮膨胀做功,最后通过排气缸排出。

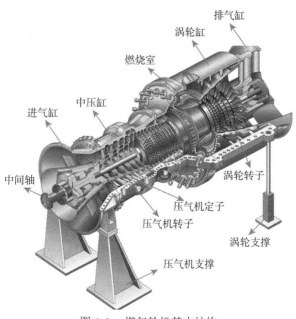

图 1-1　燃气轮机基本结构

相比于蒸汽轮机，燃气轮机不用水蒸气作为工质，故可省去锅炉、冷凝器、给水处理等大型设备，因此比蒸汽轮机装置质量轻、体积小。从经济性看，目前燃气轮机装置效率已达 40%，复杂的联合循环效率可达 50% 以上。此外，燃气轮机还具有启动快、维修方便、运行可靠、自动化程度高、造价低等优点。

和蒸汽轮机装置相比，燃气轮机的主要缺点是单机功率比较小、运行寿命比较短、对燃料种类有较高的要求。但随着燃气轮机综合技术水平的不断提高，以上这些缺点逐步改进，应用领域也不断拓展。如通过采用燃气-蒸汽联合循环可以提高单套燃机发电装置的效率；燃气轮机的运行寿命也随着综合技术水平的提高而增长，目前已经达到数万小时；燃料的使用种类也不断增加，如燃烧重油和柴油的燃气轮机已经试制成功。

表 1-1 所示为燃气轮机、蒸汽轮机和柴油机这三种当前主流的动力装置特点比较。我们可以看出燃气轮机具有突出的优势，在工业领域有着广泛的应用前景。

表 1-1　三种主流动力装置特点比较

项目	柴油机	蒸汽轮机	燃气轮机
质量	大	大 (金属耗量比燃机多 3~5 倍)	小
体积	大	较大 (厂房比燃机大 2.5~4 倍)	小
功率	小	大	大
单位质量	大	很大	小
燃料消耗率 (热效率)	低 (热效率高)	较高 (热效率较高)	高 (大功率时，回热或余热利用与柴油机相当)
燃料适用性	柴油	燃煤	多种燃料
启动、加速	快 (但 −16℃ 要预热启动)	很慢	快 (−35℃ 可以启动)
运动平稳性	惯性力大，振动大	类似燃机	旋转件易平稳
维护保养	维护人员少，用水量少，滑油耗量少	维护人员很多，用水量很大	维护人员少，不用或少用水

鉴于燃气轮机在工业领域的重要地位，各国纷纷制定航空和地面燃机中长期发展规划，由政府出面组织全国各有关公司、各军兵种、研究机构及高等院校的技术力量，投入巨额研发资金，分工合作对燃气轮机总体方案、关键部件技术开展研究。20 世纪 50~90 年代，40 年间压气机增压比从 5 增加到 25；涡轮进口温度 T_3 (t_3) 从 1200 K (927℃) 增加到 1800 K (1527℃)，每 10 年增加 150 K。21 世纪正在研发的航空燃机的压气机增压比 ≈ 30，涡轮进口温度达 1700~2000K。在世界范围内经过优胜劣汰，逐步形成由美国通用电气公司 (GE)、日本三菱重工 (MHI)、德国西门子公司 (Siemens-WH)、欧洲阿尔斯通公司 (Alstom-ABB) 以及俄罗斯列宁格勒金属工厂 (JIM3) 五家大公司及其伙伴厂家高度垄断的局面，其燃机产量份额占世界总量的 80% 以上。目前，通用、西门子、三菱、阿尔斯通公司的重型燃气轮机产品，以及通用、索拉、罗罗的动力和发电用中小型燃气轮机产品体系，代表了国际燃气轮机制造业的最高水平。

图 1-2 是瑞士 BBC 公司于 1939 年制成的一台 4MW 发电用燃气轮机，效率 17.4%，转速 3000 r/min，涡轮进口温度 550℃。直到 2002 年 8 月 18 日，这个世界第一台商用发电燃气轮机，在历经 1908 次启停、服役 63 年之后由于发电机损坏才永久关停。

《国际预测杂志》指出，2014~2023 年，发电用燃气轮机 (不包括微型燃气轮机) 的产量约为 12111 台，总产值超过 2190 亿美元。其中，GE 公司在产值方面是市场的领跑者，占到了 47% 的份额；而单以产量论，索拉涡轮公司的产量占到总产量的 24%，为最多。这些燃气轮机中将有约 60% 的功率低于 50MW，以适应发展中国家分布式发电和调峰发电的需求；较大功率的燃气轮机将会被应用于发电厂的联合循环和工业的热电联供中。

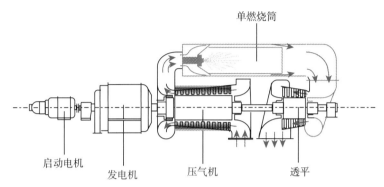

图 1-2　世界第一台工业应用燃气轮机原理示意图

　　中国燃气轮机产业起步晚，20 世纪 50 年代航空燃机是仿制，并开始引进国外中小型地面燃机；60 年代自制了几种 3 MW 以下的地面和船用燃机；70~80 年代开始自行研制航空燃机，同时，地面燃机中轻型燃机的研发与应用达到高峰，应用多种燃料、针对四种航空燃机十多种改型的 100 多台燃机投入使用，另外制定的高性能航空燃机研发计划开始全面执行。80 年代中期 ~90 年代，重型燃机的合作生产和引进使用出现高潮。2000 年以后，随着我国天然气资源大规模开发利用，"西气东输" 以及引进液化天然气 (LNG) 等重大工程陆续开展，发展天然气联合循环电站成为我国能源结构调整的重要组成部分，受到国家的重视和大力推进，重型燃气轮机装机量迅猛增长。2003~2012 年，东方电气、哈尔滨电气、南京电气、上海电气等动力设备制造企业分别引进 MHI、GE、Siemens 公司的 F/E 级重型燃机部分制造技术，进行本地化制造，使得燃气轮机装机容量跃上一个新的台阶。2010 年全国燃气轮机电站总装机达到 34000 MW 以上，与 20 世纪 90 年代相比，新增装机 26.8 GW，新增装机中 2/3 以上为打捆招标项目中的国产燃气轮机。经过多年运行经验的积累和不断摸索，2020 年 9 月，由中国东方电气集团东方汽轮机有限公司牵头，首台自主研发的 F 级 50 MW 重型燃气轮机整机点火试验成功，这也标志着我国重型燃气轮机事业进入新的征程。

　　"十三五" 以来，国家更加重视燃气轮机自主研发技术的发展，投入巨资，设立 "两机专项计划"，以追赶世界先进水平。随着我国综合国力的不断增强，出于国家对强大国防的需求，给予航空燃机研发的投入增加，对于燃气轮机的发展也是一个难得的机遇。

1.2　燃气轮机应用领域

　　我们通常把燃气轮机分为 "航空发动机" 和 "工业燃气轮机" 这两个不同类别，之所以这么分有以下三个主要原因：第一，寿命要求不同，对于工业燃气轮机要求 10 万小时不需大修，而对于航空发动机则不需要这么长的寿命；第二，航空发动机对尺寸和重量的限制要求比燃气轮机在其他领域中的应用要严苛得多；第三，航空发动机可以使用从涡轮流出的燃气的动能，而在其他应用中这部分动能则是浪费的，因此应该使工业燃机排气动能尽可能低。尽管应用于这两类燃气轮机的基本原理是相同的，但这三方面的不同要求对设计有很大影响，所以要对这两类燃气轮机加以明确区分。

1.2.1　航空发动机

航空发动机发展最重要的里程碑是 1937 年 Whittle 发动机的试验。从那时起，所有飞机除了轻型飞机外，燃气轮机以其高推重比的性能完全替代了活塞式发动机。从 20 世纪 50 年代开始，燃气轮机在航空领域的应用占绝对地位。在航空领域，燃气轮机的类型有以下几种。

涡喷发动机。图 1-3 是 Rolls-Royce (罗罗公司) Olympus 涡喷发动机的剖视图，这是批量生产的第一台双轴发动机，早期用于"火神"轰炸机，后来改进作为"协和号"超声速运输机的动力装置 (Olympus 也广泛用作发电和舰船动力的燃气发生器来驱动一个动力涡轮)。

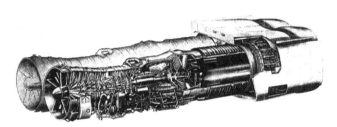

图 1-3　Olympus 涡喷发动机

涡桨发动机。图 1-4 是一台单轴涡桨发动机 (罗罗公司的 Dart 发动机)，采用离心式压气机 (两级) 和单管燃烧室。对于低速飞机，把螺旋桨和喷气发动机结合能提供最好的推进效率。该发动机在 1953 年前后进入航空服役，功率约为 800kW，在 1985 年仍有生产，现在的型号可以产生大约 2500 kW 功率，且单位油耗大约降低了 20%。涡桨发动机也可以设计成用一个动力涡轮驱动螺旋桨或螺旋桨加低压压气机的结构形式。如图 1-5 所示为普惠加拿大公司生产的 PT-6 发动机，该装置由 3 级轴流式 +1 级离心式组合压气机、回流环形燃烧室、燃气涡轮和动力涡轮所组成。该发动机的功率范围为 450~1200kW，可应用于从单发教练机到四发短距起落 (STOL) 运输机。另一种使用动力涡轮的发动机是用于直升机上的涡轴发动机，这种发动机的动力涡轮通过一个复杂的齿轮箱驱动直升机旋翼和尾桨，通常两台发动机连在一个转子上。

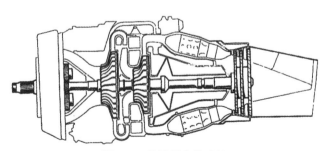

图 1-4　单轴涡桨发动机

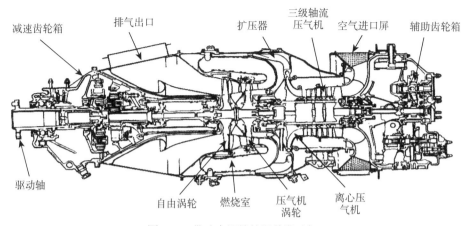

图 1-5 带动力涡轮的涡桨发动机

　　涡扇发动机。涡扇发动机中部分空气由低压压气机或核心机 (核心机由高压压气机、燃烧室和燃气涡轮组成) 的旁路风扇流出，形成一股包围着核心热射流的冷却空气组成的环形推进射流，使发动机出口喷气平均速度降低，这不仅提高了推进效率，还显著降低了排气噪声。图 1-6(a) 是小型涡扇发动机 (普惠加拿大公司 JT-15D) 的示意图，这款发动机采用双轴设计，离心式高压压气机匹配回流环形燃烧室。回流环形燃烧室匹配离心式压气机非常适合，这使流动从高的切向速度减速到低的轴向速度再进入燃烧室，这种结构应用广泛。该发动机结构极其简单，但性能良好，主要用于小型商务飞机上。图 1-6(b) 则是大型民用涡扇发动机的结构图，是由五国联合设计的 V2500 发动机。这种在大型飞机上使用的发动机，其燃油消耗的指标至关重要，需要设计高涵道比和高压比，且基本都是采用轴流式压气机和直流环形燃烧室。

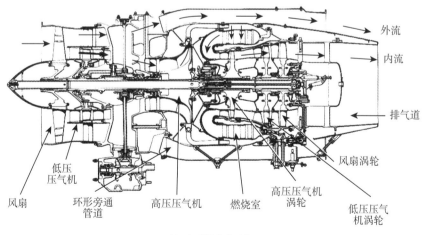

(a) 小型涡扇发动机

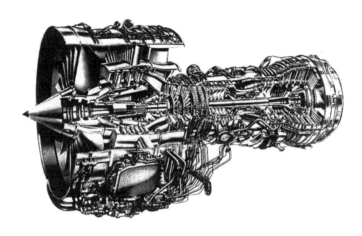

(b) 大型双转子涡扇发动机

图 1-6   涡扇发动机

1.2.2   工业燃气轮机

用于工业领域的燃气轮机的涡轮看起来与传统的蒸汽涡轮在机械结构上更相似，而在航空领域则需要更紧凑的结构设计。最初的工业燃气轮机功率不到 10MW，即使采用回热设计，循环热效率也仅有 28%～29%。而后不断发展的航空燃机技术为更高功率的地面燃机设计提供了支撑，可以说，燃气轮机中大部分昂贵的研究经费都是由军方预算承担的，而工业领域的使用者却并未给航空燃机制造者提供利益。早期通过利用动力涡轮来替代排气喷管，把一台航空发动机更改为地面工业用燃机，能产生约 15MW 功率，循环效率达 25%。具体的改造包括：对轴承进行加强，燃烧室改成可以燃烧天然气或柴油的，增加动力涡轮，下调发动机精度等级以获得长寿命。有些情况下，例如，船用螺旋桨，还要减少齿轮箱以匹配对应载荷的动力涡轮转速。对于其他类型的载荷，像交流发电机或管道增压泵，动力涡轮可以直接驱动。如 Olympus 发动机，在用于海军舰船时采用单级动力涡轮，使设计的结构紧凑、质量轻。对于大直径的发电机，采用两级或三级动力涡轮以 3000r/min 或 3600r/min 的转速运转，直接与发电机相连，同时为满足涡轮直径的变化，需要增加两级涡轮间的管道长度。

图 1-7 是罗罗公司的 Trent 发动机的航空和工业版本。Trent 发动机是大型三轴涡扇发动机，一级风扇由五级低压涡轮驱动。工业版本设计用于驱动发电机，用两级压比相似但流量低得多的压气机替代了风扇，其结果是低压涡轮能提供大附加功率来驱动发电机。由于受到 Trent 发动机原型机风扇叶尖速度 3600r/min 的限制，在将其更改为工业燃机时，可以把低压转子的轴直接连到 60Hz 的发电机上，无须使用齿轮箱。在原有压比和涡轮前温度下，工业版本的 Trent 可以输出 50MW 的功率，热效率达到 42%。图 1-7 也表示出了燃烧系统的主要变化，航空版本采用的是常规全环形燃烧室，而工业版本则采用了独立的径向单管燃烧室。之所以改为径向燃烧室，是为了满足氮氧化物排放的要求。

图 1-8 是一个小型电站的典型安装结构，使用的是单级航空发动机改型机，空气进气口远高于地面，以防止把碎片异物吸入发动机。

航空发动机的改型还被广泛应用于燃气和石油的管路输送系统、发电机和舰船动力中。

在天然气管道输送中,通常一条管道要消耗 7%～10% 的天然气产量用于提供输送动力,相邻泵站相距 100km,使用的燃气轮机功率范围为 5～25MW。许多增压站位于偏远地区,一般使用 15～25MW 的燃气轮机。随着燃气价格的不断提高,需要高效率的泵,一条输送主管道需要 1500MW 的安装功率,燃料的花费相当于一条中等规模的航线。如果燃机用于输油管路,由于石油不适合直接用作燃气轮机的燃油,通常还必须另带一种合适的液体燃料。

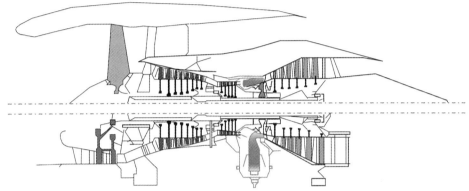

图 1-7 罗罗公司的 Trent 航空发动机和工业燃机的比较

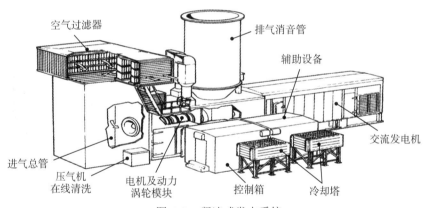

图 1-8 紧凑式发电系统

目前,燃气轮机已大量用于发电领域,燃机用于发电的一大突出优势是能在 2 分钟内从冷态过渡到全功率状态。20 世纪 60 年代中期,美国东部沿海地区发生的一次大面积断电引来了对能“黑启动”的燃气轮机发电项目的投资热潮。但是燃机发电的这种快速启动的能力也只应在紧急情况下使用,因为频繁的热冲击会显著缩短大修间隔时间。最早在 20 世纪 70 年代,重型燃气轮机 (在英国和北美) 主要被用于尖峰和应急发电。在英国,超过 3000MW 的应急和尖峰载荷电厂安装的是源于罗罗公司的 Avon 和 Olympus 发动机改型的设备,而在北美大量使用的是普惠 FT-4 发动机改型。

航空发动机改型的发电机组功率最高约为 35MW,效率约 28%,因为需要燃烧的燃油较贵,因此一般不用于长时间运行的发电任务。然而对于燃油便宜的产油国家,如沙特阿拉伯,使用重型燃气轮机作为基本载荷以应对快速膨胀的电力需求却是很好的选择,因为在沙漠地区使用燃气轮机的一个突出优点是可以不用冷却水。在将航空发动机改型为重型燃气轮机的初期，重型燃机所能获得的功率与航空发动机的相差不多，但经过这些年对循环条件的改善，工业燃气轮机的设计者已经能提供足够高的功率了。重型燃气轮机的主要生产商有：ABB、GE 和 Siemens-WH，这些公司所设计的单轴发动机都能提供单机超过 200MW 的功率，功率的上限是在考虑锻件盘尺寸和火车运输允许的最大宽度的基础上设置的。不像蒸汽轮机，燃气轮机不是在当地建的，而是整体装配好后运到当地再调试运行。单轴转速为 3000r/min 和 3600r/min 的燃机设备分别直接驱动 50Hz 或 60Hz 发电机，可以省去昂贵的齿轮箱。北美电网频率是 60Hz，而欧洲和更多亚洲国家的电网频率是 50Hz。一般 60Hz 的燃机功率在 150MW 左右，而 50Hz 的在 225MW 左右，功率大小主要取决于空气流量。小型机器设计成在 5000~6000r/min 下工作，利用齿轮箱可以输出 3000r/min 或 3600r/min 的输出转速以满足市场要求，功率范围为 50~60MW。许多重型燃气轮机可以超过 15 万小时运行良好，并且有许多已超过 20 万小时。

燃气轮机在发电领域应用的另一个主要市场是近海平台的能源供给，利用燃气轮机提供动力。小型的可以采用 Solar 和 Ruston 1~5MW 的设备。对于更大功率需求，则采用航空发动机改型设备，如罗罗公司的 RB-211 和 GE 公司的 LM2500，功率范围为 20~25MW。一个大的平台也许需要达到 125MW 的功率，同时对表面积和体积的限制非常严格，并且安装质量也很重要，因为起重机使用费用昂贵，如果设备自带的起重机能满足全部机器的安装需求，则能省一大笔经费。航空发动机改型设备能占领这个市场的原因就是它的紧凑性。

具有 100~200MW 输出功率的燃气轮机-蒸汽轮机联合循环设备主要应用于热电站。日本因为完全依赖于进口燃油，是第一个大规模使用联合循环的国家，建造了几个 2000MW 燃烧进口液化天然气 (LNG) 的电站。一套典型的联合循环由两套燃气轮机设备和一套利用燃气轮机自身废热加热锅炉的蒸汽轮机设备的 "模块" 组成。如果不对废热利用锅炉额外添加燃料，蒸汽轮机的功率大概只有燃气轮机的一半，这样单独两套 200MW 的燃机轮机和一套 200MW 的蒸汽轮机设备构成的一个 "块" 可以提供 600MW 的功率。整个电站可以使用三到四个这样的 "模块"。日本已建的几个 2000MW 的电厂，发电效率达 55% 左右，最大的电厂规模甚至可以达到 2800MW。在英国则是安装了大量 225~1850MW 燃用天然气的联合循环电厂，而且这些设备还有可能从燃用天然气转向燃用煤制气。

图 1-9 是我国东方电气公司经过近 10 年的自主研发、2020 年研制成功的首台 50MW 燃气轮机机组，该机组可用于能源发电和工业驱动。我国科技人员经过对该机组的研发，已经掌握了燃气轮机总体集成、三大部件设计及测量控制技术，形成了燃气轮机本体的成套制造能力，突破了涡轮叶片、燃烧室等高温热部件的关键制造技术及部件实验技术。尽管我国的自主燃气轮机技术还有很长的研发道路要走，但我国是能源使用大户，在大型燃气轮机机组及其联合循环电站方面已经积累了非常丰富的实践运行经验。

如图 1-10 所示为 2019 年中国能建广东火电承建的惠州天然气发电厂，由 3 台 460MW、3 台 390MW 燃气-蒸汽联合循环组成的热电联产。惠州 LNG 电厂是一座环保、节能、调峰的新型发电厂，燃料采用目前世界上最为清洁的能源液化天然气，不含有硫化物，氮氧化物的排放量微乎其微。据了解，该电厂主设备引进了日本三菱 9F 燃气-蒸汽联合循环机组，热效率达到 57% 左右，启停迅速，调峰性能好。工业废水和生活废水合理回收利用，实

现了 "近零排放"。

图 1-9　　50MW 燃气轮机机组

图 1-10　　3 台 460MW、3 台 390 MW 燃气-蒸汽联合循环热电

　　除了以上应用，燃气轮机还被成功应用于高速集装箱船上，但由于 20 世纪 70 年代中期燃油价格的快速增长，这些船又重新安装了活塞式发动机，换装后的船在速度和运载能力上都有很大损失。燃气轮机大量应用于海军方面，英国、美国、加拿大和中国等海军已经积累了大量的使用经验。1947 年燃气轮机第一次应用于海军 "Motor Gun 号" 船上，1958 年罗罗公司的 Proteus 航空发动机第一次被用于快速巡逻舰上，随后人们很快就认识到航空发动机应用于军舰动力的潜在优势，加拿大 DDH-280 系列是西方第一艘全燃气轮机动力的军舰，使用普惠公司的 FT-4 作为推进动力，FT-12 作为巡航动力。英国皇家海军选用 Olympus 作为推进发动机，用罗罗公司 Tyne 发动机完成巡航任务，荷兰皇家海军也选用这种形式。Olympus 和 Tyne 发动机是仅有的两种经过战争验证的海军燃气轮机，它们在马岛战争中获得很大的成功。美国海军采用从 TF39 先进涡扇发动机演变来的 GE LM2500，这种发动机已经在世界范围内被广泛使用。随着舰船对电力需求的逐步提高，燃气轮机也为驱动发电机提供了一个非常紧凑的电力源。

　　燃气轮机用于舰船的一个主要缺点是它在部分载荷时的油耗较高。如果舰船的最大速度是 36 节，巡航速度是 18 节，而功率与速度的 3 次方成正比，则巡航功率将会只有最大功率的 1/8，而舰船的大多数时间是在 18 节速度以下的。为了克服这个困难，可以用燃气轮机与蒸汽轮机、活塞式发动机或其他动力组合。这些组合的名字如 COSAG、CODOG、COGOG、COGAG 等。CO 代表组合 (combined)，S、D、G 分别代表 "蒸汽轮机 (steam)"、"活塞式发动机 (diesel)" 和 "燃气轮机 (gas turbine)"，A、O 分别表示 "和"、"或"。最早被海军使用的结构是 COSAG，船由蒸汽轮机和燃气轮机共同驱动传动装置。燃气轮机最早是想用作推进动力或快速启动的，但在实际应用时，操作者发现燃气轮机的功能这么强，很受欢迎，因此就加长了其使用周期。另一种组合方式是 CODOG，燃气轮机作为推进动力，与活塞式发动机组合使用，在这种组合中，舰船以活塞式发动机或燃气轮机模式工作，活塞式发动机做功和燃气轮机基本没有关系，因此把两者的功率合起来用几乎没有优势。海军使用活塞式发动机的优势在于，它有很好的巡航油耗性能，但缺点是功率大体积就要大，并且水下噪声很大。带有小的巡航燃气轮机和大的推进燃气轮机的 COGOG 结构用得也很多，目的是使每一个燃气轮机都在效率最高的全工况下工作。尽管如此，小的巡航燃气轮机 (4~5MW) 在燃油消耗方面的性能还是没法和活塞式发动机竞争，因此有从 COGOG 向 CODOG 变化的趋势。使用相同尺寸燃气轮机的 COGOG 结构，也在美国海军中使用，在大型驱逐舰上用 4 台 LM2500 发动机，这种结构在英国皇家海军中也使用，在无敌级航空母舰上用 4 台 Olympus 发动机。

此外，燃气轮机在多年前就被用作公路和铁路的运输动力了。联合太平洋公司在 1955 年成功把燃气轮机用作货运火车动力，使用了有 15~20 年，但现在又改成活塞式发动机了。还有几个高速客运列车使用了直升机型的燃气轮机，最成功的是由法国建造的列车，但也只有少量运营。用于长拖挂卡车的燃气轮机应用研究也开展了很多，研究了 200~300kW 的发动机，大都使用低压比循环，采用离心式压气机、自由涡轮和回热器。同样在汽车上应用燃气轮机的工作也曾开展了很多，但汽车用燃气轮机的应用希望较渺茫，虽然把车用燃气轮机的产量提高后可以显著降低造价，但燃气轮机在部分载荷下的油耗问题仍是应用的主要障碍。燃气轮机还有一个突破性的应用就是被美国空军选作 M1 坦克的推进动力，但还没有证实燃气轮机在这方面的应用优于活塞式发动机。M1 坦克在海湾战争中，获得了大量的在沙漠条件下的作战经验，看起来非常成功。但目前还没有其他国家选用燃气轮机作为最新一代坦克的动力。

燃气轮机另一个很重要的应用领域是热动联产，也称为废热发电。燃气轮机驱动一个发电机，排出的废气用作低等级热量源。温度相对低的热量用来给建筑物供暖或为空调系统工作，还可以作为工业用热，如烘干纸张。化工厂经常需要大量高压、富氧的热燃气，燃气轮机排出的燃气压力足够高，可以克服化学反应的压力损失；同时由于受涡轮进口温度限制，燃烧室具有高的余气系数，这就导致燃气中含有大部分未燃烧的氧气，因此从燃气轮机中排出的废气适合用于化工厂。化工设备可以根据热燃气的要求匹配设计，燃机也可以同时输出轴功率，并且所用的燃料还可以是化学过程的副产品。如图 1-11 所示为一个将 2 台三菱公司的 GS16R-PTK 型燃气轮机用于医院热电联供应用的系统。它提供整个发电系统，能满足一个大型综合医院 (占地面积 76319 m², 使用面积为 56257 m², 848 个病床) 的全部电力、冷热需求。系统包括 2 台燃气轮机、2 台回热器和 2 台排气温水锅炉。

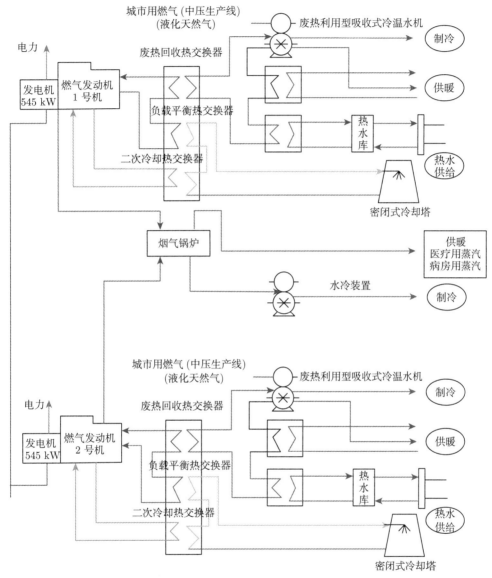

图 1-11　一个用于医院的燃气轮机热电联供系统

　　燃气轮机在工业领域的应用中，可以使用多种燃料，如采用含有高硫分、质量等级差的煤和重油，在蒸汽电力站应用这类燃油时，为满足日益严厉的环保标准，常伴随昂贵的锅炉维护和排烟清洁费用问题。而在燃气轮机应用这类燃料时，可以采用气化的方法，把低品质的固体或液体燃料转变成清洁的气体燃料。如流化床气化法，利用向上的空气流使沙形耐火粒子保持悬浮状态。当与燃气轮机共同使用时，所需空气可以由压气机提供，如果使用煤，形成的氧化硫被灰捕获，如果是燃油则可以被床内的石灰石或白云石粒子捕获。如图 1-12 所示为一个燃气轮机结合流化床提供气化燃料的系统，大部分压缩空气是在床内的紊流换热器中加热的，只有少量进入流化的空气需要在经过涡轮前先在旋风分离器内清洁灰尘。如果解决腐蚀和侵蚀这两个阻碍发展的问题，流化床燃烧室提供了通过远程控制实现煤甚至可以是煤矿废石燃烧的可能性。

1991 年在瑞士，第一台使用流化床气化的联合循环设备原型机投入使用，这台设备的建成用于提供动力和热量，提供 135MW 动力的容量和 224MW 载荷的区域集中供暖。两套燃气轮机生产 34MW 的动力，通过蒸汽涡轮提供平衡。如图 1-12 所示的设计中并没有在床内使用热交换器，所有压缩空气先通过燃烧系统，在进入涡轮前进入旋风分离器清洁。

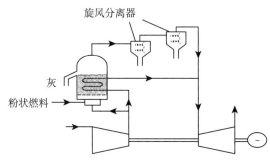

图 1-12   流化床燃烧的联合循环

除了结合流化床燃烧低品质燃料，燃气轮机还可以组合气化过程，把低等级煤或重油转化为清洁的气体燃料提供能量。图 1-13 是一个把气化工厂和联合循环整合在一起的系统图。气化过程把会腐蚀涡轮的杂质钒和钠去除，硫会在烟囱排气中产生有害的氧化硫，也要去除。为了克服在气化设备中的压力损失，先通过一个蒸汽涡轮带动一个独立的压气机增压，这就要用到废热锅炉中的一些蒸汽，锅炉中大部分的蒸汽都是用来提供给动力蒸汽涡轮的。这类工厂提供的燃气由于氮气的稀释，热值都很低，仅有 5000kJ/m³ 左右，而天然气的热值达 39000kJ/m³。

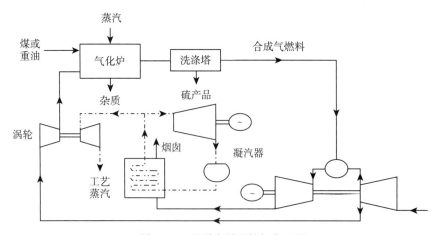

图 1-13   用联合循环的气化工厂

燃气轮机还有一个可能应用的方向是作为能量储存装置。如果能提供足够的能量储存容量，国家电力生产系统的总体效率可以提高，因为这样机组能在白天和晚上都在最高效率的条件下工作,以最高效率的基本载荷运行。如图 1-14 所示为一个可行的方案,图中一个可逆的马达/发电机是和压气机或涡轮相配的。在夜晚,非高峰电力用于驱动压气机,通过一个蓄热器输送压缩空气到一个地下的洞穴,蓄热器把热储存在铝或硅土的卵石中。白天压缩空气通过蓄热器把储存的能量带走后送给涡轮,为了满足峰值要求,也许还需要在燃烧室烧些燃料以弥补在蓄热器中的热量损失。为使洞穴足够小以满足系统经济性,压力就必须高,可高达 100 bar (1 bar = 10^5 Pa),这意味着高压压气机出口温度约 900℃。通过冷却蓄热器内的空气,体积可以进一步减小,同时洞穴的壁面在高温下要防护。洞穴可以直接挖掘出,也可以利用废弃的矿洞,但要配合合适的密封方法。

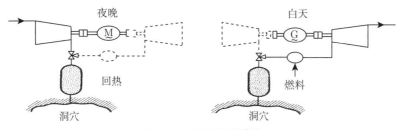

图 1-14　能量储存系统

1.3　燃气轮机发展趋势

　　燃气轮机未来发展的方向主要就是:不断采用新的热部件材料和提高初温及排气温度,以获得更高的效率及降低单位造价;在环境排放要求越来越严的趋势下,研制更低排放的燃烧室部件和采用氢 (零排放) 为燃料的燃机也是各企业的热门研究方向,目前以掺混氢为燃料的燃机已有投用,西门子最高可掺混 50% 的氢。

　　在第二次世界大战结束前,燃气轮机的主要应用就是作为军用飞机的喷气推进器,关注点一直都在飞机速度更高上,忽略了其在燃油消耗、发动机寿命和排气噪声方面的严重缺陷。当喷气式飞机用在民用运输机上时,燃油消耗和长寿命就变得很重要了,而且到了20 世纪 50 年代的后期,随着大量喷气发动机飞机用于民用航空中,噪声很快就成了严重阻碍航空运输的问题了。最初利用消音器来解决发动机噪声问题,但效果并不好,还导致性能严重下降。根据射流噪声与速度的 8 次方成正比的数学理论,工程师认识到在规定的推力下应降低喷气速度,同时需要增加空气流量,这就诞生了涡扇发动机,涡扇发动机在获得高的推进效率的同时还降低了噪声。早期,受到对长风扇叶片的三维性能缺乏认识的限制,而且那时涡扇发动机都装在飞机机翼里,涵道比都较小,直到吊舱式发动机的出现才使得涵道比稳定增加。但是随着涵道比的逐渐增加,很快又出现了另一个问题,就是在叶尖上的高流速形成了另一个噪声源,在起降过程中更麻烦,噪声能扩散出很大范围。这个问题目前通过在进气道采用吸音材料和仔细选择转子和静子叶片的间隙来解决,但在降低飞机噪声方面还有很多工作可做。工业燃气轮机的废气排气速度低,通过烟囱排出,因此不存在航空喷气发动机那样的主要噪声源。由于具有结构紧凑和易于安装的特点,燃气轮机一般都安装在工业区的附近,因此通常也对噪声有一个通用标准,要求对进气系统和排气管挡板进行消音处理。

燃气轮机最初用于非航空应用时，认为大余气系数为发电厂提供更为清洁的燃烧。但是，20 世纪 60 年代末期，美国洛杉矶地区发生了著名的光学烟雾污染，这是由阳光和机动车排放的氮氧化物发生的光化学反应而产生的。这引起了人们对各类动力装置氮氧化物 (称为 NO_x) 和未燃碳氢物 (UHC) 排放的重视，制定了污染物排放的标准。燃气轮机在包括航空、管道输送、电力生产和机械驱动等各领域的应用中，必须服从通用的排放标准，而且这标准越来越严厉。由于工作要求的不同，工业用燃气轮机和航空燃气轮机抑制排放的方法是不同的。氮氧化物的生成主要在燃烧高温区，并且随进口温度的增加而增加，换句话说，正是需要高效率的原因导致 NO_x 生成的增加。在 20 世纪 90 年代早期，低 NO_x 排放燃烧系统的设计是生产有竞争力的燃气轮机的关键因素。最早在工业领域降低污染物排放的方法是注入水或蒸汽来降低燃烧室的最高燃烧温度，但这带来了许多其他问题，其代价是发动机的耐久性受到影响，还要提供水的处理。所以后来把重点放在了发展干的低 NO_x 系统上，主要的生产商已经在 20 世纪 90 年代中期进入服务的燃气轮机上发展了多种方法。由于在燃烧过程中有大量的过量空气，因此控制 UHC 的生成不是关键问题。任何碳氢燃料的主要燃烧产物都是二氧化碳 (CO_2)，这个目前被认为是导致全球变暖的主要因素，CO_2 减排只能靠提高发动机效率、减少燃油消耗，或发展不用燃烧化石燃料的动力装置来实现。随着对噪声和污染排放问题的解决，燃气轮机可以再一次成为对环境无害的动力设备。如图 1-15 所示为一个 2020 年投运的 2×460 MW 的联合循环调峰电厂，该厂用于为海南自由贸易港建设提供电力。

图 1-15   2×460 MW 联合循环电厂

目前人们在展望地面燃机技术前景时，主要根据西方国家制定的中长期航空和地面燃机及相关学科研发规划，具体就是体现在高效、节能、低污染、低成本、高可靠性等方面。

(1) 高参数、高性能。第 5 代航空燃机 $T_4 = 1800 \sim 2000K$，$\pi_c \geqslant 30$，将来作为母型机，地面燃机的 T_4 也就可能达到 $1527 \sim 1727^\circ C$，$\pi_c \geqslant 30$，相应的性能会提高。

(2) 耐高温材料。为适应高 T_4 的要求，目前高温合金已不适用，将采用非金属超高温材料, 如陶瓷及其复合材料、增强碳-碳复合材料 (RCC), 作为热端部件。

(3) 高效冷却方式。涡轮叶片及燃烧室目前采用的气膜、对流、冲击组合冷却仍可能采用, 而蒸汽是下一代冷却剂。目前, 在个别燃机上已试用, 如 WH 公司 501G 机组的火焰筒和燃气导管、GB 公司的涡轮静叶等。蒸汽冷却可节约冷却空气 10%~20%, 热效率、功率均提高, 但是仅适用于地面联合循环燃机。其关键是地面防止蒸汽泄漏的密封技术。

(4) 先进的叶轮机设计、制造技术。航空燃机压气机致力于改进叶型设计方法, 提高级增压比; 涡轮致力于高效率、大焓降、耐高温研究。其成果必然继续为地面燃机所吸收、采用, 为地面燃机注入新的活力。

(5) 低污染燃烧技术。目前, 航空和地面燃机已有不少型号采用了干式低 NO_x 燃烧室, 如径向、轴向分级燃烧室, 顺序再热燃烧室 (SCS), 贫油预混预蒸发燃烧室 (LPP) 等, 今后有可能继续推广。另外, 研究已久的催化燃烧室 (SCR、SNR)、富油急冷贫油燃烧室 (RQL) 等今后有可能被采用, 以实现超低 NO_x 燃烧。在目前及今后采用的整体煤气化联合循环及燃煤增压流化床燃气-蒸汽联合循环中寻求更有效的脱硫技术以降低 SO_2 排放。

(6) 新型热力循环与总能系统。目前, 单独复杂循环 (回热、再热、中冷) 或复杂循环参与的联合循环及一些新型联合循环也已被采用, 如注蒸汽 (水) 联合循环, 燃煤联合循环中整体煤气化联合循环, 常压、高压流化床燃煤联合循环等。今后整体煤气化联合循环 (integrated gasification combined cycle, IGCC)、循环流化床联合循环 (pressurized fluidized bed combustion combined cycle, PFBC-CC) 会更完善并广泛应用。

(7) 微型和超微型燃机。集中大功率燃机发电和分布式微型燃机供电很可能成为今后电力供给的并驾齐驱的两驾马车。目前, 主要关键技术是: 空气冷却轴承, 高速微电机, 小尺度下的流体黏性、传热、燃烧等机理的创新。

(8) 更高的可靠性。智能微机控制技术将进一步发展, 视情维修方式将被广泛采用, 燃机的可靠性、可用性、耐久性将会进一步改善。

思　考　题

1. 什么是燃气轮机的简单循环? 它由哪几个基本过程组成?

2. 简要说明燃气轮机与内燃机、蒸汽轮机、火箭发动机的相似和不同之处。

3. 地面燃气轮机的发展与航空发动机息息相关, 请简要说明二者的联系和区别, 以及困扰两者发展难题的相同和不同之处。

4. 我国燃气轮机技术发展历经曲折, 请简要概括其四个发展阶段, 并结合国内发展现状, 针对某个具体问题给出您的意见或建议。

第2章 基本方程及理想热力循环

燃气轮机的工作过程是以空气等气体为工质，将燃料的热能转换成气体机械能，从而对外做功或者产生推力的过程。在这个过程中，工质的状态不断变化，这些变化都必须遵循一定的规律。了解这些规律，才能理解燃气轮机做功的原理。因此本章首先介绍和这些规律有关的基本方程，包括基本的能量转换和状态参数变化规律等。

2.1 基 本 方 程

2.1.1 连续方程

连续方程是流体力学问题所特有的，它是质量守恒方程在流动中的数学表达式。由于不能违反质量守恒定律，故运动流体的速度分布必须满足这一约束。

考察流过一个流管的流动。流管可以是变截面的。气流参数在流管的任何一截面上都是近似均匀分布的，把流动看成一维定常的。这时质量守恒方程可写成

$$\rho c A = G = \text{const} \tag{2-1}$$

式中，A 是流管中任一截面的截面积；ρ 是气流在该截面处的密度；c 是气流在该截面处的速度。式 (2-1) 的微分形式可写成

$$\mathrm{d}G = \rho c \mathrm{d}A + c A \mathrm{d}\rho + \rho A \mathrm{d}c \tag{2-2}$$

遍除 $\rho c A$，得到

$$\frac{\mathrm{d}G}{G} = \frac{\mathrm{d}A}{A} + \frac{\mathrm{d}\rho}{\rho} + \frac{\mathrm{d}c}{c} \tag{2-3}$$

由于流动是定常的，若通过流管四周壁面没有流量出入，$\mathrm{d}G = 0$，则

$$\frac{\mathrm{d}A}{A} + \frac{\mathrm{d}\rho}{\rho} + \frac{\mathrm{d}c}{c} = 0 \tag{2-4}$$

式 (2-4) 表示了在一元的近似条件下, 密度 ρ、速度 c、截面积 A 三者之间遵循的数量关系。

连续方程 (2-1) 表明, 在流体流程上, 任一截面上的流量都必须是相等的, 即 $G = \mathrm{const}$。在如图 2-1 所示的叶轮机械上也可以应用上述结果。图 2-1 画出了动叶前和动叶后的两个特征截面 (图中的 1-1 和 2-2 截面)。通常气流参数在该截面上是按某种特征规律沿半径变化的, 在这种情况下, 可以沿着半径方向积分, 求出流体的流量, 并列出流量积分相等的公式:

$$G = \int \rho_1 c_{1a} \mathrm{d}A_1 = \int \rho_2 c_{2a} \mathrm{d}A_2 \tag{2-5}$$

式中, ρ_1、c_{1a} 以及 ρ_2、c_{2a} 分别是 1, 2 两个截面上的气流参数。其中, c_{1a} 和 c_{2a} 是垂直于面积 A_1 和 A_2 的速度分量。

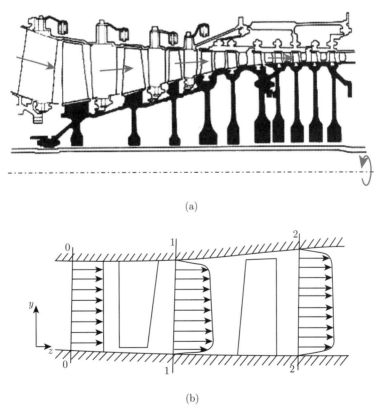

(a)

(b)

图 2-1　连续流方程在涡轮级中的应用

式 (2-5) 表达了质量守恒的数学关系式, 在叶轮机械通流部分中任一截面都必须满足这个关系式, 这就给某些变量, 如 c_a 的分布带来了约束。但与此同时, 求解问题时也可看成多了一个补充条件。

2.1.2 能量方程式 (热焓形式的能量方程)

以热焓形式表示的能量方程, 反映了外界与气体做功和热交换时, 对气流参数即温度、速度、焓值的影响, 以及相互转换的定量关系式。

能量方程是根据能量守恒的原理而建立起来的能量平衡关系式。在叶轮机械里, 叶轮对气体做功, 转换成气体的能量 (压气机), 或是相反, 气体对叶轮做功, 转换成轴上的轮周功 (涡轮)。这些功量的交换以及气体自身能量转换的关系, 都是由能量方程联系在一起的。

能量方程可以在两种坐标系的情况下写出。

1. 绝对坐标系

研究蒸汽或气体在叶片机中做定常流动时, 若略去重力的影响, 在所考察的截面 1-1 上, 每单位质量工质所具有的能量等于焓值 h_1 与动能 $c_1^2/2$ 之和。而在出口截面 2-2 上, 等于焓值 h_2 与动能 $c_2^2/2$ 之和。在流动过程中, 外界给工质加入或取出的热量为 Q_w, 同时和工质交换的机械功量为 L_u。则根据能量守恒定律, 该系统以热焓形式表达的能量方程:

$$\pm Q_w \pm L_u = h_2 - h_1 + \frac{c_2^2 - c_1^2}{2} \tag{2-6}$$

式中, "+" 号表示外界对工质加入热量或机械功; L_u 在叶片机中被称为轮周功; "−" 号则表示气体对外界输出热量或对外界输出轮周功。显然, 对于压气机, L_u 前取 "+" 号, 而对涡轮则取 " −" 号。

以微分形式表达时, 式 (2-6) 写成

$$\pm \delta Q_w \pm \delta L_u = \mathrm{d}h + c \mathrm{d}c \tag{2-7}$$

在叶片机的热力分析中, 通常引入总焓即 $h_0 = h + \frac{c^2}{2}$ 的概念, 于是式 (2-6) 写成

$$\pm Q_w \pm L_u = h_{20} - h_{10} \tag{2-8}$$

或是

$$\pm \delta Q_w \pm \delta L_u = \mathrm{d}h_0 \tag{2-9}$$

即工质和外界有热量和轮周功交换的结果表现为工质总焓值的变化。

如果在流动过程中, 流经叶片机的工质做没有热量加入或放出的绝热流动, 在没有机械功交换的情况下 (如静叶栅列), 则有

$$\mathrm{d}h_0 = 0 \tag{2-10}$$

即工质在静叶栅中沿着流程方向总焓值是不变的。

焓值也可以分别用温度或比容和压力来表示:

$$\pm Q_w \pm L_u = c_p(T_2 - T_1) + \frac{c_2^2 - c_1^2}{2} = c_p(T_{20} - T_{10}) \tag{2-11}$$

$$\pm Q_w \pm L_u = \frac{k}{k-1}(p_2 v_2 - p_1 v_1) + \frac{c_2^2 - c_1^2}{2} \tag{2-12}$$

在以热焓形式表达的能量方程中，没有显式地列出摩擦力所做的功。这是因为摩擦力所消耗的功实际上全部转换成热量。由于摩擦会使动能减少，但同时静焓值提高，因此在总的能量平衡中没有显式反映，所以上述热焓形式的能量方程对无黏和有黏的流动都是正确和适用的。但在用机械能形式表达的能量方程中，必须显式列出摩擦损失耗功的影响。

2. 相对坐标系

工质在流过叶片机时，既流过静止的部件，也流过转动的部件。由于在不同的坐标系下，对能量和动量的理解和表达是不相同的。在研究动叶轮流动时，当采用相对坐标，观察者位于旋转的动叶轮上观察时，动叶轮将不再旋转而是相对静止的，因此动叶轮不再对气体做功或是输出轮周功，即 $L_u = 0$。但是由于这时相对坐标系是旋转的，是非惯性坐标系，因此在计算动量时必须考虑反抗所有惯性力所做的功。

在旋转体系中进行直线运动的质点，由于惯性，有沿着原有运动方向继续运动的趋势，但是由于体系本身是旋转的，在经历了一段时间的运动之后，体系中质点的位置会有所变化，而它原有的运动趋势的方向，如果站在旋转体系的视角去观察，就会发生一定程度的偏离。

根据牛顿力学的理论，以旋转体系为参照系，这种质点的直线运动偏离原有方向的倾向被归结为一个外加力的作用，这就是科里奥利力 (Coriolis force)，简称科氏力。从物理学的角度考虑，科里奥利力与离心力一样，都不是在惯性系中真实存在的力，而是惯性作用在非惯性系内的体现，同时也是在惯性参考系中引入的惯性力，方便计算。

因此，在考虑叶轮的相对旋转坐标系中，气流受到离心惯性力和科氏惯性力 (见图 2-2)。科氏惯性力的计算公式如下：

$$\boldsymbol{F}_c = -2m(\boldsymbol{\omega} \times \boldsymbol{w}) \tag{2-13}$$

式中，$\boldsymbol{F}_c$ 为科氏力；$\boldsymbol{\omega}$ 为动系转动的角速度矢量；$\boldsymbol{w}$ 为质点的相对速度。

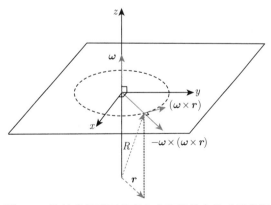

图 2-2 旋转坐标系下的离心力和惯性力做功示意图

由于科氏力 $-2m(\boldsymbol{\omega} \times \boldsymbol{w})$ 始终垂直于相对速度 $\boldsymbol{w}$，于是，科氏惯性力对单位质量气体

做功为

$$L_2 = \int_1^2 (-2\boldsymbol{\omega} \times \boldsymbol{w}) \cdot \mathrm{d}\boldsymbol{s} \xrightarrow{\boldsymbol{w}=\frac{\mathrm{d}\boldsymbol{s}}{\mathrm{d}t}} \int_1^2 -2(\boldsymbol{\omega} \times \boldsymbol{w}) \cdot \boldsymbol{w}\mathrm{d}t = 0 \qquad (2\text{-}14)$$

科氏力不做功。

离心惯性力为

$$-\boldsymbol{\omega} \times (\boldsymbol{\omega} \times \boldsymbol{r})$$

则有离心力对单位质量气体做功为

$$L_1 = \int_1^2 -\boldsymbol{\omega} \times (\boldsymbol{\omega} \times \boldsymbol{r}) \cdot \mathrm{d}\boldsymbol{s} = \int_1^2 r\omega^2 \mathrm{d}r = \frac{\omega_2^2 r_2^2 - \omega_1^2 r_1^2}{2} \qquad (2\text{-}15)$$

式中，$\frac{\omega_2^2 r_2^2}{2} - \frac{\omega_1^2 r_1^2}{2} = \frac{u_2^2 - u_1^2}{2}$。因此，在和外界没有热交换的情况下，相对坐标系的热焓能量方程为

$$\frac{u_2^2 - u_1^2}{2} = h_2 - h_1 + \frac{w_2^2 - w_1^2}{2} \qquad (2\text{-}16)$$

式中，$\boldsymbol{w}$ 是气流的相对速度。或

$$h_2 + \frac{w_2^2 - u_2^2}{2} = h_1 + \frac{w_1^2 - u_1^2}{2} = h_r \qquad (2\text{-}17)$$

若定义转子焓 $h_2 + \frac{w_2^2 - u_2^2}{2} = h_1 + \frac{w_1^2 - u_1^2}{2} = h_r$，则可见，转子焓中包括三项，它们是静焓 h，相对运动的动能 $\frac{w^2}{2}$，以及因牵连运动而存在的动能 $\frac{\omega^2 r^2}{2} = \frac{u^2}{2}$。

于是式 (2-17) 可以写成更为简明的形式：

$$h_r = \mathrm{const} \quad 或 \quad \mathrm{d}h_r = 0 \qquad (2\text{-}18)$$

即工质在沿着流程方向上的转子焓是不变的。

相对速度 $\boldsymbol{w}$ 和绝对速度 $\boldsymbol{c}$ 之间的关系可以用下面的关联式表达，牵连速度为 $r\omega$，即圆周速度 u：

$$w_r = c_r, \quad w_u = c_u - r\omega, \quad w_s = c_s$$

式中，下标 "r" 表示径向；"u" 表示周向；"s" 表示轴向。

由此求得转子焓与绝对坐标系中总焓 h_0 间的关系：

$$\begin{aligned} h_r &= h + \frac{w^2}{2} - \frac{u^2}{2} = h + \frac{w_r^2 + w_u^2 + w_s^2}{2} - \frac{u^2}{2} \\ &= h + \frac{c_r^2 + (c_u - r\omega)^2 + c_s^2}{2} - \frac{u^2}{2} \\ &= h + \frac{c^2}{2} - c_u r\omega = h_0 - c_u r\omega = h_0 - c_u u \end{aligned} \qquad (2\text{-}19)$$

若定义相对坐标系中的总焓 $h_{w0} = h + \dfrac{w^2}{2}$，则有

$$h_{w0} = h_r + \frac{u^2}{2} \tag{2-20}$$

因此，在相对坐标系中考察的两个截面上，工质在叶片机中流动时，只有在圆周速度相等的特殊情况下，即流动是沿着圆柱面流动时：$r_1 = r_2$；$\dfrac{u_1^2}{2} = \dfrac{u_2^2}{2}$，这时离心惯性力所做的功为零，于是得到

$$h_{w0} = \text{const} \tag{2-21}$$

即沿流程相对总焓值是不变的。式 (2-21) 也可写成

$$h_{1w0} = h_{2w0} = c_p T_1 + \frac{w_1^2}{2} = c_p T_2 + \frac{w_2^2}{2} \tag{2-22}$$

当相对速度 w 增加时，静温下降；而当 w 减小时，相对动能降低，静温增加。

2.1.3　伯努利方程 (机械能形式的能量方程)

在叶轮机械计算中，常用到另一种形式的能量守恒方程，即机械能形式的守恒方程，通常称为伯努利通用方程，同样，我们也要分别写出在绝对坐标系下和相对坐标系下的伯努利方程。

1. 绝对坐标系

用技术功形式表示的热力学第一定律有

$$Q = h_2 - h_1 - \int_1^2 \frac{\mathrm{d}p}{\rho} \tag{2-23}$$

此处的热量 Q 包含了两部分：

$$Q = \pm Q_w + L_f = \pm Q_w + Q_f \tag{2-24}$$

式中，Q_w 为和外界的热交换量；Q_f 为由摩擦损失生成的热，与摩擦功 L_f 相当。于是式 (2-23) 写成

$$\pm Q_w + L_f = h_2 - h_1 - \int_1^2 \frac{\mathrm{d}p}{\rho} \tag{2-25}$$

从热焓方程 $\pm Q_w \pm L_u = h_{20} - h_{10}$ 中减去式 (2-25)，最终得到

$$\pm L_u = \int_1^2 \frac{\mathrm{d}p}{\rho} + \frac{c_2^2 - c_1^2}{2} + L_f \tag{2-26}$$

L_u 的符号和前面一样，外界对工质做功时取 "+" 号，若工质对外做功取 "−" 号。

伯努利通用方程把气流的能量写成密度和压力的函数以及动能增量之和，同时考虑到和外界有功 L_u 的交换，摩擦功 L_f 的影响。因为它在能量方程中除去了那些考虑内部热

力学现象的项目，因此它描述了纯机械过程的变化，而且即使在具有热交换的情况下，仍然是正确的。与热焓方程不同，摩擦功 L_f 项显式地反映在表达式中。

伯努利方程表明，叶轮对气体的做功分为下列三部分：

(1) 提高了气体的静压头 $\int_1^2 \dfrac{\mathrm{d}p}{\rho}$；

(2) 增加了气体的动能 $\dfrac{c_2^2 - c_1^2}{2}$；

(3) 克服在流动过程中的摩擦损失 L_f。

在理想气体和外界没有功量交换的情况下，对静叶栅中的流动来说，当 $L_u = 0$ 时，有 $L_f = 0$，式 (2-26) 可取如下形式：

$$\int_1^2 \frac{\mathrm{d}p}{\rho} + \frac{c_2^2 - c_1^2}{2} = 0 \tag{2-27}$$

式 (2-27) 表明了动能和静压在静叶栅中相互转换的关系。

对不可压流体，$\rho = \mathrm{const}$，式 (2-27) 即简化成

$$\frac{p_2 - p_1}{\rho} + \frac{c_2^2 - c_1^2}{2} = 0 \tag{2-28}$$

对可压缩流体，为了求得积分 $\int_1^2 \dfrac{\mathrm{d}p}{\rho}$，还需要事先知道热力过程中工质状态的变化规律。假设系统是绝热的，则状态过程变化符合 $\dfrac{p}{\rho^k} = \mathrm{const}$，式 (2-27) 的积分写成

$$\int_1^2 c\mathrm{d}c + \int_1^2 \frac{\mathrm{d}p}{\rho} = \frac{c^2}{2} + \mathrm{const} \times k \int \rho^{k-2}\mathrm{d}\rho = \frac{c^2}{2} + \frac{k}{k-1}\frac{p}{\rho} = \mathrm{const} \tag{2-29}$$

由于

$$\frac{k}{k-1}\frac{p}{\rho} = \frac{k}{k-1}RT = c_p T = h$$

式 (2-29) 即转化成

$$\frac{c^2}{2} + h = h^* = \mathrm{const} \tag{2-30}$$

对于其他不同的过程，积分值的形式也是不相同的。

将伯努利方程用于叶轮机械，积分 $\int_1^2 \dfrac{\mathrm{d}p}{\rho}$ 则表示压气机的压缩功或涡轮的膨胀功。

在有摩擦和对外界有热交换的情况下，气体状态按多变过程变化，方程中 $\int_1^2 \dfrac{\mathrm{d}p}{\rho}$ 积分为

$$\int_1^2 \frac{\mathrm{d}p}{\rho} = \frac{n}{n-1}R(T_2 - T_1) \tag{2-31}$$

式中，n 为多变指数。

对于压气机，其多变压缩功利用式 (2-31) 可表示为

$$L_{nc} = \int_1^2 \frac{\mathrm{d}p}{\rho} = \frac{n}{n-1} RT_1 \left(\frac{T_2}{T_1} - 1 \right) = \frac{n}{n-1} RT_1 \left[\left(\frac{p_2}{p_1} \right)^{\frac{n-1}{n}} - 1 \right] \tag{2-32}$$

式中，$\frac{p_2}{p_1}$ 为压气机的增压比，这时伯努利方程写成

$$L_u = L_{nc} + \frac{c_2^2 - c_1^2}{2} + L_f \tag{2-33}$$

方程表明，外界加入气体的功用于完成多变压缩功，克服全部流动损失以及增加气体的动能。

如果压缩过程是在没有摩擦和对外界没有热交换的情况下，过程是等熵的，多变指数改变为绝热指数 k，$\int_1^2 \frac{\mathrm{d}p}{\rho}$ 就等于等熵压缩功，它是把气体从 p_1 压缩到 p_2 时所需的最少的功量，并可写成 $L_{ad \cdot c}$。

$$L_{ad \cdot c} = \frac{k}{k-1} RT_1 \left[\left(\frac{p_2}{p_1} \right)^{\frac{k-1}{k}} - 1 \right] \tag{2-34}$$

同样，对涡轮级的膨胀过程表达为伯努利方程，由于气流是膨胀的，$\mathrm{d}p < 0$，故积分 $\int_1^2 \frac{\mathrm{d}p}{\rho}$ 将是负值。将积分的绝对值称为涡轮的多变膨胀功，并以 L_{nT} 表示：

$$L_{nT} = -\int_1^2 \frac{\mathrm{d}p}{\rho} = \frac{n}{n-1} RT_1 \left[1 - \left(\frac{p_2}{p_1} \right)^{\frac{n-1}{n}} \right] = \frac{n}{n-1} RT_1 \left[1 - \frac{1}{\left(\frac{p_1}{p_2} \right)^{\frac{n-1}{n}}} \right] \tag{2-35}$$

式中，$\frac{p_1}{p_2}$ 是涡轮中气流的膨胀比。

对于涡轮来说，燃气是向外输出功量的，L_u 前取负号，故有

$$-L_u = -L_{nT} + \frac{c_2^2 - c_1^2}{2} + L_f \tag{2-36}$$

或是

$$L_u = L_{nT} + \frac{c_1^2 - c_2^2}{2} - L_f \tag{2-37}$$

式 (2-37) 表明，燃气膨胀时发出的多变功和动能变化之和，除去流动损失 L_f 以后，转化为轴上的轮周功输出。

2. 相对坐标系

如果把伯努利方程应用于动坐标系统，动叶轮是相对静止的，因此对外不做功，$L_u = 0$。但这时离心惯性力对单位质量气体所做的功不等于零，而等于 $\dfrac{u_2^2 - u_1^2}{2}$。这时能量方程的形式成为

$$\frac{u_2^2 - u_1^2}{2} = \int_1^2 \frac{\mathrm{d}p}{\rho} + \frac{w_2^2 - w_1^2}{2} + L_f \tag{2-38}$$

如果是离心式的叶轮 (压气机)，$u_2 > u_1$，外界对气体做功。反之，对于向心式叶轮 (涡轮)，$u_1 > u_2$，气体对外界做功。

对于轴流式叶轮机械，$u_1 = u_2$，离心力不做功，则有

$$\int_1^2 \frac{\mathrm{d}p}{\rho} + \frac{w_2^2 - w_1^2}{2} + L_f = 0 \tag{2-39}$$

式 (2-39) 表明，气流的相对速度和压力密切相关，相对速度提高，则压力下降。反之，当相对速度降低时，叶轮流道出口的压力提高。

2.1.4 运动方程

从一元定常流动中，用两个截面分离出一个微元段，两截面的面积分别是 A 和 $A+\mathrm{d}A$，截面间沿流动轴线的距离为 $\mathrm{d}x$ (见图 2-3)。作用在此微元段上的力，A 截面上有压力 pA，方向从左到右；$A + \mathrm{d}A$ 截面上有压力 $\left(p + \dfrac{\partial p}{\partial x}\mathrm{d}x\right)(A + \mathrm{d}A)$，其方向从右到左。微元段侧面上的力为 $\left(p + \dfrac{1}{2}\dfrac{\partial p}{\partial x}\mathrm{d}x\right)$，它们在轴线方向上的投影值恰为 $\left(p + \dfrac{1}{2}\dfrac{\partial p}{\partial x}\mathrm{d}x\right)\mathrm{d}A$ (见图 2-3)，其方向从左到右。此外还存在摩擦阻力 $\mathrm{d}s$，方向与流速相反，作用于侧面上。根据牛顿第二定律 $F = ma$，有

$$\rho A\mathrm{d}x\frac{\mathrm{d}c}{\mathrm{d}t} = pA + \left(p + \frac{1}{2}\frac{\partial p}{\partial x}\mathrm{d}x\right)\mathrm{d}A - \left(p + \frac{\partial p}{\partial x}\mathrm{d}x\right)(A + \mathrm{d}A) - \mathrm{d}s \tag{2-40}$$

将方程遍除 $\mathrm{d}m = \rho A\mathrm{d}x$，略去高次项，有

$$\frac{\mathrm{d}c}{\mathrm{d}t} = -\frac{1}{\rho}\frac{\partial p}{\partial x} - \frac{\mathrm{d}s}{\mathrm{d}m} = -\frac{1}{\rho}\frac{\partial p}{\partial x} - S_1 \tag{2-41}$$

式中，S_1 为单位质量流体受到的阻力。

对于一元定常流动，参数均是 x 的单一变量，于是可以写成 $\dfrac{\partial p}{\partial x} = \dfrac{\mathrm{d}p}{\mathrm{d}x}$。

将方程两侧乘以 $\mathrm{d}x$，同时考虑到 $\dfrac{\mathrm{d}x}{\mathrm{d}t} = c$，于是运动方程可写成

$$c\mathrm{d}c = -\frac{1}{\rho}\mathrm{d}p - S_1\mathrm{d}x \tag{2-42}$$

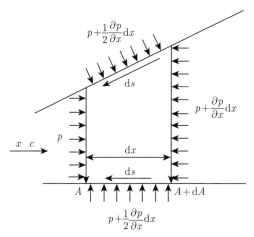

图 2-3　运动方程推导图

如果流动是定熵的，流管侧面没有摩擦，$S_1 = 0$，则运动方程可以容易地进行积分，由

$$c\mathrm{d}c + \frac{\mathrm{d}p}{\rho} = 0, \quad \frac{p}{\rho^k} = \text{const}$$

得出积分：

$$\frac{c_1^2 - c_0^2}{2} = \frac{k}{k-1} \frac{p_0}{\rho_0} \left[1 - \left(\frac{p_1}{p_0} \right)^{\frac{k-1}{k}} \right] \tag{2-43}$$

在计算流道出口截面速度时，只要知道进口截面的状态参数 p_0、ρ_0 (或 T_0)、流速 c_0 以及出口截面的背压 p_1，就可以按式 (2-43) 求得 c_1。

2.1.5　动量矩方程

上面用能量守恒的原理探讨了叶轮机械内能量转换的规律。这里将进一步考察气流动能的变化与叶轮机械转轴上机械功之间的相互联系。为此，首先推导动量矩方程。

从理论力学已经知道，质点系对于某一固定点或固定轴线的动量矩对时间的导数，等于作用于质点系的所有外力对同一点或转轴之矩的矢量和。也就是说，作用在物体上的外力矩的总和，等于动量矩对时间的变化率：

$$\sum \boldsymbol{r} \times \boldsymbol{F} = \frac{\mathrm{d}}{\mathrm{d}t} \left(\sum \boldsymbol{r} \times m\boldsymbol{c} \right) \tag{2-44}$$

式中，$\boldsymbol{F}$ 为作用在物体上的外力；m 为物体的质量；$\boldsymbol{c}$ 为物体的速度；$\boldsymbol{r}$ 为力的作用点到转轴的矢径。

对于叶轮机械内的气流，式 (2-44) 同样是成立的。但是由于在气流中要划分出一个特定的气体微团并按此方式进行计算是很不方便的，必须改写成另一种适用于流动气流的形式。为此，在运动流体中任意取一段流管 1-1-2-2，其两端为垂直于流管轴线的截面 1-1 和 2-2 (见图 2-4 和图 2-5)，同时，在该两特征截面上的气流参数，如压力 p、速度 $\boldsymbol{c}$ 等，都认为是已知的。一般说来，它的速度是三维的，然而只有 mc_u 对转轴 Ox 有动量矩。c_r 与 x 轴相交，而 c_x 与 Ox 轴平行，因此它们对 Ox 轴的动量矩都等于零。

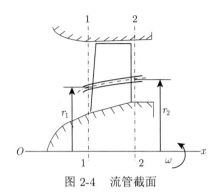

图 2-4　流管截面

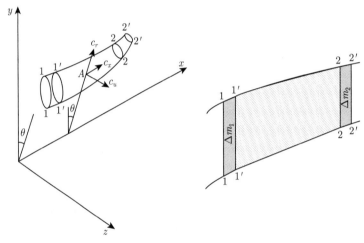

图 2-5　动量矩方程推导图

　　写出适用于流动流体的动量矩方程，流管 1-1-2-2 的位置经过 dt 时间以后移动到 1′-1′-2′-2′，由于在定常流条件下，包含在公共容积 1′-1′-2-2 内的气流参数不随时间而改变，因此这部分流体所具有的动量矩在 t 和 t+dt 时也是不变的。所以，在经过 dt 时间以后，流管 1-1-2-2 中气流动量矩的变化，在数值上就等于 2-2-2′-2′ 之间的气流动量矩和 1-1-1′-1′ 之间的气流动量矩之差。

　　容积 2-2-2′-2′ 之间气流对转轴的动量矩为 $\Delta m_2 c_{2u} r_2$；其中 Δm_2 为 2-2-2′-2′ 容积中所包含的气流质量。同样，1-1-1′-1′ 容积中气流对同一转轴的动量矩为 $\Delta m_1 c_{1u} r_1$；其中 Δm_1 为 1-1-1′-1′ 那部分容积的气流质量。根据流量连续条件，$\Delta m_1 = \Delta m_2 = q_m \cdot dt$，其中 q_m 为气体在单位时间内流过的质量流量。

　　于是，在经过 dt 时间以后，流经流管的气流，其动量矩的变化可写成

$$\Delta m_2 c_{2u} r_2 - \Delta m_1 c_{1u} r_1 = q_m c_{2u} r_2 dt - q_m c_{1u} r_1 dt \tag{2-45}$$

在 dt 时间内，气流对转轴的动量矩变化率为

$$\frac{q_m c_{2u} r_2 dt - q_m c_{1u} r_1 dt}{dt} = q_m (c_{2u} r_2 - c_{1u} r_1) \tag{2-46}$$

由式 (2-44) 可知，式 (2-46) 所表示的动量矩变化率就等于在转轴上获得的合力矩 $T = \sum \boldsymbol{r} \times \boldsymbol{F}$ 的大小，即

$$T = q_m(c_{2u}r_2 - c_{1u}r_1) \tag{2-47}$$

这就表明，若气流带有切向速度 c_{1u} 在 r_1 处流入，而在 r_2 处以切向速度 c_{2u} 流出，则在转轴上获得以式 (2-47) 表示的合力矩 T。若动叶轮以等角速度 ω 旋转，其角位移 $\theta = \omega \mathrm{d}t$，则当流过的质量流量为 q_m 时，叶轮对气流所做的轮周功 L_U 为

$$L_U = T\theta = q_m(c_{2u}r_2 - c_{1u}r_1)\omega \mathrm{d}t = \Delta m(c_{2u}r_2 - c_{1u}r_1)\omega \tag{2-48}$$

对单位质量流量，叶轮转轴上的轮周功 L_u 写成

$$L_u = \frac{L_U}{\Delta m} = \omega(c_{2u}r_2 - c_{1u}r_1) = (c_{2u}u_2 - c_{1u}u_1)\omega \tag{2-49}$$

当流管的进出口半径相等 (轴流式机械) 时，$r_1 = r_2$，于是有

$$L_u = u(c_{2u} - c_{1u}) = u\Delta c_u \tag{2-50}$$

轮周功 L_u 的符号是这样规定的，当 L_u 是正值时表明是加入轮周功，这时叶轮对气体加功，使得气流的流速 c_{2u} 比 c_{1u} 大，流速增大并转换成压力的提高。这时相当于压气机级的工作状况。若气流对叶轮做功而导致流速降低，则 c_{2u} 要比 c_{1u} 减小，L_u 是负值。这时气流流过动叶轮时从转轴上获得轮周功，相当于涡轮的工作状况。

动量矩方程还可以写成另一种形式。利用速度三角形关系，即相对速度、绝对速度和牵连速度之间的关联：

$$w_1^2 = u_1^2 + c_1^2 - 2u_1c_{1u}$$

$$w_2^2 = u_2^2 + c_2^2 - 2u_2c_{2u}$$

将上面公式代入式 (2-50)，得到

$$L_u = \frac{u_2^2 - u_1^2}{2} + \frac{w_1^2 - w_2^2}{2} + \frac{c_2^2 - c_1^2}{2} \tag{2-51}$$

式 (2-51) 通常称为第二欧拉方程。

式 (2-50) 和式 (2-51) 是叶轮机械中的基本方程，只要利用进出口截面气流参数的变化，就可以求出转轴上轮周功的值，或是相反。其方便之处还在于，只要进出口截面气流参数是已知的，就可以利用式 (2-50) 和式 (2-51) 求得轮周功而不必深入了解在流管 (叶栅通道) 内流过的详细过程，即使流体是有黏性的，产生脱流，甚至内部有其他过程发生，如传热、化学反应等，动量矩方程仍然是适用的。

2.2　燃气轮机理想循环

燃气轮机包含压缩、燃烧、膨胀和放热四个工作过程,连续地把燃料中的化学能部分转化为机械功。具体如下所述。

(1) 压缩过程在压气机中进行,消耗一定的外功把空气吸入压气机并增压,压缩终了的空气压力和温度增高、比容减小。

(2) 燃烧过程在燃烧室中进行,空气与燃料发生燃烧反应,把储存的燃料化学能,以热能的形式释放出来,空气变成了燃气,燃气的温度增高、比容增大,能量水平提高,但压力基本维持不变 (实际上,由于在燃烧室中有流动阻力等损失,压力会略有降低)。因而,该过程可以近似地看成一个等压加热过程。

(3) 膨胀过程在涡轮中进行。对于轴功输出的燃气轮机,膨胀过程把储存在高温高压燃气中的能量,转变为机械功。对于推力输出的燃气轮机,则是通过喷管排出高速燃气,提供推进功。膨胀过程后,燃气的压力和温度都降低 (压力非常接近于外界的大气压力),比容增大。

(4) 放热过程在大气中自然进行,是把从涡轮或喷管排气中所具有的余热,散失给周围的大气,使燃气的温度和压力恢复到压气机入口处空气的状态。该过程是在压力基本不变的情况下进行的,因而,可以近似地认为是一个等压放热过程。

当工质顺序经过上述四个过程完成热功转化后,其温度和压力将恢复到压气机入口处的原始状态,我们把这样一个总过程称为循环。

当燃机负荷改变时,在压气机、燃烧室和涡轮的前后,空气与燃气的压力、温度和流量都会发生变化。同时,涡轮供给压气机的压缩轴功 L_y、燃料加给空气的热量 Q_1、涡轮输出的膨胀轴功 L_t,以及由燃气散失到外界大气的热量 Q_2,都会相应地发生变化。

实际燃气轮机循环的工作过程十分复杂,为了清楚了解影响燃气轮机工作性能的主要因素,我们首先对实际燃气轮机工作过程进行理想简化,假设理想条件如下:

(1) 压缩和膨胀过程可逆和绝热,即等熵;

(2) 工质在压气机、燃烧室和涡轮部件的进、出口间的动能变化可以忽略;

(3) 进气管道、燃烧室、热交换器、间冷器、排气管和连接各部件的管道中没有压损;

(4) 工质在整个循环中组分相同,是定比热的完全气体;

(5) 燃气的质量流量在整个循环中是常数;

(6) 热交换器 (假设是逆流) 中换热完全,因此将 (4)、(6) 结合时,冷侧可能达到的最大温升正好等于热侧的温降。

(4) 和 (6) 的假设意味着可以把燃烧室看作有外部热源的换热器,理想循环的性能计算对于是开式循环还是闭式循环没有什么区别,因此我们将以更普通的开式循环来画出理想循环的示意图。

2.2.1　输出轴功的燃气轮机循环

1. 简单理想燃气轮机循环

简单理想燃气轮机 (Brayton) 循环,即图 2-6 中的 1→2→3→4,对应的稳流能量方程

是

$$Q = \Delta h + \frac{\Delta c^2}{2} + W \tag{2-52}$$

式中，Q 和 W 分别是单位质量流量交换的热和功，应用到燃气轮机的每个部件，并考虑到假设 (2)，可以得到

$$\begin{cases} W_{12} = -(h_2 - h_1) = -c_p(T_2 - T_1) \\ Q_{23} = h_3 - h_2 = c_p(T_3 - T_2) \\ W_{34} = h_3 - h_4 = c_p(T_3 - T_4) \end{cases} \tag{2-53}$$

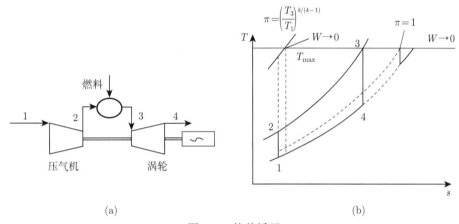

(a)   (b)

图 2-6 简单循环

循环效率为

$$\eta = \frac{\text{净输出功率}}{\text{供入热量}} = \frac{c_p(T_3 - T_4) - c_p(T_2 - T_1)}{c_p(T_3 - T_2)} \tag{2-54}$$

运用 p-T 的等熵关系式，有

$$T_2/T_1 = \pi^{(k-1)/k} = T_3/T_4 \tag{2-55}$$

此处压比 $p_2/p_1 = \pi = p_3/p_4$，则循环效率可以表示为

$$\eta = 1 - \left(\frac{1}{\pi}\right)^{(k-1)/k} \tag{2-56}$$

因此，效率仅依赖于压比和燃气的性质，图 2-7(a) 表示出了 η 和 π 之间的关系。当工质是空气时，$k = 1.4$，或为单原子气体如氩时，$k = 1.66$。对于本章，以下曲线都假定工质是空气。

W 是一个不仅与压比有关，还与最高循环温度 T_3 有关的关系式，即

$$W = c_p(T_3 - T_4) - c_p(T_2 - T_1) \tag{2-57}$$

还可以表示成

$$\frac{W}{c_p T_1} = t\left(1 - \frac{1}{\pi^{(k-1)/k}}\right) - (\pi^{(k-1)/k} - 1) \tag{2-58}$$

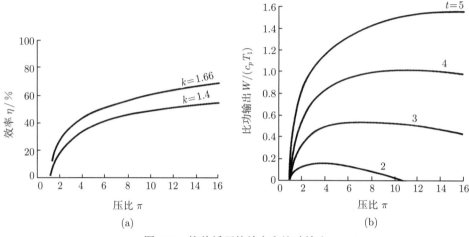

图 2-7   简单循环的效率和比功输出

此处 $t = T_3/T_1$，T_1 一般指环境温度，当环境温度比较稳定时，可以方便地画出根据 π 和 t 的无量纲形式的比功输出 $(W/(c_p T_1))$ 图，如图 2-7(b) 所示。在实际中可以使用的 T_3 值，即 t，依赖于代表工作寿命的涡轮最高温度，经常被称为冶金极限。早期的燃气轮机的 t 值在 3.5~4，但引入空气冷却后涡轮叶片允许 t 提高到 5~6。

从图 2-6(b) 的 T-s 图上可以看出为什么在某一个压比下的等 t 曲线有最大值，$\pi = 1$ 时 W 是 0，而压缩到最高压比，即 $\pi = t^{k/(k-1)}$ 时，W 也是 0。对任何给定 t 值，通过对方程 (2-58) 中的 $\pi = t^{k/(k-1)}$ 进行微分并等于 0，都可以找到对应于最大比功输出的最佳压比值，其结果是

$$\pi_{\text{opt}}^{(k-1)/k} = \sqrt{t} \tag{2-59}$$

因为 $\pi^{(k-1)/k} = T_2/T_1 = T_3/T_4$，上述方程可以写成

$$\frac{T_2}{T_1} \times \frac{T_3}{T_4} = t \tag{2-60}$$

但 $t = T_3/T_1$，那么结果就是 $T_2 = T_4$，在压气机出口和涡轮出口温度处于相同的压比下，比功输出最大，对于所有介于 1 和 $t^{k/(2(k-1))}$ 之间的压比 π 值，T_4 都将大于 T_2，因此可以设计一个换热器减少排向外部的热量，从而提高热效率。

2. 回热燃气轮机循环

回热燃气轮机循环是指利用涡轮的高温排气余热通过换热器对压气机出口的低温空气进行预热，之后再排出系统。用于回收排气余热的换热装置也称为回热器。

使用图 2-8 中的状态标示，循环效率可以表示为

$$\eta = \frac{c_p(T_3 - T_4) - c_p(T_2 - T_1)}{c_p(T_3 - T_5)} \tag{2-61}$$

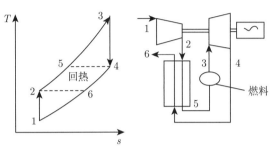

图 2-8　带回热器的简单循环

对于理想换热情况，$T_5 = T_4$，代入等熵 p-T 关系，表达式可以简化为

$$\eta = 1 - \frac{\pi^{(k-1)/k}}{t} \tag{2-62}$$

由式 (2-62) 可知，带回热的布雷顿循环效率随着循环最高温度 t 的增加而增加。可以进一步证明，对于给定的 t 值，循环效率 η 随压比 π 的减少而提高，而不是像简单循环那样随压比提高而提高。

图 2-9 中的实线代表不同 t 下，效率随压比的变化，每根定 t 线从 $\pi = 1$ 开始，此时效率值最高，为 $\eta = 1 - 1/t$，如卡诺循环。这是因为在这种极限情况下，能满足卡诺循环在循环高、低温下与外部的完全吸热和放热要求。曲线随着压比的增加而下降，直到压比值达到 $\pi^{(k-1)/k} = \sqrt{t}$ 的值，在这点上方程 (2-62) 成为方程 (2-56)，这是图 2-7(b) 的比功输出曲线达到最大值时的压比值，这点处显示 $T_4 = T_2$。再提高 π 值，回热器将冷却从压气机出来的空气，从而降低效率，因此等 t 线不能低于简单循环效率线，如图 2-9 中的虚线所示。

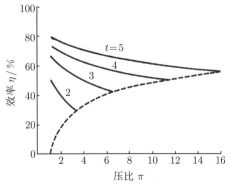

图 2-9　带回热器的简单循环效率

通过增加回热器，比功输出不变，图 2-7(b) 的曲线仍可适用，从这些曲线和图 2-9 上的那些曲线，可以得出结论：为了使回热循环有效地提高效率：① 需要设计合适 π 值，该值应小于最大比功输出所对应的最佳压比值 π_{opt}；② 当最高循环温度提高时，不必用高的循环压比。对于实际的循环，其结论是：结论①仍然是正确的，但结论②需要修正。

3. 再热燃气轮机循环

当把膨胀过程分段，在高压和低压涡轮间对燃气再热，称为再热循环，可大幅提高输出的比功。图 2-10(a) 表示了再热循环的 T-s 过程，它增加了两条等压线间的焓差，因此涡轮的输出功有所增加：$(T_3 - T_4) + (T_5 - T_6) > T_3 - T_4'$。

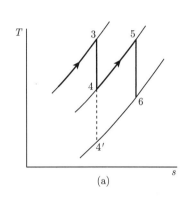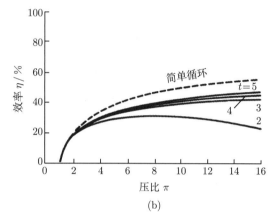

图 2-10　再热循环

假定燃气再热至温度 T_3，对比功输出表达式的微分结果显示，膨胀中的最佳再热点是在高压压比等于低压压比值时。以这个最佳压比分割，就能获得以 π 和 t 表示的比功和效率的表达式，记 $c = \pi^{(k-1)/k}$，则有

$$\frac{W}{c_p T_1} = 2t - c + 1 - \frac{2t}{\sqrt{c}} \tag{2-63}$$

$$\eta = \frac{2t - c + 1 - 2t/\sqrt{c}}{2t - c - t/\sqrt{c}} \tag{2-64}$$

比较图 2-11 中的 $W/(c_p T_1)$ 曲线和图 2-7(b) 中的曲线，可以看出再热循环显著增加了比功输出。但从图 2-10(b) 看出，要获得这个比功输出是以付出效率为代价的。这是因为对原来的简单循环附加了一个低效率的循环 (在图 2-10(a) 中的 $4'\to4\to5\to6$)，附加循环效率低是因为它在小温度范围内工作。如果最高循环温度提高，那么效率减少就变得不那么严重了。

4. 带回热的再热燃气轮机循环

再热导致热效率下降的问题，可以通过增加如图 2-12 所示的回热器来改善。更高排气温度的燃气热量可在回热器内得到利用，输出功率的提高不再被增加的供热而抵消。采用回热器后，热效率比再热而不用回热器时提高了，这点可以通过比较图 2-13 和图 2-9 看出。定 t 线簇和简单回热器循环具有相同的特征，每条线的效率都在 $\pi = 1$ 时达到卡诺循环值，并且随着 π 的增加，效率会一直降低，直到与相应的没有回热器的再热循环效率线相交，交点对应于最大比功输出的 π 值。

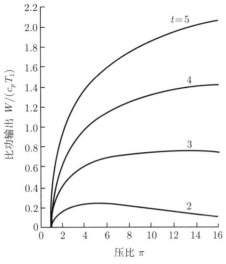

图 2-11　再热循环的比功输出

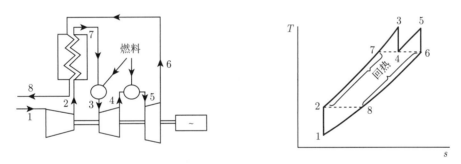

图 2-12　带回热的再热循环

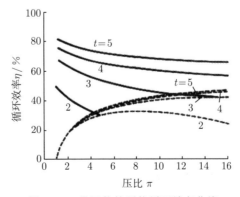

图 2-13　带回热的再热循环效率曲线

5. 带间冷压缩的燃气轮机循环

与通过再热获得比功输出增加一样，可以通过在低压和高压压气机间进行中间冷却来获得比功输出的增加。假定空气被间冷到 T_1，可以看出当高压压比和低压压比值相同时，比功输出值最大。在实践中很少应用间冷，因为其体积庞大且需要大量的冷却水，而燃气轮机的主要优点是紧凑和独立，采用间冷后这些优点就没了。基于这些原因，本书没有给出间冷循环的性能曲线，只要知道与图 2-10(b) 和图 2-11 相似就够了。与简单循环相比，它的比功增加和效率降低并不明显。通常，循环的低温区域的改变，相比高温区域的修改对循环的影响要小得多。和再热一样，只有当有回热器时，间冷才能提高循环效率，这时可以获得几乎与图 2-13 相同的曲线。

上述有关轴功率输出理想循环的讨论已经足够用来说明附加部件对简单燃气轮机的主要作用了。可以看出，压比的选择取决于设计目标是高效率还是高比功输出。以上这些结论在考虑部件损失的实际循环中也是广泛适用的。

2.2.2 输出推力的燃气轮机循环

航空燃气轮机与轴功率输出循环有两点不同：第一是航空燃气轮机有用功输出的形式主要是推力，如典型的涡喷和涡扇发动机，其所有推力都是在推进喷管中发生的；第二是在分析性能时，需要考虑飞行速度和高度的作用，由于这些参数的有益作用和极其优越的推重比，燃气轮机迅速取代了活塞发动机用作飞机的推进动力。

1. 简单涡喷循环

图 2-14 为一个以理想循环工作的单轴涡喷发动机，涡轮产生的功用来驱动压气机，在推进喷管中，气流继续膨胀，高速喷出产生推力。

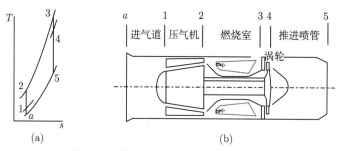

图 2-14　单轴涡喷发动机及其理想循环

如图 2-15 所示为涡喷发动机的示意图。空气以相对于发动机的速度 c_a 进入发动机，与飞机的飞行速度相反，发动机对空气加速，以喷气速度 c_j 离开。"推进装置"可以是其中涡轮仅驱动压气机的燃气轮机，也可以是其中部分膨胀功由动力涡轮来驱动螺旋桨，或者是仅有燃烧室的冲压发动机。为简化起见，我们假设此处的空气流量 $\dot{m}$ 是常数 (即忽略燃油流量)，因此，基于动量变化率的净推力 F 为

$$F = \dot{m}(c_j - c_a) \tag{2-65}$$

环境压力 p_a

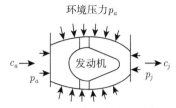

图 2-15　涡喷发动机的示意简图

$\dot{m}\,c_j$ 称为总动量推力，$\dot{m}\,c_a$ 称为进气动量阻力。当排出气体不能在尾喷管中完全膨胀到出口截面的压力时，p_j 将大于 p_a，因此在出口截面 A_j 上产生一个附加的压力推力，$A_j(p_j - p_a)$，如图 2-15 所示，净推力是动量推力和压力推力的总和，即

$$F = \dot{m}(c_j - c_a) + A_j(p_j - p_a) \tag{2-66}$$

当飞机以均匀速度 c_a 沿水平方向飞行时，其推力必须与飞机上相反方向的阻力相等。

当假设在喷管中完全膨胀到 p_a 时，即可以得到式 (2-65)。从这个方程中可以清楚地看到，可以通过把发动机设计为在小的质量流量下、产生高的喷气速度，或在高质量流量下的低喷气速度来获得所需要的推力。那么问题来了，这两个变量的最有效组合是什么呢？以下作简单的定性分析。

推进效率 η_p 可以定义为有用的推进能量或推进功率 (Fc_a) 与总动能 (包含推进能量与未使用的喷气动能之和) 的比值。后者是喷气中相对于地面的动能，即 $\dot{m}(c_j - c_a)^2/2$，因此有

$$\eta_p = \frac{\dot{m}\,c_a(c_j - c_a)}{\dot{m}\left[c_a(c_j - c_a) + (c_j - c_a)^2/2\right]} = \frac{2}{1 + (c_j/c_a)} \tag{2-67}$$

η_p 经常被称为推进效率，从式 (2-65) 和式 (2-67) 可明显看出：

(1) 当 $c_a = 0$ 时，即在静止条件下，F 最大，但此时 $\eta_p = 0$；

(2) 当 $(c_j/c_a) = 1$ 时，η_p 最大，但此时推力为 0。

由此我们可以得出结论，即尽管 c_j 必须大于 c_a，但两者之差不能太大。图 2-16 所示为燃气轮机推进动力装置发展的一系列形式，按图中 (a)→(d) 顺序，发动机提供的推进喷气质量流量减小而喷气速度增加，以适应飞机巡航速度的提高。

推进效率是用来衡量飞机推进中发动机的推进有效性的，这不是发动机本身的能量转换，发动机本身的能量转换效率用 η_e 表示。燃料提供的能量可以看成 $\dot{m}_f Q_{\text{net}.p}$，其中 $\dot{m}_f$ 是燃油质量流量，燃料提供的能量是转换成潜在的可用于推进的有用动能 $m(c_j^2 - c_a^2)/2$ 和在喷气中的有用焓 $mc_p(T_j - T_a)$ 之和，因此 η_e 可定义为

$$\eta_e = \frac{m(c_j^2 - c_a^2)/2}{m_f Q_{\text{net}.p}} \tag{2-68}$$

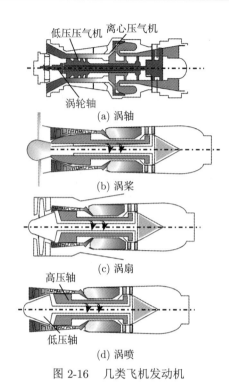

图 2-16　几类飞机发动机

增量 $(c_j^2 - c_a^2)/2$ 中只有一部分成为有用的推进功,剩余部分随排气动能损失掉了。

总效率 η_o 是克服阻力的有用功与燃油提供的能量之比,即

$$\eta_o = \frac{mc_a(c_j - c_a)}{m_f Q_{\text{net}.p}} = \frac{Fc_a}{m_f Q_{\text{net}.p}} \tag{2-69}$$

很容易看到式 (2-67) 的分母项,即 $\dot{m}[c_a(c_j - c_a) + (c_j - c_a)^2/2]$ 与式 (2-68) 中的分子项相等,因此有

$$\eta_o = \eta_p \eta_e \tag{2-70}$$

推出式 (2-70) 的目的是要说明飞机发动机的效率是与飞行速度相关联的。虽然可以对不同发动机作粗略的比较,但是当在两个不同工作条件下计算发动机性能时,比如,在海平面静态下的最大功率 (即在最高涡轮进口温度下) 和在最佳巡航速度与高度下的巡航性能,用这种效率概念是无法比较的,因此更建议用油耗的概念。对于飞机发动机,油耗通常定义为单位推力下的单位燃料消耗率 (specific fuel consumption, SFC, 单位 kg/(h·N)),也可称为燃油消耗率或单位油耗。由式 (2-69) 给出的总效率可以写成

$$\eta_o = \frac{C_a}{\text{SFC}} \times \frac{1}{Q_{\text{net}.p}} \tag{2-71}$$

对于给定的燃油,其 $Q_{\text{net}.p}$ 值为常数,总效率可以看作正比于 C_a/SFC,而轴功装置的总效率则正比于 $1/\text{SFC}$。

另一个重要性能参数是比推 F_s,定义为单位质量空气流量的推力 (即 N·s/kg)。这为产生相同推力的发动机提供了尺寸比较,因为发动机尺寸主要取决于空气流量。尺寸很重要,

因为它不仅跟重量有关，还影响发动机的迎风面积和带来的阻力。单位燃料消耗率 SFC 和比推 F_s 的关系式可以表示为

$$\text{SFC} = \frac{f}{F_s} \tag{2-72}$$

式中，f 是油气比。

　　当在估算一定高度下的循环性能时，我们知道高于海平面时，环境温度和压力随高度而变，这个变化某种程度上依赖于季节和纬度，但通常假定工作在平均值或 "国际标准大气环境" 下。"国际标准大气" 对应于在中纬度的平均值，在 11km 以下时每增加 500m 高度温度大约降低 3.2K。在 11～20km 温度是常数 216.7K，高于 20km 后温度又重新开始缓慢降低。一旦温度固定，压力按照流体静力学定律变化。对于高亚声速和超声速飞机，使用 Ma (马赫数) 而不是 m/s 来描述飞行速度更合适，因为阻力更多体现为 Ma 的作用。在 11km 高度以下，因为温度在下降，速度不变时其 Ma 随高度是变化的。图 2-17 显示了在海平面和 11km 时 Ma 随 C_a 变化的图，$Ma = C_a/a$，a 是声速 $(kRT_a)^{1/2}$。

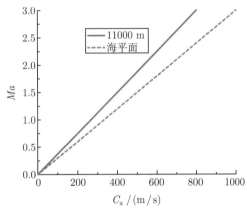

图 2-17　Ma 随 C_a 变化的图

2. 涡扇发动机循环

　　最初设计涡扇发动机是用来提高发动机的推进效率的，在高亚声速条件下工作时通过减少射流的平均速度。但是很快发现，低的射流速度还能带来低噪声的好处，这将显著加快喷气发动机大量进入商业服务领域的速度。在涡扇发动机内，总来流中有一部分从压气机、燃烧室、涡轮和喷管的旁路通过，然后进入一个单独的喷管喷出，如图 2-18 所示。因此推力由两部分组成，冷流 (或风扇) 推力和热流推力。

　　通常以涵道比来描述涡扇发动机的这两股流，定义为流过旁路的冷流流量 m_c 与进入压气机热流流量 m_h 之比值，以图 2-18 的标注表示涵道比就是

$$B = \frac{m_c}{m_h} \tag{2-73}$$

即有

$$m_c = \frac{mB}{B+1}, \quad m_h = \frac{m}{B+1}, \quad m = m_c + m_h$$

对于两股流都在推进喷管中膨胀到环境压力的特殊情况，净推力可表示为

$$F = (m_c c_{jc} + m_h c_{jh}) - m c_a \tag{2-74}$$

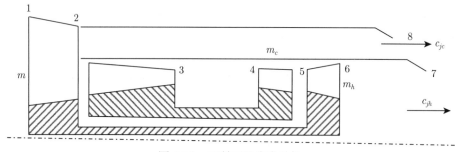

图 2-18　双转子涡扇发动机

涡扇发动机设计点的计算和涡喷发动机的相似。基于此，只把有差别的地方列出：

(1) 总的压比和涡轮进口温度与涡喷发动机规定的相同，但还必须规定涵道比 (B) 和风扇压比 (fan pressure ratio, FPR)；

(2) 从进口条件和 FPR 可以计算出流进外涵道冷流的压力和温度，流进外涵的流量可以从总流量和涵道比计算出来，因此冷流的推力可以计算出来，注意冷流的工质是空气。需要检查涡扇通道喷管是否壅塞，如果壅塞了，那必须计算压力推力部分。

3. 进排气性能参数

由于航空燃气轮机的飞行速度显著变化，进气道必须作为一个独立部件来考虑，而不能像在轴功输出装置中那样作为压气机的一部分；同时气体从涡轮流出后，继续在推进喷管中膨胀，提供做功的一部分。因此，在分析输出推进功率的燃气轮机循环时，有必要单独介绍下进气道和尾喷管的性能参数。

1) 进气道

进气道指由飞机进口至发动机的压气机进口这段管道。进气道使气流速度下降，压力提高，其功用主要是将一定量的空气以较小的流动损失，顺利地引入发动机。进气道的主要性能参数如下。

(1) 总压恢复系数 σ_{in}。

总压恢复系数定义为进气道出口总压 p_{10} 与进口总压 p_a 之比，即

$$\sigma_{\mathrm{in}} = \frac{p_{10}}{p_a}$$

总压恢复系数是描述气流经过进气道时流动损失大小的指标。由于气流流过进气道总会有各种原因引起能量损失，所以，总压恢复系数总小于 1。

(2) 畸变指数 $\overline{D}$。

进气道出口的压力分布是不均匀的。流场出口截面中最高总压和最低总压之差与最高总压之比称为畸变指数，即

$$\overline{D} = \frac{p_{10\,\mathrm{max}} - p_{10\,\mathrm{min}}}{p_{10\,\mathrm{max}}}$$

式中，p_{10} 为进气道出口截面总压。畸变指数是描述进气道出口气流分布状态的参数。畸变指数越小，说明出口流场越均匀。

(3) 进气道的冲压比 π_{in}。

进气道出口处的总压与来流 (发动机远前方) 静压的比值称为进气道的冲压比 π_{in0}，用下面公式表示：

$$\pi_{in0} = \frac{p_{10}}{p_a}$$

进气道的冲压比有 3 个影响因素：流动损失、飞行速度、大气温度。当流动损失和飞行速度保持不变时，大气温度升高，冲压比降低；当流动损失和大气温度保持不变时，飞行速度增大，冲压比提高；当飞行速度和大气温度保持不变时，流动损失提高，冲压比增大。

2) 尾喷管

尾喷管指的是流体在其中膨胀以获得高速射流的部件，对于如图 2-14 所示的简单涡喷发动机，在涡轮后有一个推进喷管。在涡轮出口和推进喷管之间有一段喷射管。其长度取决于发动机在飞机上的位置。在从涡轮的环形出口转换到圆形喷射管时，面积会略有增加以降低速度，从而降低在喷射管中的摩擦损失。当需要增加推力时，可以在喷射管中设计加力燃烧室，如图 2-19 所示。

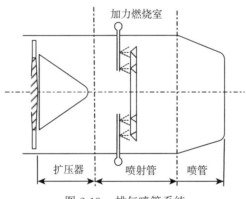

图 2-19　排气喷管系统

喷管的设计还有一个问题，就是用一个简单收缩喷管就够了，还是要用一个收扩喷管？从前期的学习可以知道，设计喷管首先需要计算喷管的临界压比。临界压比的估算可以从假定等熵流来获得，如燃气：取 $k = 1.33$。其临界压比计算公式为

$$\frac{p_{04}}{p_c} = \left(\frac{k+1}{2}\right)^{k/(k-1)} = 1.853 \tag{2-75}$$

在以后的循环计算中可以看到，即使对于中等循环压比，至少在部分飞行速度和高度范围内，喷管的膨胀比 p_{04}/p_a 都会大于临界压比。当喷管的膨胀比大于临界压比时，也许有必要采用收扩喷管，但我们需要的是推力而不是最大可能的射流速度，所以在喷管膨胀比略超临界压比的情况下，仍然采用收缩喷管。当然通过等熵膨胀可以知道在喷管中完全膨胀到 p_a 时能产生的最大推力，由于射流速度变小，不完全膨胀而产生的压力推力 $A_5(p_5 - p_a)$ 的增加并不能完全补偿动量推力的损失。

练 习 题

1. 简要说明为什么理想简单燃气轮机循环效率只与压比有关。
2. 简要说明带回热燃气轮机的循环效率随温比和压比的变化关系。
3. 试推导再热燃气轮机循环的比功和效率表达式：

$$\frac{W}{c_p T_1} = 2t - c + 1 - \frac{2t}{\sqrt{c}}$$

$$\eta = \frac{2t - c + 1 - 2t/\sqrt{c}}{2t - c - t/\sqrt{c}}$$

4. 用推进效率的概念分析涡喷发动机和涡扇发动机的推进性能。
5. 推导喷管临界压比。

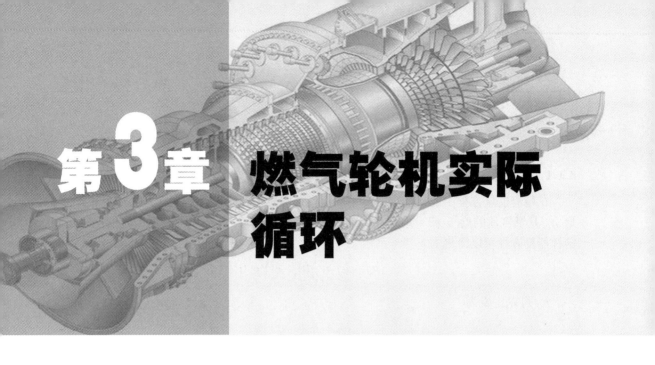

第3章 燃气轮机实际循环

实际循环的性能与理想循环存在区别，主要有以下几个原因。

(1) 在涡轮机械中的流体速度高，每个部件的进出口动能变化不能忽略，实际的压缩和膨胀是不可逆绝热，因此会产生熵增。

(2) 在燃烧室和换热器，以及进、排气管道中，流动摩擦导致压力损失 (连接部件之间的管道中的损失通常被包含在相关的部件损失中)。

(3) 如果换热器的结构不是足够大，末端温度不可避免地有差别，即压缩空气不能被加热到涡轮出口的燃气温度。

(4) 压气机功耗会略多于压缩过程所需要的功，以克服在压气机和涡轮间传动装置的轴承和风阻损失，以及驱动附件如燃油和滑油泵的功耗。

(5) 在循环中，温度变化使工质的 c_p 值和 k 值变化，会使内部燃烧的化学组分发生变化。

(6) 理想循环的效率定义很明确，但对带有内部燃烧的开式循环并不适用。此时需要根据压气机出口温度、燃油组分和涡轮需要的进口温度，来计算燃烧室需要的油气比，不完全燃烧用燃烧效率来衡量。

(7) 对于内部燃烧的情况，通过涡轮的质量流量应该比通过压气机的流量大，因为加入了燃料。实际上，有 1%~2% 的压缩空气被引出去用于冷却涡轮盘和涡轮叶片根部，并且在后面可以看到，燃烧的油气比在 0.01~0.02 范围内，因此，对于许多循环计算，可以假设加入的燃油正好弥补这部分空气流量的减少，我们在本书中除非特别说明，都假设流过压气机的质量流量和流过涡轮的相同。当涡轮进口温度高于 1350K 时，涡轮叶片就必须与涡轮盘和涡轮叶片根部一样进行内部冷却，这就是我们所说的空气冷却涡轮，最多可以有 15% 的压缩空气被引出作为冷却用途，这时，为了准确预估循环性能，就有必要考虑通过发动机的质量流量变化。

3.1 各部件损失计算

3.1.1 滞止特性

在稳流能量方程中的动能项可以用滞止焓或总焓的概念隐性表达。从物理上说，滞止焓 h_0 是燃气流的焓 h 和当地速度 c 在绝热和无功转换且完全降到 0 速度时的能量之和。这样能量方程可以简化为

$$(h_0 - h) + \frac{1}{2}(0 - c^2) = 0$$

h_0 可以定义为

$$h_0 = h + \frac{1}{2}c^2 \tag{3-1}$$

当流体是完全气体时，$c_p T$ 就代表 h，对应的滞止 (总) 温 T_0 可以定义为

$$T_0 = T + \frac{c^2}{2c_p} \tag{3-2}$$

$c^2/(2c_p)$ 被称为动温，为了强调有区别，把 T 称为静温。低速下的总温和静温相差很小，如对于常温下空气的 $c_p = 1.005 \text{ kJ/(kg·K)}$，流动速度 100 m/s 时，有

$$T_0 - T = \frac{100^2}{2 \times 1.005 \times 10^3} \approx 5(\text{K})$$

从能量方程可知，如果没有热量或功量的转换，T_0 将保持不变，如果管截面积变化或摩擦使直接的动能降级为随机的分子能，静温将变化，但总温 T_0 不变。把这个概念应用于绝热压缩，能量方程 (2-52) 即变为

$$W = -c_p(T_2 - T_1) - \frac{1}{2}(c_2^2 - c_1^2) = -c_p(T_{02} - T_{01}) \tag{3-3}$$

同样地，对于没有功转换的加热过程：

$$Q = c_p(T_{02} - T_{01})$$

因此，如果引入总温，就没有必要提及显式动能项，而且在高速流中测量总温比测量静温更方便。

当燃气速度下降、温度升高时，压力也同时升高，滞止压力 (或总压) p_0 的定义与 T_0 相同，假定燃气不仅绝热而且可逆，即等熵，则有总压与总温的关系：

$$\frac{p_0}{p} = \left(\frac{T_0}{T}\right)^{k/(k-1)} \tag{3-4}$$

总压只有在没有摩擦、没有热和功交换时才是常数，这一点跟总温不一样。总压下降可以被用来测量和表征流体的阻力。

在低速下，p_0 通常与用皮托管测得的根据不可压流定义的压力 p_0^* 相同，p_0^* 定义为

$$p_0^* = p + \rho c^2/2 \tag{3-5}$$

把式 (3-2) 代入式 (3-4)，并利用 $c_p = kR/(k-1)$ 和 $p = \rho RT$，有

$$p_0 = p\left(1 + \frac{\rho c^2}{2p} \times \frac{k-1}{k}\right)^{k/(k-1)} \tag{3-6}$$

可以看出，p_0^* 是由式 (3-6) 二项展开式的前两项给出的。因此，当速度较小可以忽略压缩作用时，p_0 与 p_0^* 的值接近。但在高速下两者差异较大，例如，空气以声速流动 ($Ma = 1$) 时，$p_0/p = 1.89$，而 $p_0^*/p = 1.7$，因此当假设流体是不可压时，总压会低估大约 11%。

把式 (3-4) 应用于进口 1 和出口 2 之间的等熵压缩过程，我们可以通过以下公式得到总压压比：

$$\frac{p_{02}}{p_{01}} = \frac{p_{02}}{p_2} \times \frac{p_1}{p_{01}} \times \frac{p_2}{p_1} = \left(\frac{T_{02}}{T_2} \times \frac{T_1}{T_{01}} \times \frac{T_2}{T_1}\right)^{k/(k-1)} = \left(\frac{T_{02}}{T_{01}}\right)^{\frac{k}{k-1}} \tag{3-7}$$

同样如果需要，还有

$$\frac{p_{02}}{p_1} = \left(\frac{T_{02}}{T_1}\right)^{k/(k-1)} \tag{3-8}$$

因此 p_0 和 T_0 可以用和静值相同的方法来表示等熵 p-T 关系。总温和总压是燃气或蒸汽的性能，这个性能可以用静值来确定蒸汽的组合热力学和机械状态。这样的状态点可以表示在 T-s 图上，如图 3-1 所示，图中描述了在 "静" 状态 1 和 2 之间的压缩过程，为清楚表示起见，等压线 p 和 p_0 的差异在图上被放大了。理想的滞止状态应通过等熵压缩到同一状态，出口总压是如图 3-1 所示的 02。

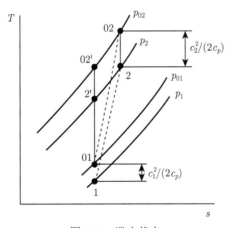

图 3-1　滞止状态

3.1.2 压气机及涡轮效率

1. 等熵效率

任何以消耗或产生功为目的的机械效率，通常都是表示为实际转换功和理论转换功之间相比的形式。因为涡轮机械本质上是绝热的，理想过程是可逆绝热，所以效率就称为等熵效率。考虑流体在进出口之间的动能的改变时，充分利用总焓或总温的概念，对压气机有

$$\eta_c = \frac{W'}{W} \times 100\% = \frac{\Delta h_0'}{\Delta h_0} \times 100\%$$

对于理想气体有，$\Delta h_0 = c_p \Delta T_0$，这个公式对于在燃气轮机工作条件下的实际燃气也能应用。而且由于理想和实际的温度变化不大，可以假设在理想和实际循环中平均 c_p 值相等，因此压气机等熵效率通常定义为温度的形式：

$$\eta_c = \frac{T_{02}' - T_{01}}{T_{02} - T_{01}} \tag{3-9}$$

同样，涡轮的等熵效率可以定义为

$$\eta_t = \frac{W}{W'} = \frac{T_{03} - T_{04}}{T_{03} - T_{04}'} \tag{3-10}$$

当进行循环计算时，将假设 η_c 和 η_t 的值，当给定压比后，与功转换相当的温度可以表示为

$$T_{02} - T_{01} = \frac{1}{\eta_c}(T_{02}' - T_{01}) = \frac{T_{01}}{\eta_c}\left(\frac{T_{02}'}{T_{01}} - 1\right)$$

最后得到

$$T_{02} - T_{01} = \frac{T_{01}}{\eta_c}\left[\left(\frac{p_{02}}{p_{01}}\right)^{(k-1)/k} - 1\right] \tag{3-11}$$

同样有

$$T_{03} - T_{04} = \eta_t T_{03}\left[1 - \left(\frac{1}{p_{03}/p_{04}}\right)^{(k-1)/k}\right] \tag{3-12}$$

当压气机是地面燃气轮机的一部分时，有一个短的进口整流器，可以看作压气机的一部分，式 (3-11) 中的 p_{01} 和 T_{01} 分别等于 p_a 和 T_a，因为环境空气的速度为 0。本章中都这么假设。

工业燃气轮机通常都配有长的进气管道和空气滤网，这种情况下需要考虑进口压力损失 (Δp_i)，即进口压力 p_{01} 应为 $p_a - \Delta p_i$。进口损失随安装结构而变，并且制造商经常采用零进口损失的性能图，再按损失的不同程度进行修正。当压气机作为航空发动机的部件

时，没有很长一段进气管道。飞机向前的运动速度产生冲压压缩，这种情况下，即使没有摩擦损失，p_{01} 和 T_{01} 也不等于 p_a 和 T_a，这时必须把进气道和压气机作为分开的部件。

根据式 (3-10) 定义的 η_t，认为理想功正比于 $T_{03} - T'_{04}$，我们默认排气中的动能通过随后的涡轮或在发动机喷管中都被利用。但如果是工业电厂的燃气轮机，排气直接排入大气环境中，这部分的动能就浪费了。在等熵过程中涡轮功的理想值应是由 p_{03} 膨胀到出口静压 p_4 时，p_4 等于环境压力 p_a，因此 η_t 可以表示成

$$\eta_t = \frac{T_{03} - T_{04}}{T_{03}\left[1 - \left(\dfrac{1}{p_{03}/p_a}\right)^{(k-1)/k}\right]} \tag{3-13}$$

实际上，即使在燃气马上离开涡轮的情况下，由于涡轮后有排气扩压器，大部分动能又会恢复成压比的增加：如图 3-2 所示，在扩压器出口的排气速度很小，因此 $p_{04} = p_4 = p_a$。可以看出由于涡轮后的扩压器存在，落压比从 p_{03}/p_a 增加到 p_{03}/p_x。而由于在扩压器中没有做功 ($T_{0x} = T_{04}$)，与涡轮功相对应的温度 $T_{03} - T_{0x}$ 仍然等于 $T_{03} - T_{04}$。当涡轮后不安装扩压器时，落压比直接膨胀到 $p_4 = p_a$，则此时对应的 T_{0x} 值小于安装扩压器时对应的 T_{04} 值。对于普通循环没有必要把涡轮的膨胀过程 $3 \to x$ 和扩压过程 $x \to 4$ 分开考虑。可以把 $p_{04} = p_a$ 代入方程 (3-12)，并把 η_t 看作也考虑了在扩压器中的摩擦损失 $p_{x0} - p_a$，即可以得到方程 (3-13)，这个公式是把涡轮和排气扩压组合起来考虑，而不是单独针对涡轮的。方程 (3-13) 中认为 $p_{04} = p_a$ 的设定适用于任何涡轮直接排气到环境的情况。

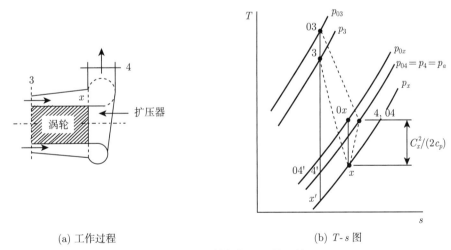

(a) 工作过程 　　　　　　　　　　　　　　 (b) $T\text{-}s$ 图

图 3-2　带排气扩压器的涡轮

2. 多变效率

前面讨论了把压气机或涡轮作为一个整体所应用的总效率。但是当我们在设计压气机的过程中，需要对一系列压比进行循环计算，以确定一个最佳压比，这时出现了问题，即假设一个固定的 η_c 和 η_t 值是否合理？事实上，研究发现 η_c 随着压比增加而降低，而 η_t

随压比增加而增加。其原因从以下基于图 3-3 的讨论中可以清晰地说明，图中用 p 和 T 来代替 p_0 和 T_0，以避免多重下标。

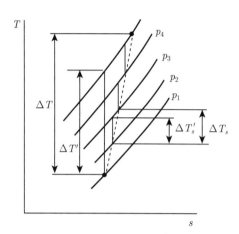

图 3-3   多级压缩 T-s 图

考虑到一个轴流式压气机包含一系列连续的级，如果在每一级中的叶片设计都是相似的，有理由假设在整个压气机中每一个单级的等熵效率 η_s 都相同。这样，整个温升可以表达为

$$\Delta T = \sum \frac{\Delta T_s'}{\eta_s} = \frac{1}{\eta_s} \sum \Delta T_s' \tag{3-14}$$

通过 $\Delta T = \Delta T'/\eta_c$ 定义 η_c，因此有

$$\frac{\eta_s}{\eta_c} = \frac{\sum \Delta T_s'}{\Delta T'} \tag{3-15}$$

但是，因为在 T-s 图上，一对定压线之间的垂直距离随着熵的增加而增加，从图 3-3 中可以清晰地看到 $\Delta T_s' > \Delta T'$，这导致 $\eta_c < \eta_s$，且差距随着级数的增加而增加，即随压比的增加而增加。物理上也很好解释，在一级中由于摩擦而引起的温度升高，导致在下一级中需要耗更多的功，这是"预热"作用。对于涡轮中 $\eta_t > \eta_s$ 的分析与此相似。在这种情况下，一级中的摩擦"再热"在下一级中可以部分转换为功。

这些解释已经引出了多变 (或小级) 效率 η_∞ 的概念，可以定义多变过程中的每个单元级的等熵效率在整个过程中是常数，对于压气机，有

$$\eta_{\infty c} = \frac{\mathrm{d}T'}{\mathrm{d}T} = \mathrm{const}$$

对于一个等熵过程有 $T/p^{(k-1)/k} = \mathrm{const}$，写成微分形式是

$$\frac{\mathrm{d}T'}{T} = \frac{k-1}{k} \frac{\mathrm{d}p}{p}$$

将前面给出的公式代入 $\mathrm{d}T'$，得到

$$\eta_{\infty c} \frac{\mathrm{d}T}{T} = \frac{k-1}{k} \frac{\mathrm{d}p}{p}$$

从进口 1 到出口 2 积分，由对常数 $\eta_{\infty c}$ 的定义可知

$$\eta_{\infty c} = \frac{\ln(p_2/p_1)^{(k-1)/k}}{\ln(T_2/T_1)} \tag{3-16}$$

这个定义使得 $\eta_{\infty c}$ 可以从压气机进口和出口测得的 p 和 T 值计算出来。式 (3-16) 还可以写成以下形式：

$$\frac{T_2}{T_1} = \left(\frac{p_2}{p_1}\right)^{(k-1)/(k\eta_{\infty c})} \tag{3-17}$$

最后 $\eta_{\infty c}$ 和 η_c 之间的关系可以写成

$$\eta_c = \frac{T_2'/(T_1-1)}{T_2/(T_1-1)} = \frac{(p_2/p_1)^{(k-1)/k}-1}{(p_2/p_1)^{(k-1)/k\eta_{\infty c}}-1} \tag{3-18}$$

注意：如果把 $(k-1)/(k\eta_{\infty c})$ 写成 $(n-1)/n$，式 (3-18) 就是多变过程关于 p 和 T 的一个熟悉的关系式，因此 η_{∞} 即意味着非等熵过程是多变过程，这是多变效率的来源。

相同地，因为 $\eta_{\infty t}$ 可表示为 $\mathrm{d}T/\mathrm{d}T'$，对 3 和 4 截面间的膨胀过程有

$$\frac{T_3}{T_4} = \left(\frac{p_3}{p_4}\right)^{\eta_{\infty t}(k-1)/k} \tag{3-19}$$

和

$$\eta_t = \frac{1-\left(\dfrac{1}{p_3/p_4}\right)^{\eta_{\infty t}(k-1)/k}}{1-\left(\dfrac{1}{p_3/p_4}\right)^{(k-1)/k}} \tag{3-20}$$

把 $k = 1.4$ 代入式 (3-18) 和式 (3-20)，得到的图 3-4 是对于多变效率是 85％的情况下，η_c 和 η_t 分别随压比变化的图。

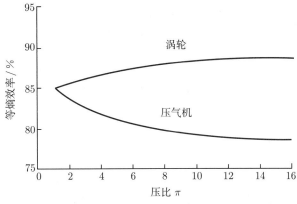

图 3-4　涡轮和压气机的等熵效率随压比的变化

实际中，对于 η_c 和 η_t，一般都用总温和总压的形式定义多变效率。而且在循环计算中应用时，最方便使用的公式是那些对应于式 (3-17) 和式 (3-19) 的形式，从式 (3-17) 和式 (3-19) 得到

$$T_{02} - T_{01} = T_{01}\left[\left(\frac{p_{02}}{p_{01}}\right)^{(n-1)/n} - 1\right] \tag{3-21}$$

此处的 $(n-1)/n = (k-1)/(k\eta_{\infty c})$；

$$T_{03} - T_{04} = T_{03}\left[\left(1 - \frac{1}{p_{03}/p_{04}}\right)^{(n-1)/n}\right] \tag{3-22}$$

此处的 $(n-1)/n = \eta_{\infty t}(k-1)/k$。

另外，对于一台工业燃气轮机，当燃气轮机出口与环境相连时，可以取 $p_{01} = p_a$ 和 $T_{01} = T_a$，认为 $p_{04} = p_a$。

需要注意的是，等熵和多变效率是以不同形式提出的相同概念。当在一定压比范围下进行计算时，假定定常多变效率可以使等熵效率随压比而变。简单来说，多变效率可以被解释为对一个特定设计结构的当前技术水平。当确定了所研究对象的简单循环的性能后，或分析了发动机的试验数据后，使用等熵效率更合适。

3. 压力损失

进气和排气管道中的压力损失已经在前面内容中讨论过了。在燃烧室里总压损失 (Δp_b) 取决于火焰稳定和混合的气动阻力，以及由热阻产生的动量变化。当系统中包含有换热器时，在空气通道 (Δp_{ha}) 和燃气通道 (Δp_{hg}) 都有压力损失。如图 3-5 所示，这些压力损失会使涡轮膨胀比达不到理想值，因而减少循环输出的净功。燃气轮机循环对不可逆非常敏感，因为净功输出是涡轮和压气机两大部件功量之差，压力损失对循环性能有很大影响。

可以在循环计算中引入固定的损失值。例如，对于带有换热器的简单循环，我们可以由式 (3-23) 确定落压比 p_{03}/p_{04}：

$$p_{03} = p_{02} - \Delta p_b - \Delta p_{ha} \ \text{和} \ p_{04} = p_a + \Delta p_{hg} \tag{3-23}$$

但当循环压比不同时假设压力损失相同是否合理？对于常规的管道流动，摩擦损失基本与当地流动的动压头 (对于不可压流是 $1/(2\rho c^2)$) 成比例。因此可以认为，压力损失 Δp_{ha} 和 Δp_b 将随着压比增加而增加。因为压比增加，在换热器空气一边的密度和燃烧室内的气体密度增加。即使因为 T 也增加，使 ρ 不正比于 p，近似认为 Δp_{ha} 和 Δp_b 是压气机出口压力的一个固定比例值也是合适的。因此，涡轮进口压力可以写成

$$p_{03} = p_{02}\left(1 - \frac{\Delta p_b}{p_{02}} - \frac{\Delta p_{ha}}{p_{02}}\right) \tag{3-24}$$

为了尽量减小燃烧室中的压力损失，考虑到工业燃气轮机中尺寸要求并不重要，可以设计一个大尺寸燃烧室使流速降低。而对于航空燃气轮机，其重量、体积和迎风面积都很重要，就不可避免地带来高的压力损失了。设计者还需要考虑在高空典型飞行条件下，由

于空气密度低而使压力损失增加。通常大型地面燃机设备的 $\Delta p_b / p_{02}$ 值为 2%~3%，航空发动机为 6%~8%。

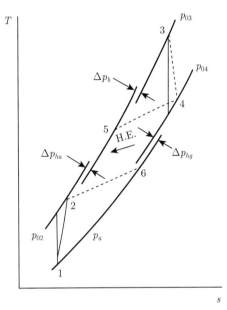

图 3-5　压力损失示意图

4. 换热器效率

燃气轮机的换热器可以有多种形式，包括逆流换热器和交叉流换热器 (即热流和冷流通过独立的壁面进行换热) 或蓄热器 (每个循环工质被引入与基质相接触，基质可以交替地吸热或放热)。使用图 3-5 中的符号，计算换热器的能量交换。

涡轮排出燃气的放热率为 $m_t c_{p46}(T_{04} - T_{06})$，而从压气机流出的空气接收的热量为 $m_c c_{p25}(T_{05} - T_{02})$。考虑能量平衡方程，假定质量流量 m_c 和 m_t 相等，有

$$c_{p46}(T_{04} - T_{06}) = c_{p25}(T_{05} - T_{02}) \tag{3-25}$$

T_{05} 和 T_{06} 都未知，需要第二个方程来确定它们的值。这个方程由换热器的效率表达式给出。

当 "冷空气" 达到进口热空气温度 T_{04} 时，这可能是 T_{05} 的最大值，一个可以测量的性能是冷空气可能获得的最大实际能量比例，即

$$\frac{m_c c_{p25}(T_{05} - T_{02})}{m_c c_{p24}(T_{04} - T_{02})}$$

在两个温度范围内的空气平均比热差异不会太大，因此，通常可以把效率单独表示成温度的形式，并称为换热器的效率，有

$$\text{eff} = \frac{T_{05} - T_{02}}{T_{04} - T_{02}} \tag{3-26}$$

当规定了效率的值时，利用式 (3-26) 就可以使燃烧室进口的温度 T_{05} 确定下来，如果需要，还可以通过式 (3-25) 计算出 T_{06}。注意平均比热比 c_{p46} 和 c_{p25} 并不近似相等，因为前者是涡轮排气，后者是空气，所以是不能消去的。

一般来说，换热器的体积越大，换热效率就越高，但当换热表面积超过一定值后，换热效率的增加就趋近于极限了；换热器的成本很大程度上取决于其表面积，考虑到这一点，现代换热器都设计成换热效率在 0.9 左右。由于换热器的材料限制，涡轮出口的最高温度是一定的，对于不锈钢，这个温度不能超过 900 K。对于蓄热循环，涡轮进口温度同样也受到限制。换热器在启动期间承受严重的热应力，所以在需要频繁启动的地方不用换热器，如在尖峰发电载荷时。换热器最好是当燃气轮机在一个稳定的功率下长期工作时使用，这种情况一般在管道输运中存在。但需要注意的是，许多输气站都位于偏远地区，对换热器的运输和安装都是主要的问题，因为这个原因，一些现代先进的换热器被制成一系列独立的块。因此，换热器很少使用，相对于高压比的简单循环或在基本载荷应用中的联合循环装置都不再有明显的优势。但是将来，要求循环效率超过 60%，有可能又会在复杂循环中出现换热器。

3.1.3 机械损失

在所有的燃气轮机中，需要驱动压气机的功率都是直接从涡轮传输来的，不通过任何中间齿轮，传输损失仅源于轴承摩擦和偏差。这个损失很小，假设这个损失大约是驱动压气机所需功率的 1% 是合理的，如果转换效率用 η_m 表示，驱动压气机所需的功率可以写成

$$W = \frac{1}{\eta_m} c_{p12} (T_{02} - T_{01}) \tag{3-27}$$

我们将对所有计算的例子采用 $\eta_m = 0.99$。

用于驱动辅助动力装置如燃油和滑油泵的功率，经常从输出的净功率中扣除以简化计算。对于在燃气轮机和载荷间任何齿轮消耗的功也进行同样处理。对低功率的小型燃气轮机，这些损失很可观，我们就不深入讨论了。如果有一个独立的动力涡轮，燃油和滑油泵的耗功将只能从压气机涡轮功中取出 (因为在有些工作条件下动力涡轮是功率不变的)。

3.1.4 比热的变化

物性参数 c_p 和 k 在估算循环性能中起着很重要的作用，在整个循环中，当条件变化时，需要考虑这些参数的变化。一般来说，在正常压力和温度工作范围内的实际气体，c_p 值仅是一个关于温度的函数，同样 k 也是如此，因为它通过式 (3-28) 与 c_p 相关：

$$\frac{k-1}{k} = \frac{R}{Mc_p} \tag{3-28}$$

式中，R 是摩尔 (通用) 气体常数；M 是分子质量。空气的 c_p 和 k 随温度的变化对应图 3-6 中标注的油气比为 0 的曲线。只有左边部分是我们感兴趣的，因为即使对于压比高达 35 的压气机出口温度也不会超过 800K。

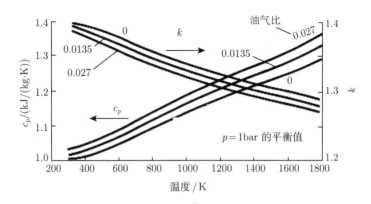

图 3-6　空气和典型燃气的 c_p 和 k 值

在开式循环的涡轮中工质是燃气的混合物，大多数燃气轮机用的是煤油，煤油的组分用分子式 C_nH_{2n} 近似表示，如果假定一些这样的组分，那么就可以对不同油气比的产物进行分析计算。知道了组分的比热比和分子质量，计算混合物的平均 c_p 和 k 值就很简单了。图 3-6 显示随着油气比的增加，c_p 增加、k 降低。值得注意的是，典型碳氢燃料燃烧产物的平均分子质量和空气的差别很小，因此 c_p 和 k 可以通过式 (3-28) 用 $R/M = R_{air} = 0.287$ kJ/(kg·K) 联系起来。

当考虑离解时，产物分析的计算是非常麻烦的，因为压力对离解的量有非常大的影响，c_p 和 k 与温度一样也成了压力的函数。在大约 1500 K 的温度下，离解开始对 c_p 和 k 产生很大的作用，当高于这个温度后，图 3-6 严格地讲只能应用于 1bar 的压力。事实上，在 1800 K 时，空气和燃烧产物都对应于低的油气比值，压力降到 0.01bar，c_p 仅大约增加 4%；压力增加到 100bar，c_p 仅大约降低 1%，对应的 k 变化更小。本书中将忽略压力的作用，尽管在航空和工业燃气轮机上许多涡轮设计的进口温度都超过 1500 K。

利用式 (3-11) 和式 (3-12) 或式 (3-17) 和式 (3-19) 来计算压气机的温升和涡轮的温降，为正确计算，需要用连续近似的方法，如必须先假设一个 k 值，获得一个更准确的 k 平均值，然后计算温度的变化。如果有准确度的要求，给出焓值表和焓值图更好。其实，对压缩和膨胀过程中的 c_p 和 k 值按如下公式给出的定值就已经足够准确了。

空气：

$$c_{pa} = 1.005\text{kJ}/(\text{kg} \cdot \text{K}), \quad k_a = 1.4 \text{ 或 } \left(\frac{k}{k-1}\right)_a = 3.5$$

燃气：

$$c_{pg} = 1.148\text{kJ}/(\text{kg} \cdot \text{K}), \quad k_g = 1.33 \text{ 或 } \left(\frac{k}{k-1}\right)_g = 4.0$$

不会导致很大误差的原因是，c_p 和 k 值随 T 的变化呈相反的趋势。对于循环分析，我们感兴趣的是从产物的 $c_p\Delta T$ 计算出压气机和涡轮功。当用于计算以上 c_p 和 k 值的温度低于实际的平均温度时，k 高于实际值，这样 ΔT 就过高估计了，但这可以被 c_p 低于实际值后的 $c_p\Delta T$ 降低而补偿。在循环中不同点的实际温度将不会非常准确，但是对于部件的详细设计，了解工质工作的准确条件是必需的，这就需要更准确的逼近方法。

3.1.5　油气比、燃烧效率和循环效率

实际循环的性能都可以用单位油耗来表达，即单位输出功率消耗的燃油质量流量。为了获得这个值，必须知道油气比。在单位空气流量净输出功的计算过程中，燃烧室进口的温度 (T_{02}) 已经知道，而燃烧室的出口温度 (T_{03}) 是循环的最高温度，一般是规定值。这样，问题就变为计算油气比 f，T_{02} 温度的单位空气流量和在燃油温度 T_f 下的 f kg 燃油转化为在温度 T_{03} 的 $(1+f)$kg 产物。

因为过程绝热且无功输出，能量方程很简单：

$$\sum (m_i h_{i03}) - (h_{a02} + f h_f) = 0 \tag{3-29}$$

式中，m_i 是单位气体质量产物 i 的质量；h_i 是比焓。利用在参考温度 25℃ 下的反应焓 ΔH_{25}，能量方程可以表示成

$$(1+f)c_{pg}(T_{03} - 298) + f\Delta H_{25} + c_{pa}(298 - T_{02}) + fc_{pf}(298 - T_f) = 0 \tag{3-30}$$

c_{pg} 是在 298K 到 T_{03} 温度范围内的产物平均比热；ΔH_{25} 是单位燃油质量的反应焓，因为 T_{03} 高，超过露点温度，产物中包含的 H_2O 是气相。对于普通燃料，ΔH_{25} 可以查表，或从反应物的生成焓中计算获得。通常假设燃油温度与参考温度相同，因此在公式中的第四项是 0。这一项本身就很小，因为 f 较小 (≈ 0.02)，并且对液体碳氢燃料的 c_{pf} 仅为 2 kJ/(kg·K)。产物的平均比热 c_{pg} 是 f 和 T 的函数，因此，从这个公式可以获得在任何给定 T_{02} 和 T_{03} 下的 f。

对每个单独的循环来说，这样的计算都太繁杂了，尤其在离解严重的情况下，因为那时有不完全燃烧的碳和氢从 CO_2 和 H_2O 中离解出，$f\Delta H_{25}$ 项必须修正。通常使用为典型燃油成分编撰的各种图表就足以精确。图 3-7 显示在不同的进口温度 T_{02} 下，燃烧温升 ($T_{03} - T_{02}$) 随油气比变化的曲线。图 3-7 中用来计算数据的参考油料是一种包含 13.92% 的 H 和 86.08% 的 C 的替代液体碳氢燃料，这种燃料的恰当油气比是 0.068，ΔH_{25} 是 −43100kJ/kg。这些曲线适合任何在干空气中燃烧的煤油。本书中所有计算例子都使用这些曲线，这只是表的一小部分，更大而准确的图表参见相关文献中的研究。详细的图表中还给出了对于所用燃料的组分与参考燃料相差很大时，或燃油不在空气中而是在燃烧产物中燃烧时，如何使用这些图表数据的方法。

图 3-7 是在假设燃油完全燃烧的基础上计算的，这样横坐标可标为"理论油气比"。用于表示燃烧损失的最方便的方法是引入燃烧效率的定义，定义燃烧效率：

$$\eta_b = \frac{给定温升下的理论 f 值}{给定温升下的实际 f 值}$$

另外一种定义燃烧效率的方法是以给定 f 下的理论温升为参考，定义在给定 f 下燃烧效率为：实际 ΔT/理论 ΔT。两种定义都和基于实际放热量与理论放热量之比的基本定义不完全一样。但在实际中燃烧接近完全 (98%~99%)，效率很难准确测量，这三种效率的定义下获得的结果实质上相等。

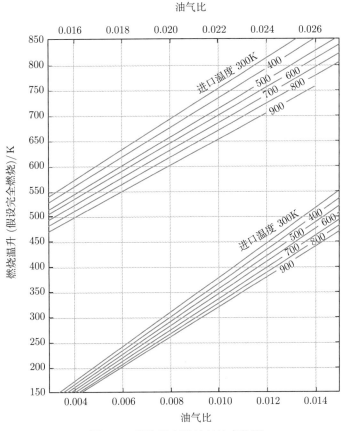

图 3-7　燃烧温度随油气比变化图

一旦知道了油气比，燃油消耗量 $m_f = f \times m$，m 是空气质量流量，而单位燃料消耗率可直接表示为 $\mathrm{SFC} = \dfrac{f}{W_N}$。

燃油消耗量的单位通常是 kg/h，空气流量 W_N 的单位是 kW/(kg·s)，SFC 以 kg/(kW·h) 的单位表示时，可表示成下列公式：

$$\frac{\mathrm{SFC}}{\mathrm{kg/(kW \cdot h)}} = \frac{f}{W_N/(\mathrm{kW \cdot s})} \times \frac{[\mathrm{s}]}{[\mathrm{h}]} = \frac{3600f}{W_N/[\mathrm{kW \cdot s/kg}]} \tag{3-31}$$

如果需要计算循环热效率，则需要定义成输出功率/提供热量。燃油如果在理想条件下燃烧，可以表示为产物和反应物在相同温度下 (参考温度是 25℃)，以热形式表示的能量释放：

$$m_f Q_{gr,p} = fm Q_{gr,p} \tag{3-32}$$

式中，m_f 是燃油流量；$Q_{gr,p}$ 是燃油在常温下的毛 (或高) 热值。在燃气轮机中是不可能利用到产物中水蒸气的汽化潜热的，在大多数国家都约定采用净热值。因此，循环热效率可表示为

$$\eta = \frac{W_N}{f Q_{\mathrm{net}.p}} \tag{3-33}$$

结合使用的单位，式 (3-33) 可写为

$$\eta = \frac{W_N[\mathrm{kW \cdot s/kg}]}{f Q_{\mathrm{net.}p}[\mathrm{kJ\ 或\ kW \cdot s/kg}]} \tag{3-34}$$

或用 SFC 来表示以上公式：

$$\eta = \frac{3600}{\mathrm{SFC}/[\mathrm{kg/(kW \cdot h)}] \times Q_{\mathrm{net.}p}/[\mathrm{kJ/kg}]} \tag{3-35}$$

$Q_{\mathrm{net.}p}$ 在数值上与前述的反应热值 ΔH_{25} 相等，但符号相反，对于煤油，本书都使用 43100kJ/kg 的热值。

当参考实际燃气轮机的热效率时，制造者都倾向于使用耗热率而不是效率，原因是耗热率可以直接用来评估燃油花费。耗热率定义为 $\mathrm{SFC} \times Q_{\mathrm{net.}p}$，因而表示为产生单位功率需要输入的热量，单位通常为 kJ/(kW·h)，对应的热效率可以用 3600/耗热率计算得到。

3.1.6 抽气量

涡轮进口温度受金属材料性质限制，许多现代发动机利用空气预冷叶片实现涡轮在高温下工作，没有预冷的叶片工作温度是 1350~1400 K，在更高温度下，必须对静子和转子叶片都采用从压气机抽气的方式进行冷却。在一台先进发动机上需要的抽气总量大概占流过压气机流量的 15% 或更多，实际需要的值还需进一步准确计算。对这样一台发动机来说，总的空气冷却系统是很复杂的。现在对一个带有静子和转子叶片的单级涡轮进行冷却气引气分析，结构如图 3-8 所示，β_D、β_S 和 β_R 分别为冷却盘、静子和转子的引气量。引气量通常定义为压气机流量的比例。

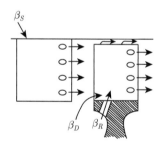

图 3-8　冷却气示意图

注意引气量 β_D 流过转子，但要防止热燃气向下流过涡轮盘表面，静子引气量 β_S 也流过转子，两者引气量都对提高功率有益，但是，只有在下游还有涡轮的情况下转子引气量才可以转化为有用功，质量流量的减少使得在一定功率下的温度降和压比都提高。

如果流过压气机的空气流量是 m_a，流过转子的流量是 m_R，则有

$$m_R = m_a(1 - \beta_R) + m_f \tag{3-36}$$

燃油流量可以根据燃烧室进口温度和给定的燃烧室温升所需要的油气比而确定，燃烧所需要的空气量为

$$m_a(1 - \beta_D - \beta_S - \beta_R) \tag{3-37}$$

因此，燃油流量为

$$m_f = m_a(1 - \beta_D - \beta_S - \beta_R) \cdot f$$

需要注意的是，以压气机出口温度流入涡轮静子和冷却盘的冷却流量，将会引起涡轮转子进口有效温度的略微下降。在假定流动完全混合的基础上，可以通过焓平衡估算出涡轮转子进口温度。在实际中气流不会完全混合，但在对循环作准确的计算时，需要把这部分冷却气流很好地估算进主流中。

一个典型的带冷却的涡轮转子，其 β_S 为 6% 时，静子出口温度可以大约降低 100 K。因为转子进口温度与静子出口温度相等，这就意味着涡轮功率输出的减少。另外，由于引气流与主流的混合也会引起效率的少许下降。

由于在实际循环中有很多变量，因此要获得一定输出功率和效率下的几何结构是不切实际的。目前计算机技术已经得到很大发展，通过计算机程序来计算实际循环的性能与设计参数，每一套设计参数实际代表了它们对某一方面性能的影响作用。

下面将分析几种典型的实际循环，预估了实际循环的效率并与 2.2 节中的理想曲线相比较，分析一些参数的重要性。设计者可以从中为某个应用选择一个循环。

3.2　燃气轮机实际循环

3.2.1　简单燃气轮机循环

接下来将要介绍考虑部件损失后，给定了设计参数值的设计工况性能计算方法，这些参数包括压气机压比、涡轮进口温度、部件效率和压力损失。

下面用几个子来说明这些损失是如何包含在实际的循环计算中的。例 3.1，给定中等压比和涡轮进口温度，已知等熵效率，我们如何计算带有换热器的单轴燃气轮机性能；例 3.2 说明给定压比和涡轮温度，如何来计算包含一个自由动力涡轮的简单循环性能；例 3.3 是对一个带有再热、可用于简单和联合循环的先进循环的性能进行评估，这个例子将说明多变效率的运用。

例 3.1　轴功输出简单燃气轮机循环计算。

确定带一个换热器循环 (见图 3-9) 的比功输出、单位油耗和循环效率，有以下设计要求：

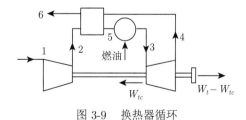

图 3-9　换热器循环

压气机压比，π_c：4.0

涡轮进口温度，T_{03}：1100 K

压气机等熵效率，η_c：0.85

涡轮等熵效率，η_t：0.87

机械转换效率，η_m：0.99

燃烧效率，η_b：0.98

换热器效率：0.80

环境条件，p_a, T_a：1bar，288K

压力损失：

燃烧室，Δp_b：2%压气机出流压力

换热器空气端，Δp_{ha}：3%的压气机出流压力

换热器燃气端，Δp_{hg}：0.04bar

解

因为 $T_{01} = T_a$，$p_{01} = p_a$，$k = 1.4$，从式 (3-11) 计算得到的压气机耗功的当量温度 (压气机温升) 是

$$T_{02} - T_a = \frac{T_a}{\eta_c}\left[\left(\frac{p_{02}}{p_a}\right)^{(k-1)/k} - 1\right] = \frac{288}{0.85}\left[4^{1/3.5} - 1\right] = 164.7 \text{ (K)}$$

需要驱动压气机的单位流量涡轮功是

$$w_{tc} = \frac{c_{pa}(T_{02} - T_a)}{\eta_m} = \frac{1.005 \times 164.7}{0.99} = 167.2 \text{ (kJ/kg)}$$

$$p_{03} = p_{02}\left(1 - \frac{\Delta p_b}{p_{02}} - \frac{\Delta p_{ha}}{p_{02}}\right) = 4.0(1 - 0.02 - 0.03) = 3.8 \text{ (bar)}$$

$$p_{04} = p_a + \Delta p_{hg} = 1.04 \text{ bar}$$

因此，$p_{03}/p_{04} = 3.654$。

因为对于燃气 $k = 1.333$，从式 (3-13) 计算得到的对应涡轮总功的当量温度值 (涡轮温降)：

$$T_{03} - T_{04} = \eta_t T_{03}\left[1 - \left(\frac{1}{p_{03}/p_{04}}\right)^{(k-1)/k}\right]$$

$$= 0.87 \times 1100\left[1 - \left(\frac{1}{3.654}\right)^{1/4}\right] = 264.8 \text{ (K)}$$

单位质量流量的总涡轮功是

$$W_t = c_{pg}(T_{03} - T_{04}) = 1.148 \times 264.8 = 304.0 \text{ (kJ/kg)}$$

由于假设在流过整个装置时质量流量是相同的，因此输出单位净功可简单写为

$$W_t - W_{tc} = 304 - 167.2 = 136.8 \text{ (kJ/kg) (或 kW·s/kg)}$$

因此，对一个 1000 kW 的机组就需要 7.3kg/s 的空气流量，为确定油气比首先要计算燃烧室温升 $(T_{03} - T_{05})$。

由于换热器效率为

$$0.80 = \frac{T_{05} - T_{02}}{T_{04} - T_{02}}$$

$$T_{02} = 164.7 + 288 = 452.7 \text{ (K)}$$

且

$$T_{04} = 1100 - 264.8 = 835.2 \text{ (K)}$$

因此有

$$T_{05} = 0.80 \times 382.5 + 452.7 = 758.7 \text{ (K)}$$

如图 3-9 所示，对于燃烧室进口空气温度 759 K，燃烧室温升：$1100 - 759 = 341(\text{K})$，所需要的理论油气比是 0.0094，因此实际油气比为

$$f = \frac{\text{理论油气比}}{\eta_b} = \frac{0.0094}{0.98} = 0.0096$$

单位油耗则为

$$\text{SFC} = \frac{3600f}{W_t - W_{tc}} = \frac{3600 \times 0.0096}{136.8} = 0.253 \text{ (kg/(kW} \cdot \text{h))}$$

最后由式 (3-35) 求得循环效率：

$$\eta = \frac{3600}{\text{SFC} \times \theta_{\text{net}.p}} = \frac{3600}{0.253 \times 43100} = 0.331$$

例 3.2　轴功输出双轴燃气轮机循环。

计算带有自由动力涡轮的简单循环 (见图 3-10) 的单位输出功率、单位油耗和循环效率。其设计参数如下：

压气机压比：12.0

涡轮进口温度：1350K

压气机等熵效率，η_c：0.86

每个涡轮的等熵效率，η_t：0.89

每根轴的机械效率，η_m：0.99

燃烧效率：0.99

燃烧室压力损失：6%的压气机出口压力

排气压力损失：0.03bar

环境条件，p_a, T_a：1bar, 288K

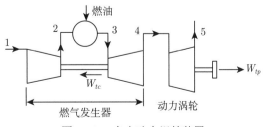

图 3-10　自由动力涡轮装置

计算步骤与例 3.1 相同:

$$T_{02} - T_{01} = \frac{288}{0.86}\left(12^{1/3.5} - 1\right) = 346.3 \text{ (K)}$$

$$W_{tc} = \frac{1.005 \times 346.3}{0.99} = 351.5 \text{ (kJ/kg)}$$

$$p_{03} = 12.0(1 - 0.06) = 11.28 \text{ (bar)}$$

在两涡轮间的中间压力 p_{04} 未知,但可以用燃气涡轮产生正好足够的功率来驱动压气机这个事实来计算确定,燃气涡轮功的当量温度值:

$$T_{03} - T_{04} = \frac{W_{tc}}{c_{pg}} = \frac{351.5}{1.148} = 306.2 \text{ (K)}$$

对应的压比可以从式 (3-12) 中得出:

$$T_{03} - T_{04} = \eta_t T_{03}\left[1 - \left(\frac{1}{p_{03}/p_{04}}\right)^{(k-1)/k}\right]$$

$$306.2 = 0.89 \times 1350\left[1 - \left(\frac{1}{p_{03}/p_{04}}\right)^{0.24}\right]$$

$$\frac{p_{03}}{p_{04}} = 3.243$$

$$T_{04} = 1350 - 306.2 = 1043.8 \text{ (K)}$$

因此动力涡轮的进口压力为

$$p_{04} = 11.28/3.243 = 3.478 \text{ (bar)}$$

动力涡轮的落压比是

$$3.478/(1 + 0.03) = 3.377$$

经过动力涡轮的温度降可以从式 (3-12) 中得到:

$$T_{04} - T_{05} = 0.89 \times 1043.8\left[1 - \left(\frac{1}{3.377}\right)^{0.25}\right] = 243.7 \text{ (K)}$$

单位功输出,即单位空气质量流量的动力涡轮输出功是

$$W_{tp} = c_{pg}(T_{04} - T_{05})\eta_m$$

$$W_{tp} = 1.148 \times 243.7 \times 0.99 = 277.0 \text{ (kJ/kg)(或 kW·s/kg)}$$

压气机出流温度是 $288 + 346.3 = 634.3(\mathrm{K})$，燃烧温升是 $1350 - 634.3 = 715.7(\mathrm{K})$；从图 3-7 查到，需要的理论油气比是 0.0202，因此实际的油气比是 $0.0202/0.99 = 0.0204$。

单位油耗和循环效率 η 由下面公式给出：

$$\mathrm{SFC} = \frac{3600f}{W_{tp}} = \frac{3600 \times 0.0204}{277.9} = 0.265 \ (\mathrm{kg/(kW \cdot h)})$$

$$\eta = \frac{3600}{0.265 \times 43100} = 0.315$$

当考虑部件损失时，单个循环的效率依赖于最高循环温度 T_{03} 和压比，如图 3-11 所示。而且，每一个最高循环温度 T_{03} 下，都有一个最高效率 (对应的压比是最佳压比)。在高压比下效率下降是由在固定的涡轮进口温度下，高压比使压气机出口温度提高、燃油供应量减少，而供热量的减少超过了驱动压气机所需功率的增加所致。尽管在最高效率下的最佳压比不同于在最高单位功率下的压比，但在峰值附近的曲线是相当平坦的，可以在这两个压比值中间选一个压比值，不会造成大的效率损失。实际上，总是在可接受性能范围内选择最低压比值：这个值有可能比以上两个最佳压比值还要低些。机械设计也可能会影响压比值的选择，应考虑包括：需要的压气机和涡轮的级数 (应避免在压气机高压端出现过小的叶片)、转速和压气机-涡轮组件长度相关的轴承问题等，在此不做详细讨论。

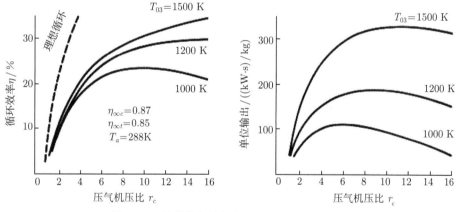

图 3-11　简单燃气轮机的循环效率和比功输出

从图 3-11 中可知，应尽可能选择高的 T_{03} 值，而为充分利用所允许最高温度值应采用高压比值。因为随着 T_{03} 的提高，效率增加，正的涡轮功与负的压气机功都增加，这样部件的损失相对占的比例就小了。但是当 T_{03} 增加到超过 1200 K 时，循环效率达到了极限 (尤其当涡轮温度更高时需要复杂的涡轮叶片冷却系统，这也增加额外损失)。而利用 T_{03} 的提高来获得更高的比功输出则没有限制，这点可以在功率一定时，有效减小设备的尺寸，这对航空发动机来讲尤其重要。

通过计算还可以看出其他一些参数的重要性。在 T_{03} 为 1500K、压比接近最佳值时，如果压气机或涡轮多变效率增加 5%，循环效率将增加约 4% 且输出功率约增加 64kW·s/kg (如果已经使用等熵效率，那么将看到涡轮的损失比压气机的损失更重要)。把燃烧室的压力损失从压气机出口压力的 5% 降低到 0，将把整个循环效率提高 1.5%，比功输出增加 12kW·s/kg。

另一个重要的参数是环境温度，燃气轮机的性能对此尤其敏感。环境温度既影响压气机功率 (正比于 T_a)，也影响燃油消耗率 (是一个关于 $(T_{03} - T_{02})$ 的函数)。提高 T_a 会同时降低比功和循环效率，但对循环效率的影响小于比功，因为对于给定的 T_{03}，燃烧室温升降低了。例如，当 $T_{03} = 1500$ K 和压比接近最佳值时，把 T_a 从 15℃ 提高到 40℃，效率降低大约 2.5%，比功大约减少 62kW·s/kg，而后者接近净输出功率的 20%，这提醒设计者，在设计有可能用于高环境温度下的燃气轮机时，应关注高温环境下能否满足给定功率。

应该注意的是，以上方法可以计算出循环的总体性能，得到的信息也是其他设计部门 (如气动和控制) 所需要的。如动力涡轮进口温度 T_{04}，可以作为一个控制参数用以防止燃气涡轮在金属极限温度下工作。如果燃气轮机是考虑用作联合循环或余热发电工厂，那么排气温度 (exhaust gas temperature, EGT) T_{05} 也很重要。对于例 3.2 的循环，$T_{05} = 1043.8 - 243.7 = 800.1$ K 或 527.1℃，这是适用于余热锅炉的。当考虑联合循环装置时，也许适合用一个更高的涡轮进口温度，因为这可以使 EGT 提高，允许使用更高的蒸汽温度和更有效的蒸汽循环。如果为了提高燃气轮机循环效率而提高循环压比，那么 EGT 将降低，从而使蒸汽循环效率降低。例 3.3 将说明如何通过选择循环参数，使燃气轮机适用于更多应用需要。

3.2.2 再热循环

例 3.3 再热燃气轮机循环。

考虑高压比、单轴带再热的循环，改变再热压力，可以作为一个单独装置使用，或作为一个联合循环的一部分，在 288K 和 1.01bar 时需要的功率是 240 MW。

压气机压比：30

多变效率 (压气机和涡轮)：0.89

涡轮进口温度 (两种涡轮)：1525K

$\Delta p / p_{02}$ (第一个燃烧室)：0.02

$\Delta p / p_{04}$ (第二个燃烧室)：0.04

排气压力：1.02bar

装置结构如图 3-12 所示，不用换热器是因为会导致排气温度太低，这样不利于高的蒸汽循环效率。

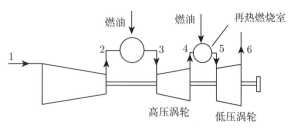

图 3-12　再热循环装置结构

为了简化计算，假设整个流动中的质量流量是常数，忽略在高压涡轮进口温度下所必需的大量冷却引气量的影响。再热压力没有规定，但作为初步计算时，采用在每个涡轮中的压比值相同比较合理 (如 2.2 节中所述，把高压涡轮和低压涡轮分开并使每个涡轮中输出功相等时可以使理想再热循环输出的净功最大)。

从估算多变压缩和膨胀过程的 $(n-1)/n$ 值开始比较方便，参考式 (3-21) 和式 (3-22)，有

对压缩过程：

$$\frac{n-1}{n} = \frac{1}{n_{\infty c}}\left(\frac{k-1}{k}\right) = \frac{1}{0.89}\left(\frac{0.4}{1.4}\right) = 0.3210$$

对膨胀过程：

$$\frac{n-1}{n} = n_{\infty t}\left(\frac{k-1}{k}\right) = 0.89\left(\frac{0.333}{1.333}\right) = 0.2223$$

按一般假设：$p_{01} = p_a$，$T_{01} = T_a$，则有

$$\frac{T_{02}}{T_{01}} = (30)^{0.3210}, \quad T_{02} = 858.1\mathrm{K}$$

$$T_{02} - T_{01} = 570.1\mathrm{K}$$

$$p_{02} = 30 \times 1.01 = 30.3(\mathrm{bar})$$

$$p_{03} = 30.3(1.00 - 0.02) = 29.69(\mathrm{bar})$$

$$p_{06} = 1.02\mathrm{bar}$$

则

$$\frac{p_{03}}{p_{06}} = 29.11$$

理论上，每个涡轮的最佳落压比应为 $(29.11)^{1/2} = 5.395$，还要考虑再热燃烧室 4% 的压力损失，因此取 $p_{03}/p_{04} = 5.3$，有

$$\frac{T_{03}}{T_{04}} = (5.3)^{0.2223}, \quad T_{04} = 1052.6\mathrm{K}$$

$$p_{04} = 29.69/5.3 = 5.602(\mathrm{bar})$$

$$p_{05} = 5.602(1.00 - 0.04) = 5.378(\mathrm{bar})$$

$$p_{05}/p_{06} = 5.378/1.02 = 5.272$$

$$\frac{T_{05}}{T_{06}} = (5.272)^{0.2223}, \quad T_{06} = 1053.8\mathrm{K}$$

假定单位流量为 1.0 kg/s，机械效率为 0.99，那么，涡轮输出功：

$$W_t = 1.0 \times 1.148[(1525 - 1052.6) + (1525 - 1053.8)] \times 0.99$$
$$= 1072.3(\mathrm{kJ/kg})$$

压气机耗功：

$$W_c = 1.0 \times 1.005 \times 570.1 = 573.0 (\mathrm{kJ/kg})$$

输出净功：

$$W_n = 1072.3 - 573.0 = 499.3 (\mathrm{kJ/kg})$$

需要输出 240MW 功率，则

$$m = \frac{240000}{499.3} = 480.6 (\mathrm{kg/s})$$

第一个燃烧室的温升是 $1525 - 858 = 667(\mathrm{K})$，进口温度为 858 K，从图 3-7 中得到的油气比是 0.0197。对第二个燃烧室温升是 $1525 - 1052.6 = 472.4(\mathrm{K})$，其油气比是 0.0142，总的油气比是

$$f = \frac{0.0197 + 0.0142}{0.99} = 0.0342$$

热效率是

$$\eta = \frac{499.3}{0.0342 \times 43100} = 33.9\%$$

对简单循环来说，这是合理的效率，且单位输出功性能也很好。检查涡轮出口温度：T_{06} = 1053.8K 或 780.8℃。这个温度对于使用联合循环机组来说太高了。一个再热蒸汽循环常用的蒸气温度为 550~750℃，其涡轮的出口温度约为 600℃。

可以通过提高再热压力来提高涡轮出口温度，如果对一系列再热压力重复以上计算，可以得到如图 3-13 所示的结果。可以看到再热压力为 13bar 时，排气温度 (EGT) 为 605℃；单位输出功比最佳工况时大约下降 10%，但热效率明显大幅提高到了 37.7%，再进一步提高再热压力能把热效率再稍稍提高，但 EGT 会减小到低于 600℃，导致蒸汽循环效率下

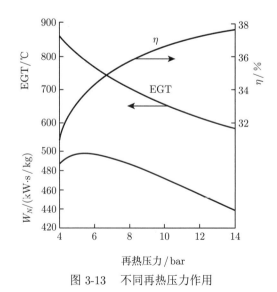

图 3-13　不同再热压力作用

降。在再热压力为 13 bar 时，第一个涡轮的落压比是 2.284，而第二个涡轮的落压比是 12.23，完全不同于我们开始时假设的相同落压比。例 3.3 说明，当燃气轮机设计用于更多应用时要考虑不同应用所对应的问题。

3.2.3　回热 (或余热利用) 循环

如果从比功输出方面考虑，增加回热器仅由于增加了压力损失，而引起比功的少许减少：曲线还是基本保持和图 3-11 相同的形状，但效率曲线有很大不同，如图 3-14 所示。换热器实质上提高了效率，并明显降低了对应于最高效率的最佳压比值。而在理想回热循环中，不存在这个最佳压比值 (参考 2.1 节中的 "回热循环")。在理想循环中，在 $\pi_c = 1$ 时效率最高到卡诺效率，而在涡轮提供功率刚好等于压气机耗功的压比值时效率降为 0。在图 3-14 中的等 T_{03} 曲线看到，当使用换热器时，T_{03} 提高到了 1200 K 以上。随着材料科学和叶片冷却技术的发展，最高温度限制以每年 10 K 的速度在增加，这对回热循环是最重要的有利条件。对应于最高效率的最佳压比值随 T_{03} 的增加而增加。但无论如何，对于一个回热循环不需要很高压比的说法还是正确的，并且由于换热器带来的重量和成本的增加可以被压气机尺寸减小的优点部分抵消。

图中增加的虚线曲线显示了换热器换热效率的作用，提高换热效率不仅显著提高了循环效率，还进一步减小了最佳压比值。但换热效率的提高，会使压比值难以兼顾效率和比功输出。例如，对于 $T_{03} = 1500$ K，换热效率为 0.75 时，对应于最高效率的最佳压比 π_c 大致为 10，从图 3-11 可以看出此处的比功值略低于最大比功。但当换热效率提高到 0.875 时，最佳压比 π_c 降低到 6 左右，而此处对应的比功输出只有峰值的 90% 左右了。

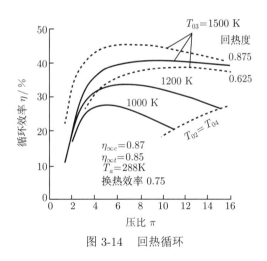

图 3-14　回热循环

还有一种描述性能特征的方法是把单位油耗和比功放在一张图上，用一系列压比值和涡轮进口温度作为参变量。对于实际的多变循环，压力损失和换热效率在图 3-15(a) 和 (b) 中表示，图 3-15(a) 和 (b) 分别对应简单循环和回热循环。图中在两种情况下都表明提高 T_{03} 对比功作用明显，从图中还可以清楚地看出 T_{03} 对 SFC 的影响，在简单循环下的影响比回热循环下的要小得多。

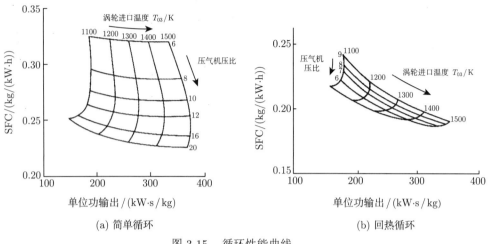

(a) 简单循环　　　　　　　　　　　　　　(b) 回热循环

图 3-15　循环性能曲线

3.2.4　带有回热的再热或间冷的循环

在前面理想循环的研究中提过, 用再热而不加换热器的话是没有优势的, 因为再热会使效率变差, 对于实际循环也确实是这样的, 因此不包括这种情况的性能曲线。对于有换热器的情况, 额外的再热明显提高了比功的输出同时效率又不降低 (见图 3-16 和图 3-14)。图 3-16 的曲线假设是基于在两种落压比相同, 且在某个膨胀点引出的燃气被再热到最高循环温度。对于简单理想循环利用再热加回热来获得效率的提高在实际中并不实用, 部分是因为再热室带来了额外的压力损失和膨胀过程的效率下降, 但主要是因为, 换热器的换热效率远低于 1, 因此排出废气中的热量并不能被完全回收。压比应选择使用不低于效率最佳压比值, 因为如图中曲线所示, 在低压比下额外的再热会降低效率。

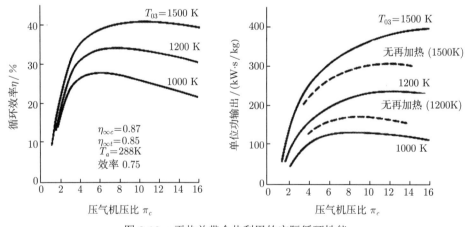

图 3-16　再热并带余热利用的实际循环性能

图 3-16 中并没有给出效率和单位输出功所对应的所有参数, 那些没有在曲线上规定的参数是常数。所有曲线的横坐标为压气机压比 π_c, 涡轮落压比由于有压力损失, 比 π_c 小。在实际中, 相比于效率通常更多关注 SFC, 不仅是因为油耗的定义清晰明了, 还因为 SFC

参数不仅提供了直接的燃油消耗，也包含了对循环效率的测算，效率和油耗成反比。

实际中，由于附加的燃烧室和带来的控制问题，再热利用并不广泛，再热会抵消从主要部件的尺寸减小带来的比功输出增加的优点，一般仅在以下情况考虑再热：① 有其他原因必须把膨胀过程在两个涡轮间分开；② 对再热供油的附加控制灵活性很好。如果是情况①，必须注意的是，在燃气涡轮和动力涡轮间自然分开的膨胀过程也许不是再热的最佳点，这样再热的优势便不能充分体现出来。最后，熟悉蒸汽轮机设计的读者也明白，再热也带来了附加的机械问题，如降低了燃气密度，在低压级需要更长的叶片。

间冷对理想循环的性能影响作用与再热一样，但没有同样的缺点。当应用于实际循环时，即使允许额外的压力损失，除了可以明显增加比功外，对效率也有较大提高。但是，正如前面内容所述，间冷器庞大，如果还需要冷却水，那么燃气轮机的独立紧凑的优点就丧失了。间冷循环在海军应用方面较受欢迎，因为可以很方便地从海洋中获得冷却水。带有换热器的间冷循环不仅能产生超过 40% 的热效率，而且在部分载荷下的热效率性能也好，这个优点意味着可以不需要采用联合循环而只用单台发动机，这就克服了发动机体积大、成本高的缺点。

再热而没有回热的循环是没有优势的，但当燃气轮机是联合循环装置或热电联产方案的一部分时，就不需要回热了。再热燃气轮机排气温度的增加可以由下游的蒸汽循环或废热锅炉加以利用，这样燃气轮机循环附加再热可以既提高比功输出，又提高效率。因为需要减小燃用化石燃料对环境的影响，从大的热电厂中寻求最高效率的需求很迫切，所以有可能再热燃气轮机循环会成为联合循环电厂中一个经济的方案，目前通过使用包含间冷、回热和再热的复杂循环可以获得超过 60% 的效率。

在实际应用中大多数燃气轮机使用一个高压比的简单循环，另外其他用得较多的循环是低压比带回热类的，但这也仅占燃气轮机工业中的一小部分，其他提到的结构变化通常显示不出足够的优势来克服复杂性和成本增加的缺点。

3.2.5　燃气-蒸汽联合循环

在燃气轮机中所有没有转换成轴功的能量都在排出的热燃气中，如果把这部分热量完全用于蒸汽轮机中的余热锅炉来产生蒸汽，以增加轴功输出，即为燃气-蒸汽联合循环发电装置。有各种不同的燃气和蒸汽联合循环，如图 3-17 所示为燃气轮机联合了一个双压气机蒸汽轮机的循环，最大限度地利用低等级的能量，这与使用自然铀作为燃料的核动力站相似。另外，因为在涡轮出口排出的燃气中有未消耗完的氧气，所以可以在蒸汽锅炉中加入额外的燃料燃烧，这样就可以使用单级压气机蒸汽循环，但代价是增加了锅炉中燃烧系统的复杂性。随着循环温度的增加，进入锅炉的排出废气温度足够高，可以使用三级压气机蒸汽循环合并一级再热。尽管在二元循环装置内牺牲了燃气轮机简洁的特点，但它们的效率要比简单循环的效率高得多，因此这类装置在大型电厂中越来越广泛应用。

另外，余热可用来生产热水或蒸汽用于居民或工厂供热、提供某些化学过程的热燃气或蒸汽、提供蒸馏厂的热燃气等，轴功通常用于发电，这种情况下的系统即为热电联产或 CHP (combined heat and power) 装置 (图 1-11)。我们将简单分析这两类装置工作时的主要特性。

要详细讨论联合循环的优化太复杂，但可以泛泛地讨论在设计联合循环装置时需要考虑的重要参数。

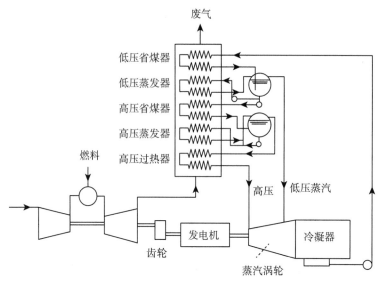

图 3-17　燃气-蒸汽联合循环

　　图 3-18(a) 在 T-H 图上表示锅炉中的燃气和蒸汽条件。从进口流进的水和出口流出的蒸汽间的焓增必须等于燃气在余热锅炉 (WHB) 中的焓降，并且只要锅炉是经济型大小的，夹点 (饱和蒸汽与冷却剂最小温差点) 和末端的温度差不能超过 20℃。燃气轮机排气温度的降低将导致随后可用于蒸汽循环的蒸汽压力的降低。因此在联合循环中，选择更高压比来改善燃气轮机效率可能会导致蒸汽循环效率的降低和整个热效率的降低。实际上，对于重型工业燃气轮机，无论简单循环还是联合循环，压比在 15 左右、燃气排气温度在 550~600℃ 都是合适的。航空发动机的设计压比为 25~35，产生的排气温度较低，在 450℃ 左右，这个温度会导致更低的蒸汽循环效率。最后排出烟囱的燃气温度要有所限制，不能降到低于露点温度，以避免燃料中存在硫而出现腐蚀问题。

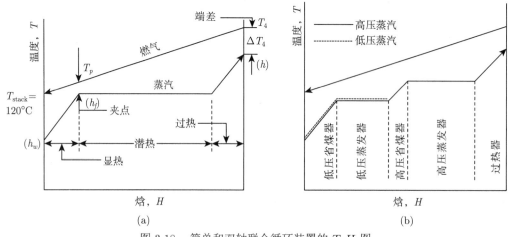

图 3-18　简单和双轴联合循环装置的 T-H 图

联合循环用于大型基础载荷发电站,其整体热效率虽然很重要,但不是根本标准,单位发电量的成本才是最重要的。单位发电量成本取决于效率和电站的投资成本。例如,如果在电站中使用一台双轴压缩蒸汽循环,从图 3-18(b) 可以看出,由于热量转换给蒸汽的平均温度增加了,必然使效率更高,但增加了锅炉和蒸汽涡轮的成本,详细的研究可以说明这些是否会导致发电成本的降低。双轴压缩循环在实际中广泛使用,现代燃气轮机产生的燃气排气温度接近 600℃,此时采用再热的三轴压缩循环是经济的。

在设计的早期阶段,需要考虑到,有可能有多台带有一个简单的余热锅炉和蒸汽涡轮的燃气轮机,这样的结构安排要求每个燃气轮机装有自己的分流阀和排气烟囱,以使当某台燃气轮机需要维护时,可以单独停运。另外需要考虑的是,是否在余热锅炉里设计额外的燃料燃烧,即补充燃烧,这可以在短时间内提高峰值载荷,但可能会显著提高余热锅炉的投资成本。补充燃烧排出的燃气并不通过涡轮,这就可以在余热锅炉里燃用重油或煤,但通常这会带来维护困难和供应成本的提高,一般不这样做,不过,如果石油和天然气的价格显著高于煤时,这样做也许会提高经济性。

下面分析如何估算在燃气循环中增加了废气加热朗肯循环后的性能,只对单级压缩过热循环 (图 3-18(a)) 的简单情况进行估算。从热燃气中换出的热量是 $m_g c_{pg}(T_4 - T_{\text{stack}})$,其中 T_4 是涡轮出口的温度,T_{stack} 是排入烟囱的燃气温度。该热量等于 $m_s(h - h_w)$,m_s 是蒸汽流量,h 和 h_w 分别是蒸汽涡轮进口和余热锅炉进口的比焓。过热温度由 T_4 固定了,而终端温度不同,并且焓值将依赖于压力。夹点温度 T_p 由夹点温度差和蒸汽饱和温度确定。

蒸汽质量流量可由下面公式获得:

$$m_s(h - h_f) = m_g c_{pg}(T_4 - T_p)$$

式中,h_f 是饱和液体焓。那么排入烟囱燃气温度,可以从下面公式获得:

$$m_g c_{pg}(T_p - T_{\text{stack}}) = m_s(h_f - h_w)$$

从联合循环获得的总功是 $W_{gt} + W_{st}$,但输入的热量 (从燃气轮机中燃油的燃烧获得的) 不变,则总效率为 $\eta = \dfrac{W_{gt} + W_{st}}{Q}$。

用燃气轮机和蒸汽轮机效率来表达上面公式可以分别说明这两者的功用。$W_{st} = \eta_{st} Q_{st}$,$Q_{st}$ 是由蒸汽涡轮提供的名义热量:$Q_{st} = m_g c_{pg}(T_4 - T_{\text{stack}})$。

另外,还可以写出涡轮在 T_4 温度排出的燃气,从 T_4 冷却到环境温度 T_a 时没有提取其中有用的能量,而是直接从燃气涡轮中排出能量,即 $m_g c_{pg}(T_4 - T_a)$ 或 $Q(1 - \eta_{gt})$。因此有

$$Q_{st} = m_g c_{pg}(T_4 - T_a)\frac{(T_4 - T_{\text{stack}})}{(T_4 - T_a)} = Q(1 - \eta_{gt})\frac{T_4 - T_{\text{stack}}}{T_4 - T_a}$$

总效率可以分成

$$\eta = \frac{W_{gt}}{Q} + \frac{W_{st}}{Q} = \frac{W_{gt}}{Q} + \frac{\eta_{st} Q_{st}}{Q}$$

或

$$\eta = \eta_{gt} + \eta_{st}(1 - \eta_{gt})\frac{T_4 - T_{\text{stack}}}{T_4 - T_a}$$

因此可以看出，总的效率既受燃气轮机排气温度影响，也受锅炉炉身温度影响。在典型现代联合循环中使用的燃气轮机排气温度在 600℃ 左右，热效率大约为 34%。烟囱温度如果使用液体燃料在 140℃ 左右，如果使用天然气是 120℃，使用天然气的硫成分很低。一个单级压缩的蒸汽循环也可能达到 32% 的热效率。因此

$$\eta = 0.34 + 0.32(1 - 0.34)\left(\frac{600 - 120}{600 - 15}\right) = 0.513$$

使用更加复杂的蒸汽循环可达 $\eta_{st} = 0.36$，那么总的热效率将提高到 53.5%，这是一个典型的现代联合循环的性能。

3.2.6 热电联产循环

在一个热电联产发电站，如图 1-11 所示，燃气轮机余热锅炉产生的蒸汽有几种不同的用途，如用于蒸汽涡轮驱动一个吸收式冷水机的做功循环。每一个使用者，如医院或造纸厂，对蒸汽有不同的要求，即使使用同样的燃气轮机，对不同的余热发电厂的余热锅炉也要针对不同的用途加以修改。

在热电联产发电厂的热力设计中，一个主要问题是电力和蒸汽载荷的平衡。例如，蒸汽要求取决于加热和冷却载荷，这可能受四季变化的限制；电力要求无论在冬天还是夏天都可能是峰值，且与地理位置有关。有些情况下，系统会设计成满足主要需求的热载荷，选择的燃气轮机可能输出功显著超过电站所需，在这种情况下，多余的电就输出给当地使用。另一种可能是，电力生产是主要任务，而蒸汽作为副产品提供给工业处理使用，余热发电站的经济性和灵活性是与用作当地发电装置还是蒸汽生产密切相关的。

当设计一个热电联产电站时，必须对环境条件进行评估。例如，在冷天时，燃气涡轮排气温度将显著降低，这将引起蒸汽生产能力的损失，将要求对余热锅炉补充燃烧加热。如果设计是基于标准大气条件的，那么在很冷的天气时，将不能满足要求。工作评估必须考虑季节的温度变化，并确保可以满足工作边界要求。

热电联产电站的总效率可以定义为净功和单位质量流量输出的有用热量之和，除以油气比和燃油热值的积。对于初步循环计算来说，用 $c_{pg}(T_{\text{in}} - 393)$ 来估算单位质量流量的有用热量输出就足够准确了，但要记住必须保持烟囱温度不能下降到低于 120℃。T_{in} 是废热锅炉的进口温度，也通常是涡轮的燃气排出温度。由于低的排气温度限制了蒸汽的生产，不大可能在热电联产电站中用回热循环。

燃气轮机已经被证明是特别适于作为动力源的装置，并且已经在各种场合广泛应用，从电厂发电、喷气发动机推进到提供压缩空气和生产热量，都能应用。

3.2.7 燃气轮机闭式循环

燃气轮机闭式循环的主要特征在于，可以选择适合的工质代替空气改善其性能，虽然闭式循环的燃气轮机不可能被广泛使用，但是基于闭式循环具有的独特优点，本节将会分析空气和 He 闭式循环的性能。

图 3-19 是燃气轮机闭式循环的简易示图，假定以下工作条件确定：低压压气机进口温度和压力、高压压气机进口温度和涡轮进口温度，压气机的进口温度由可测得的冷却水温度及在水和燃气间所需要的温差确定，选择一个保守的涡轮进口温度 1100K。在循环中可以达到的压力越高，则电站可以越小，我们假定 20bar 的最小压力比较现实。典型的组件效率是：$\eta_{\infty c}=0.89$，$\eta_{\infty t}=0.88$，换热系数是 0.7；压力损失以部件进口压力的百分比表示，间冷器的损失每个为 1%，换热器的冷端和热端损失都为 2.5%，燃气加热器损失为 3%。

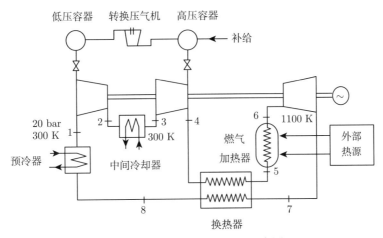

图 3-19　闭式循环发电装置示意图

对压气机压比 p_{04}/p_{01} 在一定范围内的性能进行评估。假设压缩过程中低压压气机和高压压气机的压力分配满足 $p_{02}/p_{01} = (p_{04}/p_{01})^{0.5}$，这样分配可以基本保证输出功率平衡分配。若工质是空气，在整个循环中都取 $k = 1.4$，$c_p = 1.005\,\mathrm{kJ/(kg\cdot K)}$，而对于 He，则有 $k = 1.66$，$c_p = 5.193\,\mathrm{kJ/(kg\cdot K)}$。循环效率按式 (3-38) 计算：

$$\eta = \frac{(T_{06} - T_{07}) - (T_{04} - T_{03}) - (T_{02} - T_{01})}{T_{06} - T_{05}} \tag{3-38}$$

当比较密度不同工质的循环比功输出时，考虑到设备的体积是由体积流量决定的，以单位体积流量项来表示单位质量流量项。我们将估算在 $T_1 = 300\,\mathrm{K}$，$p_1 = 20\,\mathrm{bar}$ 压气机进口条件下，单位流量产物的比功输出，这个状态下的空气密度是 23.23 $\mathrm{kg/m^3}$，而 He (摩尔质量 4kg/kmol) 仅为 3.207 $\mathrm{kg/m^3}$。

如图 3-20 所示为计算结果，我们首先来讨论效率曲线。似乎 He 循环的效率应该略低，但事实上，为了获得更准确的结果，当计算中空气 c_p 和 k 随温度而变时，得到的两者最大效率结果几乎完全一致 (对于 He，其 c_p 和 k 在所研究范围内随温度变化不大)。但是尽管如此，He 的换热特性比空气好，因此对于 He，有可能在不用过多增大换热器尺寸的条件下，即可以获得更高的换热效率。图 3-20 中的点划线曲线表示，对于 He 循环当换热效率从 0.7 升高到 0.8 时所获得的好处。He 循环效率可达 39.5%，而空气循环效率只有 38%。

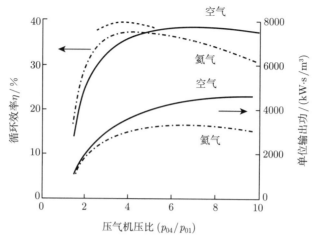

图 3-20   空气和 He 闭式循环性能的比较

下面将分析 He 的换热特性更好的原因。由管内紊流换热公式：

$$Nu = 0.023Re^{0.8}Pr^{0.4}$$

式中，Nu 是努塞尔数 (hd/k)；Pr 是普朗特数 $(c_p\mu/k)$。由于 He 和空气的普朗特数近似相同，因此 He 和空气的换热系数比值是

$$\frac{h_h}{h_a} = \left(\frac{Re_h}{Re_a}\right)^{0.8}\left(\frac{k_h}{k_a}\right) \tag{3-39}$$

下标 h 和 a 分别代表 He 和空气。从物性参数表中可以看出热容随温度而变，但比值 k_h/k_a 在相关的温度范围内都是 5 左右，雷诺数 $(\rho c_d/\mu)$ 是速度和流体性质的函数，且在换热器（或冷凝器）中的流体速度由所要求的压降确定。从流体力学教材中可以查到管内紊流流动的压力损失的计算式：

$$\Delta p = \left(\frac{4L}{d}\right)^\tau = \left(\frac{4L}{d}\right)f\left(\frac{\rho c^2}{2}\right) \tag{3-40}$$

式中，τ 是壁面剪切应力；f 是由布拉休斯法则给出的摩擦因子：

$$f = \frac{0.0791}{Re^{0.25}} = \frac{0.0791}{(\rho c_d/\mu)^{0.25}} \tag{3-41}$$

在相同的压力损失下，有

$$(\rho^{0.75}c^{1.75}\mu^{0.25})_h = (\rho^{0.75}c^{1.75}\mu^{0.25})_a \tag{3-42}$$

而 $\rho_h/\rho_a = 0.138$，μ_h/μ_a 接近 1.10，因此，有

$$\frac{c_h}{c_a} = \left(\frac{1}{0.138^{0.75} \times 1.10^{0.25}}\right)^{1/1.75} = 2.3$$

因此在相同压力损失下，He 的流动速度是空气的两倍。

由这个结果可以有

$$\frac{Re_h}{Re_a} = \frac{\rho_h c_h \mu_h}{\rho_a c_a \mu_a} = \frac{0.138 \times 2.3}{1.10} = 0.29$$

最后，由式 (3-39) 可得

$$\frac{h_h}{h_a} = 0.29^{0.8} \times 5 = 1.86$$

因此，He 的换热系数几乎是空气的 2 倍，这说明在相同的温差下，He 的换热器仅需要一半的换热管面积，或有更高的换热效率，可以更经济地使用。

现在再回过头来看图 3-20 的功率输出曲线，从中可推知使用空气的发电装置结构可以更紧凑。比较两种工质在产生最大效率时的压比值，对于 He 是 4，而对于空气是 7，当给定了输出功率，显然对于 He，它要求的体积流量比空气要大 45% 左右，其原因是：在最大效率的条件下，压气机温升和涡轮温降对 He 和空气是相同的，因此基于质量流量的比功输出比例是 $c_{ph}/c_{pa} \approx 5$，由于 He 的密度只有空气的 13.8%，因此对于 He，以体积流量为基础的比功输出只有空气的 70%。

在体积流量方面的增加，使回热器和冷凝器的尺寸增加，这将抵消使用 He 所带来的换热更好和速度更快的优点。速度高也可以减小连接电站各部件的管道直径。具有两倍速度的容积流量增加 45% 将意味着直径减小 15%。

关于使用 He 代替空气对涡轮机械的作用，只有当学习了压气机和涡轮章节后才能完全理解。我们已经知道使用 He，单位质量流量所做的功是空气的 5 倍左右，这就需要 5 倍压比的叶片级数，但实际情况并不是这样。当使用 He 作为工质时，可不用考虑圆周速度 (这决定每级可做的功) 的限制，因为在 He 中的声速 $(kRT)^{0.5}$ 要高得多。气体常数是与摩尔质量成反比的，因此在任何给定温度下的声速比变成

$$\frac{a_h}{a_a} = \left(\frac{k_h R_h}{k_a R_a}\right)^{0.5} = \left(\frac{1.66 \times 29}{1.40 \times 4}\right)^{0.5} = 2.94$$

He 循环装置每级叶片的功可能是空气的 4 倍，因此级数仅提高 5/4。除此以外，环形面积要减少，因此叶片高度也减少，结果使流过涡轮机械的流速更高。只有经过详细的研究才能表明 He 循环是否会增大涡轮机械。

因为 He 是相对稀少的资源，在大型电站中使用它将不仅要考虑可能的热力学问题，更主要的是要解决实际应用中的高压密封问题。在气体冷却反应器中的高压 CO_2 密封的经验告诉我们泄漏是很大的，而 He 作为一种更轻的气体，将更难密封。

在闭式循环中提到的各种优点中最显著的就是，在整个循环中采用高压 (即高燃气密度)，这就使得在给定的输出功率下可以减小涡轮机械的尺寸，通过改变循环的压力水平来改变功率输出。这种形式的控制就意味着可以不调节最高循环温度就能大范围调节载荷，而且总效率变化还很小。闭式循环的主要缺点是需要一个外部加热系统，这包括使用一个

辅助循环和在燃气与工作介质间引入一个换热器，换热器表面允许的工作温度又给主循环增加了一个最高温度的上限。

除了压气机和涡轮都小、效率可控制的优点外，闭式循环还避免了由燃烧产物所造成的对涡轮叶片的腐蚀和其他有害作用。而且在污染大气条件下，开式循环中需要对来流空气进行过滤这个问题也可以不用考虑。高密度的工质改善了热交换，因此更高效的换热成为可能。最后，闭式循环为使用热物性更好的氦气而不是空气，开辟了一个领域。空气和单原子气体如氦气的主要区别在比热的值上，并不是像想象的那样对效率有大的影响。但对于氦气可以采用高的流体速度，并且最佳循环压比可以低些，所以尽管密度低，但涡轮机械尺寸却不会大太多。从好的方面说，氦气更好的换热性能可以使回热器和预冷器的尺寸只有使用空气的一半。因此可以因使用氦气而降低制造成本。

另外，氦气特别适合作为核反应堆设备中的工质，因为它吸收中子的能力很弱 (如它有低的中子吸收横截面)，作为动力循环的工质能直接通过反应堆核心。尽管试图发展高温反应堆 (HTR) 的研究中断了，但一个以低得多的温度工作的常规的原子反应堆是能作为燃气轮机的热源的。一系列小型的闭式循环燃气轮机 (电输出在 20~100 kW) 可以考虑用于航空和水下，可能的热源包括放射性同位素如钋 238，以及氢的燃烧和太阳能。

3.3　航空燃气轮机循环

3.3.1　进排气效率

1. 进排气损失

根据 2.2.2 节航空燃气轮机与轴功率输出循环的两个不同特点，我们必须对实际航空燃气轮机循环中的进/排气部件进行单独分析。

进气道是飞机发动机中的一个关键部件，对发动机效率和飞机安全性都有很大影响，其主要任务是以最小压力损失使气流流入压气机，并同时确保气流以均匀的压力和速度分布进入压气机。不均匀或畸变的流场会引起压气机喘振，而喘振会导致发动机熄火，或由非稳态气动力引起叶片振动而导致严重的机械损坏。即使对于好的进气道设计，也很难避免在快速机动操作过程中的一些流场畸变。

一台成功的发动机可以以不同的结构形式配合进气系统安装于一系列飞机型号中。发动机可以安装在位于机身的发动机舱中 (安装在机翼或机身后部)，或置入机翼根部。L-1011和 DC-10 都有发动机安装在尾部，但采用不同的进气结构形式。前者发动机是装在飞机机身后部一个长的 S 弯管后部，而后者发动机则安装在垂直翼的直管中，如图 3-21 所示。

图 3-21　S 弯管和直通管进气道

目前的压气机设计：需要进入压气机第一级的轴向流动 Ma 范围在 0.4~0.5。一般亚声速飞机巡航时的飞行 Ma 在 0.8~0.85，而超声速飞机的飞行 Ma 在 2~2.5。起飞时，飞行速度为 0，发动机以最大功率和最大流量工作。进气道要满足宽范围的工作条件，且进气道设计要与飞机和发动机设计协调，进气道的气动设计请参考其他文献。

一种适合用于循环计算中的估算进气道摩擦影响的方法，是把进气道作为绝热管道。因为没有热交换和功转换，虽然由于摩擦和在超声速飞行时的激波会导致总压损失 (图 3-22)，但总温相等。在静态 (地面条件) 或很低的飞行速度下，进气道的工作与喷管类似，气流在其中是从 0 速度或 c_a 加速到压气机进口的 c_1 (见图 3-23(a))。在正常飞行速度下，进气道作为扩压管工作，空气在其中从 c_a 减速到 c_1，静压从 p_a 升高到 p_1 (见图 3-23(b))。因为在循环计算中，需要的是压气机进口总压，感兴趣的是压力升 ($p_{01} \sim p_a$)，这个值被称为冲压压升，在超声速飞行中，冲压压升包含经过进口的一套激波系压缩和其后在管道内扩压压缩。

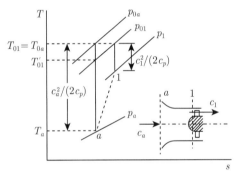

图 3-22 进气道损失

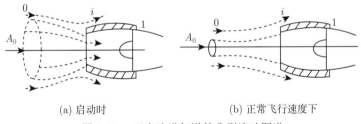

(a) 启动时　　　　　　　　(b) 正常飞行速度下

图 3-23 亚声速进气道的典型流动图谱

进气效率可以有多种方式表示，但两种最常用的表示是等熵效率 η_i (用温升项定义) 和冲压效率 η_r (用压力升项定义)。参考图 3-22，有

$$T_{01} = T_{0a} = T_a + \frac{c_a^2}{2c_p} \tag{3-43}$$

和

$$\frac{p_{01}}{p_a} = \left(\frac{T_{01}'}{T_a} \right)^{k/(k-1)} \tag{3-44}$$

式中，T'_{01} 是指如果气流等熵冲压压缩到 p_{01} 时的气流温度，T'_{01} 可以通过引入等熵效率与 T_{01} 联系起来：

$$\eta_i = \frac{T'_{01} - T_a}{T_{01} - T_a} \tag{3-45}$$

所以有

$$T'_{01} - T_a = \eta_i \frac{c_a^2}{2c_p} \tag{3-46}$$

因此 η_i 可以认为是进气道内等熵压缩形成的可用的进口动温部分，进口压比可以由式 (3-47) 计算出：

$$\frac{p_{01}}{p_a} = \left(1 + \frac{T'_{01} - T_a}{T_a}\right)^{k/(k-1)} = \left(1 + \eta_i \frac{c_a^2}{2c_p T_a}\right)^{k/(k-1)} \tag{3-47}$$

由于 $Ma = c/(kRT)^{1/2}$ 且 $kR = c_p(k-1)$，式 (3-47) 可以写成

$$\frac{p_{01}}{p_a} = \left(1 + \eta_i \frac{k-1}{2} Ma^2\right)^{k/(k-1)} \tag{3-48}$$

总温也能以 Ma 表示：

$$\frac{T_{01}}{T_a} = 1 + \frac{k-1}{2} Ma^2 \tag{3-49}$$

冲压效率 η_r 定义成冲压压升与进口动压头的比值，即

$$\eta_r = \frac{p_{01} - p_a}{p_{0a} - p_a} \tag{3-50}$$

η_r 与 η_i 的重要性基本相同，这两者的数值也可以互换，除了 η_r 在实验中更容易测量外，在其他方面并不比 η_i 有优势。因此本书中都采用 η_i。对于亚声速进气道，在 Ma 为 0.8 以下时，η_r 与 η_i 都不受进口 Ma 影响。在 $c_a = 0$ 时总压损失都是 0，此时 $p_{01}/p_a = 1$ 和 $p_a = p_{0a}$，在地面和低速飞行条件下，进口平均速度都很低，且流动是加速的，因此摩擦作用很小。

进气效率受发动机在飞机上的位置影响 (在机翼、发动机舱或机身)，但我们假定在以下的亚声速飞机的计算例子中 η_i 取 0.93，超声速进气道的值会略低，η_i 随着进口 Ma 增加而降低。实际上，在超声速进气道中，无论 η_i 还是 η_r 都不使用，而更多地使用总压比 p_{01}/p_{0a}，p_{01}/p_{0a} 称为进气道的总压恢复系数。知道了总压恢复系数，那么压比 p_{01}/p_a 可以表示为

$$\frac{p_{01}}{p_a} = \frac{p_{01}}{p_{0a}} \times \frac{p_{0a}}{p_a} \tag{3-51}$$

式中，p_{0a}/p_a 可以 Ma 的形式表示，即

$$\frac{p_{0a}}{p_a} = \left(1 + \frac{k-1}{2} Ma^2\right)^{k/(k-1)} \tag{3-52}$$

关于超声速进气道的一些性能数据，读者可以自行去查找相关的文献，超声速进气道的设计属于高度专业的气动领域，目前已经有很多成果发表。以下的经验关系式是被美国国防部采用的与激波系相关的总压恢复系数关系 (粗略的)：

$$\left(\frac{p_{01}}{p_{0a}}\right)_{\text{shock}} = 1.0 - 0.075(Ma - 1)^{1.35} \tag{3-53}$$

该经验式适用于 $1 < Ma < 5$。为了获得总的总压恢复系数，$(p_{01}/p_{0a})_{\text{shock}}$ 还要乘以进气道亚声速部分的总压恢复系数。

2. 推进喷管的损失

在完成进气道的论述后，下面主要讨论如何把推进喷管的损失加入循环计算中的方法，我们主要讨论大部分发动机都使用的收缩喷管。通常采用两种方法：一种是等熵效率 η_j，另一种是比推系数 K_F。比推系数定义为：实际的比总推力，即 $[mc_5 + A_5(p_5 - p_a)]/m$，比上从等熵流动中获得的比推力。当膨胀到 p_a 的过程是在喷管中完成的，即当 $p_{04}/p_a < p_{04}/p_c$，K_F 就仅仅是实际射流与等熵射流速度的比值，即 "速度系数"，该参数经常在蒸汽轮机设计中使用。在这些条件下，很容易得到 $\eta_j = K_F^2$。尽管 K_F 在喷管的台架试验中很容易测量，但对我们来说不如 η_j 有用。

图 3-24 在 $T\text{-}s$ 图上说明了实际过程和等熵过程，定义成

$$\eta_j = \frac{T_{04} - T_5}{T_{04} - T_5'} \tag{3-54}$$

对于给定的进口条件 (p_{04}，T_{04}) 和假定的 η_j 值，T_5 可以写成

$$T_{04} - T_5 = \eta_j T_{04}\left[1 - \left(\frac{1}{p_{04}/p_5}\right)^{(k-1)/k}\right] \tag{3-55}$$

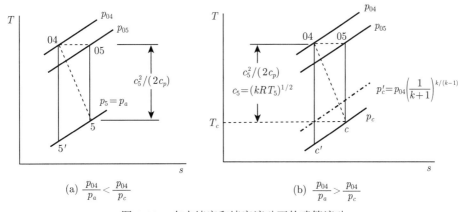

$$\text{(a)} \ \frac{p_{04}}{p_a} < \frac{p_{04}}{p_c} \qquad\qquad \text{(b)} \ \frac{p_{04}}{p_a} > \frac{p_{04}}{p_c}$$

图 3-24　在未堵塞和堵塞流动下的喷管流动

这也是射流速度 ($c_5^2/(2c_p)$) 的当量温度，因为 $T_{05} = T_{04}$。当压比升到临界值，式 (3-55) 中的 p_5 将等于 p_a，压力推力为 0。在临界压比以上时，喷管壅塞了，p_5 仍为临界压力值 p_c，而 c_5 仍为声速值 $(kRT_5)^{1/2}$。最关键的问题是如何计算在非等熵流下的临界压力值。

当临界压比 p_{04}/p_c 等于压比 p_{04}/p_5 时，$Ma=1$。考虑对应的临界温度比 T_{04}/T_c，这对等熵流动和不可逆绝热流动都是相同的，只要是与外界没有功量交换的绝热流动，都有 $T_{04}=T_{05}$，因此，有

$$\frac{T_{04}}{T_5}=\frac{T_{05}}{T_5}=1+\frac{c_5^2}{2c_pT_5}=1+\frac{k-1}{2}M_5^2 \tag{3-56}$$

令 $M_5=1$ 时，我们就有了以下熟悉的形式：

$$\frac{T_{04}}{T_c}=\frac{k+1}{2} \tag{3-57}$$

从式 (3-57) 得到 T_c，从图 3-24(b) 中可以看到 T_c' 是在等熵膨胀到实际临界压力 p_c 时对应的温度，由 η_j 值可计算出 T_c'，即

$$T_c'=T_{04}-\frac{1}{\eta_j}(T_{04}-T_c) \tag{3-58}$$

因此可以得到

$$p_c=p_{04}\left(\frac{T_c'}{T_{04}}\right)^{k/(k-1)}=p_{04}\left[1-\frac{1}{\eta_j}\left(1-\frac{T_c}{T_{04}}\right)\right]^{k/(k-1)} \tag{3-59}$$

用式 (3-57) 替代式 (3-59) 中的 T_c/T_{04}，就能得到临界压比表达式：

$$\frac{p_{04}}{p_c}=\frac{1}{\left[1-\frac{1}{\eta_j}\left(\frac{k-1}{k+1}\right)\right]^{k/(k-1)}} \tag{3-60}$$

这个用 η_j 来确定临界压比的方法，得到的结果与由包含动量方程的更详细的分析结果一致。该公式显示出：摩擦作用提高了喷管达到 $Ma=1$ 时的压力损失。

计算压力推力 $A_5(p_c-p_5)$ 中还有一个必需的量是喷管面积 A_5，对于给定的质量流量 m，可近似由式 (3-61) 给出：

$$A_5=\frac{m}{\rho_cc_c} \tag{3-61}$$

ρ_c 可由 $p_c/(RT_c)$ 得出，c_c 由 $[2c_p(T_{04}-T_c)]^{1/2}$ 或 $(kRT_c)^{1/2}$ 得到。这计算出的仅仅是近似的出口面积值，因为在实际流动中存在附面层厚度。对于锥形喷管，可以从相关文献中查到更完整的分析计算。当流动不可逆时，$Ma=1$ 的条件在出口截面的下游位置达到，在实际中，要达到发动机工作条件所需的出口面积是在样机试验中反复试验得到的，而且对于同一批次的发动机，不同发动机之间的喷口面积还有轻微差别，这是由制造公差和部件效率略有差异引起的，喷口面积轻微的差异可以用配件来实现，如用一些小的突起堵塞部分喷管面积。

η_j 值显然依赖于很多因素，如喷管长度，以及是否有各种之前提到的附件特征合并进来，因为它们不可避免地会带来额外的摩擦损失。另一个因素是燃气离开涡轮的旋量，这应该尽可能地低，在本书后面的循环计算中，我们假设 η_j 都为 0.95。

3.3.2　简单涡喷发动机循环

1. 简单循环计算

相比于理想循环，图 3-25 在 T-s 图上表示了真实的涡喷循环。本节将通过例子详细说明，如何计算在给定飞行速度和高度的设计点性能。

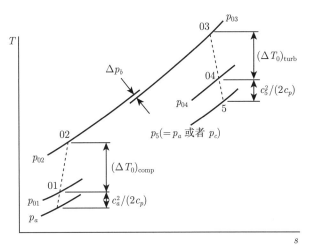

图 3-25　考虑损失的涡喷循环

在进气道后的滞止参数计算如下：

$$T_{01} = T_a + \frac{c_a^2}{2c_p} \tag{3-62}$$

$$\frac{p_{01}}{p_a} = \left(1 + \eta_i \frac{c_a^2}{2c_p T_a}\right)^{k/(k-1)} \tag{3-63}$$

在压气机出口：

$$p_{02} = \left(\frac{p_{02}}{p_{01}}\right) p_{01} \tag{3-64}$$

$$T_{02} - T_{01} = \frac{T_{01}}{\eta_c}\left[\left(\frac{p_{02}}{p_{01}}\right)^{(k-1)/k} - 1\right] \tag{3-65}$$

因为 $W_t = W_c / \eta_m$，因此有

$$T_{03} - T_{04} = \frac{c_{pa}(T_{02} - T_{01})}{c_{pg}\eta_m} \tag{3-66}$$

$$p_{03} = p_{02}\left(1 - \frac{\Delta p_b}{p_{02}}\right) \tag{3-67}$$

$$T_{04}' = T_{03} - \frac{1}{\eta_t}(T_{03} - T_{04}) \tag{3-68}$$

$$p_{04} = p_{03}\left(\frac{T'_{04}}{T_{03}}\right)^{k/(k-1)} \tag{3-69}$$

由方程 (3-60) 得到其临界压比是

$$\frac{p_{04}}{p_c} = \frac{1}{\left[1 - \frac{1}{\eta_j}\left(\frac{k-1}{k+1}\right)\right]^{k/(k-1)}} = \frac{1}{\left[1 - \frac{1}{0.95}\left(\frac{0.333}{2.333}\right)\right]^4} = 1.914$$

判断 p_{04}/p_a 与 p_{04}/p_c 的大小关系，对于超临界喷管，有

$$T_5 = T_c = \left(\frac{2}{k+1}\right)T_{04} \tag{3-70}$$

$$p_5 = p_c = p_{04}\left(\frac{1}{p_{04}/p_c}\right) \tag{3-71}$$

$$\rho_5 = \frac{p_c}{RT_c} \tag{3-72}$$

$$c_5 = (kRT_c)^{1/2} \tag{3-73}$$

$$\frac{A_5}{m} = \frac{1}{\rho_5 c_5} \tag{3-74}$$

比推为

$$F_s = (c_5 - c_a) + \frac{A_5}{m}(p_c - p_a)$$

油耗为

$$\text{SFC} = \frac{f}{F_s}$$

例 3.4　简单涡喷发动机循环计算。

确定简单涡喷发动机的比推和油耗。在巡航速度为 $Ma = 0.8$，巡航高度 $H = 10000\text{m}$ 的设计点下各部件的性能如下所示：

压气机压比：8.0

涡轮进口温度：1200K

等熵效率：

压气机，η_c：0.87

涡轮，η_t：0.90

进气道，η_i：0.93

推进喷管，η_j：0.95

机械转换效率，η_m：0.99

燃烧效率，η_b：0.98

燃烧压力损失，Δp_b：压气机出口压力的 4%

查附录 ISA 表可得在 10000m，有

$$p_a = 0.2650\text{bar}, \quad T_a = 223.3\text{K}, \quad a = 299.5\text{m/s}$$

在进气道后的滞止参数计算如下：

$$\frac{c_a^2}{2c_p} = \frac{(0.8 \times 299.5)^2}{2 \times 1.005 \times 1000} = 28.6(\text{K})$$

$$T_{01} = T_a + \frac{c_a^2}{2c_p} = 223.3 + 28.6 = 251.9(\text{K})$$

$$\frac{p_{01}}{p_a} = \left(1 + \eta_i \frac{c_a^2}{2c_p T_a}\right)^{k/(k-1)} = \left(1 + \frac{0.93 \times 28.6}{223.3}\right)^{3.5} = 1.482$$

$$p_{01} = 0.2650 \times 1.482 = 0.393(\text{bar})$$

在压气机出口：

$$p_{02} = \left(\frac{p_{02}}{p_{01}}\right) p_{01} = 8.0 \times 0.393 = 3.144(\text{bar})$$

$$T_{02} - T_{01} = \frac{T_{01}}{\eta_c}\left[\left(\frac{p_{02}}{p_{01}}\right)^{(k-1)/k} - 1\right] = \frac{251.9}{0.87}\left(8.0^{1/3.5} - 1\right) = 234.9(\text{K})$$

$$T_{02} = 251.9 + 234.9 = 486.8(\text{K})$$

因为 $W_t = W_c/\eta_m$，因此有

$$T_{03} - T_{04} = \frac{c_{pa}(T_{02} - T_{01})}{c_{pg}\eta_m} = \frac{1.005 \times 234.9}{1.148 \times 0.99} = 207.7(\text{K})$$

$$T_{04} = 1200 - 207.7 = 992.3(\text{K})$$

$$p_{03} = p_{02}\left(1 - \frac{\Delta p_b}{p_{02}}\right) = 3.144(1 - 0.04) = 3.018(\text{bar})$$

$$T_{04}' = T_{03} - \frac{1}{\eta_t}(T_{03} - T_{04}) = 1200 - \frac{207.7}{0.90} = 969.2(\text{K})$$

$$p_{04} = p_{03}\left(\frac{T_{04}'}{T_{03}}\right)^{k/(k-1)} = 3.018\left(\frac{969.2}{1200}\right)^4 = 1.284(\text{bar})$$

因此喷管的压比是

$$\frac{p_{04}}{p_a} = \frac{1.284}{0.265} = 4.845$$

由式 (3-60) 得到其临界压比是

$$\frac{p_{04}}{p_c} = \frac{1}{\left[1 - \frac{1}{\eta_j}\left(\frac{k-1}{k+1}\right)\right]^{k/(k-1)}} = \frac{1}{\left[1 - \frac{1}{0.95}\left(\frac{0.333}{2.333}\right)\right]^4} = 1.914$$

因为 $p_{04}/p_a > p_{04}/p_c$，因此喷管是超临界的，有

$$T_5 = T_c = \left(\frac{2}{k+1}\right)T_{04} = \frac{2 \times 992.3}{2.333} = 850.7(\text{K})$$

$$p_5 = p_c = p_{04}\left(\frac{1}{p_{04}/p_c}\right) = \frac{1.284}{1.914} = 0.671(\text{bar})$$

$$\rho_5 = \frac{p_c}{RT_c} = \frac{100 \times 0.671}{0.287 \times 850.7} = 0.275(\text{kg/m}^3)$$

$$c_5 = (kRT_c)^{1/2} = (1.333 \times 0.287 \times 850.7 \times 1000)^{1/2} = 570.5(\text{m/s})$$

$$\frac{A_5}{m} = \frac{1}{\rho_5 c_5} = \frac{1}{0.275 \times 570.5} = 0.006374(\text{m}^2 \cdot \text{s/kg})$$

因此比推为

$$F_s = (c_5 - c_a) + \frac{A_5}{m}(p_c - p_a)$$

$$= (570.5 - 239.6) + 0.006347(0.671 - 0.265)10^5$$

$$= 330.9 + 258.8 = 589.7(\text{N} \cdot \text{s/kg})$$

如图 3-20 所示，对于 $T_{02} = 486.8\text{K}$ 和 $T_{03} - T_{02} = 1200 - 486.8 = 713.2(\text{K})$，其所需的理论油气比是 0.0194，因此其实际油气比是 $f = \frac{0.0194}{0.98} = 0.0198$。

油耗为

$$\text{SFC} = \frac{f}{F_s} = \frac{0.0198 \times 3600}{589.7} = 0.121(\text{kg/(h} \cdot \text{N)})$$

2. 涡喷发动机循环的优化

当考虑涡喷发动机设计时，提供给设计者的基本热力学参数是涡轮进口温度和压气机压比。实际中常用的方法是在一系列适合范围内对这两个参数进行设计点计算，对压气机和涡轮采用固定的多变效率，并且以涡轮进口温度 T_{03} 和压气机压比 π_c 作为参变量画出 SFC 关于比推的曲线。这样的计算可在若干个合适的飞行速度和高度的飞行条件下进行。图 3-26 是一个典型的亚声速巡航条件下的计算结果，计算中，分别依次固定涡轮进口温度和压气机压比。

可以看出 T_{03} 对比推的影响很大，且在给定推力下，使用尽可能的最高温度有利于保证发动机尽可能地小。但在一定压比下，T_{03} 的增加会引起 SFC 的增加，这个和 T_{03} 对轴

功循环的性能影响正好相反，由 3.2 节分析可以知道提高 T_{03} 既提高了比功也降低了油耗。但无论如何，提高温度使比推增加总是比损失油耗的性能更重要，尤其在高飞行速度下，小的发动机尺寸对减小发动机质量和阻力都很有必要。

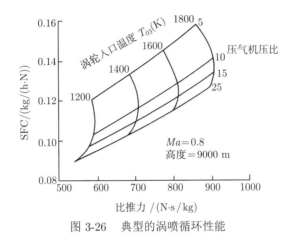

图 3-26　典型的涡喷循环性能

提高压比 π_c 很明显降低了 SFC，在一定 T_{03} 值下，提高压比开始时使比推增加，但逐渐地就使比推下降了，并且随着 T_{03} 值的增加，对应于最大比推的最佳压比值也增加。显然压比对性能的影响与在轴功循环中观察到的相同，无须赘述。

图 3-26 计算了某一个亚声速巡航条件下的性能，当这样的计算在同一高度、更高巡航速度下进行时，发现一般对于给定的 π_c 和 T_{03}，都是 SFC 增加、比推减少 (即随着巡航飞行速度增加，SFC 增加、比推减少)，这是由于飞行速度增加，使进口动量阻力增加，且进口温度增加使压气机耗功增加。对应于不同高度的曲线显示，随着高度增加，比推增加，油耗降低，这是因为高度增加温度降低，导致压气机功降低。也许提高巡航速度设计值最有价值的作用是对应于最大比推的最佳压气机压比减少了，因为进气道的冲压压缩增大了。更高的压气机进口温度和更高的排气速度需要更高的涡轮进口温度，而这对超声速飞机的商业运营至关重要。

涡喷发动机循环的最佳热力性能不能与机械设计分开考虑，而且循环参数的选择与飞机的类型有很大关系。当热力性能要求采用高涡轮温度时，这意味着要使用贵的合金和带冷却的涡轮叶片，这些都导致结构变复杂和成本增加，或缩短发动机寿命。用提高压比获得好的热力学性能时，必须考虑到重量、复杂性和成本的增加。由于需要更多级的压气机和涡轮，也许还需要采用多轴结构。图 3-27 说明了性能和设计目标之间的关系。例如，一个小的商务涡喷飞机或教练机，因为飞行任务相对较少，需要的是低成本的可靠发动机，SFC 不是关键，因此一个低压比和中等涡轮进口温度就足够了。最近几年，对噪声的限制，使得涡扇发动机取代了涡喷发动机。对于商务机，也因长距离飞行需要而促使其变化。用于垂直起降 (VTOL) 的专用吊举发动机，因为运行时间很短，其主要要求是单位质量和体积下的最大推力，SFC 并不重要，当使用低压比高进口涡轮温度时就能满足这些要求 (因为寿命要求低，涡轮进口温度就可以高)。压气机压比由单级涡轮所做的最大功率所限制，高推重比发动机早在 20 世纪 60 年代就已研制了，但这种型式的发动机由于增加了飞机复杂性并没有广泛使用。后来高压比的涡喷发动机用于早期的商用飞机和轰炸机上，因为要求长距飞行，所以要低的 SFC，虽然发动机质量增加了，但由于 SFC 降低后，长距离飞行下发动机加上燃油的质量减少了。当前在亚声速商用飞机中涡喷发动机已被涡扇发动机取代了，涡喷发动机也因为起飞时噪声太大，不再适用于商用超声速飞机。将来超声速飞机将需要一个起飞噪声与常规涡扇发动机相当的发动机，这就要求设计和发展能在起飞时做涡扇发动机工作，而在超声速巡航条件下做涡喷发动机 (或很低涵道比的涡扇发动机) 使用的变循环发动机。超声速运输中的亚声速油耗是很重要的，因为任何旅程中都有相当一部分是在亚声速飞行的，因此无法在单一巡航条件下完成优化过程，目前各国都在大力开展变循环发动机的研制。

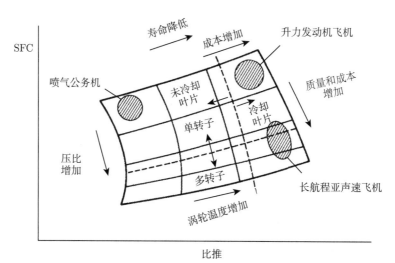

图 3-27　性能和设计条件

　　我们前面只讨论了设计点的循环计算结果。在涡轮进口温度、飞行速度或高度不在设计值时，图 3-26 中的那些曲线不能代表发动机的性能，要获得非设计点的性能数据将在第 8 章中描述，这里我们仅对涡喷发动机一些重要的性能参数作些说明。

　　同一台发动机飞行条件不同，推力和 SFC 都会不同，因为空气流量随密度而变，而动量阻力随飞行速度而变。而且即使发动机在固定转速下运行，压气机压比和涡轮进口温度也随进口条件而变。图 3-28 是一台涡喷发动机在最大转速下，推力和 SFC 随高度和马赫数变化的典型图，可以看到，随高度增加，由于环境压力和密度降低，推力明显降低。高度增加后，由于进口温度降低而使比推增加，燃油消耗性能随着高度增加而略有改善。在第 8 章将会看到，SFC 与环境温度有关，但与压力无关，因此 SFC 随高度而带来的变化并不像推力那么明显。由推力和 SFC 的变化曲线可知，在高空燃油消耗将显著减少。

　　图 3-28 显示在固定高度下，随着马赫数增加，推力开始是减小的，这是由于动量阻力的增加；然后由于冲压压比的有益作用而开始增加，在超声速下这部分作用的推力增加是很重要的。

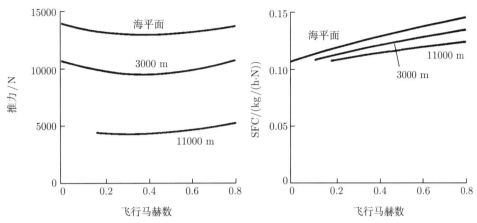

图 3-28　典型涡喷发动机推力和油耗随马赫数和高度的变化

3.3.3　涡扇发动机循环

1. 涡扇发动机循环计算

在如图 2-18 所示的双转子结构中, 风扇是由低压涡轮驱动的, 可以用计算压气机和涡轮的常规方法, 计算得到低压涡轮的进口条件。

考虑到低压转子所需要的功:

$$mc_{pa}\Delta T_{012} = m_h c_{pg}\Delta T_{056} \tag{3-75}$$

因此有

$$\Delta T_{056} = \frac{m}{m_h} \times \frac{c_{pa}}{c_{pg}} \times \Delta T_{012} = (B+1) \times \frac{c_{pa}}{c_{pg}} \times \Delta T_{012} \tag{3-76}$$

B 值的范围为 0.1~8 或更大, 并且 B 值对低压涡轮所要求的温降和压降起主要影响作用。已知 T_{05}、η_t 和 T_{056}, 就可以计算出低压涡轮压比和进入内涵喷管的进口条件, 内涵推力的计算也就很直接了。

如果两股流动需要混合, 那么可以通过焓和动量的平衡方程计算出混合后的条件参数。我们首先通过一个涡扇发动机的例题计算, 来了解涡扇发动机循环。

例 3.5　涡扇发动机循环热力计算。

一台双转子涡扇发动机 (见图 2-18), 风扇由低压涡轮驱动, 压气机由高压涡轮驱动, 冷、热喷管分开。已知设计参数如下所示:

总压比: 25.0

风扇压比 (FPR): 1.65

涵道比 m_c/m_h: 5.0

涡轮进口温度: 1550K

风扇、压气机和涡轮多变效率 $\eta_{\infty c}$, $\eta_{\infty t}$: 0.90

每个推进喷管的等熵效率 η_j: 0.95

每根轴的机械效率: 0.99

燃烧压力损失：1.50bar

总的空气质量流量 m：215kg/s

需计算出海平面静态条件下的推力和 SFC，海平面环境压力和温度分别为 1.0 bar 和 288 K。

解　计算压缩和膨胀的多变值 $(n-1)/n$ 为

压缩过程：

$$\frac{n-1}{n} = \frac{1}{\eta_{\infty c}}\left(\frac{k-1}{k}\right)_a = \frac{1}{0.9 \times 3.5} = 0.3175$$

膨胀过程：

$$\frac{n-1}{n} = \eta_{\infty t}\left(\frac{k-1}{k}\right)_g = \frac{0.9}{4} = 0.225$$

在静态条件 $T_{01} = T_a$ 和 $p_{01} = p_a$ 下，由

$$\frac{T_{02}}{T_{01}} = \left(\frac{p_{02}}{p_a}\right)^{(n-1)/n}$$

得到

$$T_{02} = 288 \times 1.65^{0.3175} = 337.6(\text{K})$$

$$T_{02} - T_{01} = 337.6 - 288 = 49.6(\text{K})$$

$$\frac{p_{03}}{p_{02}} = \frac{25.0}{1.65} = 15.15$$

$$T_{03} = T_{02}\left(\frac{p_{03}}{p_{02}}\right)^{(n-1)/n} = 337.6 \times 15.15^{0.3175} = 800.1(\text{K})$$

$$T_{03} - T_{02} = 800.1 - 337.6 = 462.5(\text{K})$$

冷喷管的压比是

$$\frac{p_{02}}{p_a} = \text{FPR} = 1.65$$

而这个喷管的临界压比是

$$\frac{p_{02}}{p_c} = \frac{1}{\left[1 - \dfrac{1}{\eta_j}\left(\dfrac{k-1}{k+1}\right)\right]^{k/(k-1)}} = \frac{1}{\left[1 - \dfrac{1}{0.95}\left(\dfrac{0.4}{2.4}\right)\right]^{3.5}} = 1.965$$

因此冷喷管没有堵塞，有 $p_8 = p_a$，冷推力 F_c 可以简单写成

$$F_c = m_c c_8$$

由式 (3-55) 可得喷管的温度降为

$$T_{02} - T_8 = \eta_j T_{02}\left[1 - \left(\frac{1}{p_{02}/p_a}\right)^{(k-1)/k}\right] = 0.95 \times 337.6\left[1 - \left(\frac{1}{1.65}\right)^{1/3.5}\right] = 42.8(\text{K})$$

因此

$$c_8 = [2c_p(T_{02} - T_8)]^{\frac{1}{2}} = (2 \times 1.005 \times 42.8 \times 1000)^{\frac{1}{2}} = 293.2(\mathrm{m/s})$$

因为涵道比 B 是 5.0，有

$$m_c = \frac{B_m}{B+1} = \frac{215 \times 5.0}{6.0} = 179.2(\mathrm{kg/s})$$

$$F_c = 179.2 \times 293.2 = 52532(\mathrm{N})$$

考虑高压转子需要的功：

$$T_{04} - T_{05} = \frac{c_{pa}}{\eta_m c_{pg}}(T_{03} - T_{02}) = \frac{1.005 \times 462.5}{0.99 \times 1.148} = 409.0(\mathrm{K})$$

而对于低压转子：

$$T_{05} - T_{06} = (B+1)\frac{c_{pa}}{\eta_m c_{pg}}(T_{02} - T_{01}) = \frac{6.0 \times 1.005 \times 49.6}{0.99 \times 1.148} = 263.2(\mathrm{K})$$

因此

$$T_{05} = T_{04} - (T_{04} - T_{05}) = 1550 - 409.0 = 1141.0(\mathrm{K})$$

$$T_{06} = T_{05} - (T_{05} - T_{06}) = 1141.0 - 263.2 = 877.8(\mathrm{K})$$

p_{06} 可用以下式子计算出：

$$\frac{p_{04}}{p_{05}} = \left(\frac{T_{04}}{T_{05}}\right)^{n/(n-1)} = \left(\frac{1550}{1141.0}\right)^{1/0.225} = 3.902$$

$$\frac{p_{05}}{p_{06}} = \left(\frac{T_{05}}{T_{06}}\right)^{n/n-1} = \left(\frac{1141.0}{877.8}\right)^{1/0.225} = 3.208$$

$$p_{04} = p_{03} - \Delta p_b = 25.0 \times 1.0 - 1.50 = 23.5(\mathrm{bar})$$

$$p_{06} = \frac{p_{04}}{(p_{04}/p_{05})(p_{05}/p_{06})} = \frac{23.5}{3.902 \times 3.208} = 1.878(\mathrm{bar})$$

因此热喷管的压比是

$$\frac{p_{06}}{p_c} = \frac{1}{\left[1 - \frac{1}{0.95}\left(\frac{0.333}{2.333}\right)\right]^4} = 1.914$$

该喷管也未壅塞，因此有 $p_7 = p_a$：

$$T_{06} - T_7 = \eta_j T_{06}\left[1 - \left(\frac{1}{p_{06}/p_a}\right)^{(k-1)/k}\right]$$

$$= 0.95 \times 877.8\left[1 - \left(\frac{1}{1.878}\right)^{\frac{1}{4}}\right] = 121.6(\mathrm{K})$$

$$c_7 = [2c_p(T_{06} - T_7)]^{\frac{1}{2}} = (2 \times 1.148 \times 121.6 \times 1000)^{\frac{1}{2}}$$
$$= 528.3(\mathrm{m/s})$$

$$m_h = \frac{m}{B+1} = \frac{215}{6.0} = 35.83(\mathrm{kg/s})$$

$$F_h = 35.83 \times 528.3 = 18931(\mathrm{N})$$

因此总推力为

$$F_c + F_h = 52532 + 18931 = 71463(\mathrm{N}) \ 或 \ 71.5(\mathrm{kN})$$

燃油流量可以从燃烧室温度和流过燃烧室的空气流量 m_h 计算得到。燃烧室的温升是 $1550 - 800 = 750\mathrm{K}$，燃烧室进口温度是 $800\mathrm{K}$，从图 3-11 中的理想油气比曲线可以找到对应的理想油气比是 0.0221，因此实际的油气比是 $0.0221/0.99 = 0.0223$。可算得燃油流量为

$$m_f = 0.0223 \times 35.83 \times 3600 = 2876.4(\mathrm{kg/h})$$

则

$$\mathrm{SFC} = \frac{2876.4}{71463} = 0.0403(\mathrm{kg/(h \cdot N)})$$

因为两个喷管都未壅塞，可以不用计算喷管面积就计算出推力。但在实际中总会因为其他目的要计算一些关键部件的信息，在这两种情况下，喷管面积都可以用连续方程，即 $m = \rho A c$ 计算得到，密度可以从 $\rho = p/(RT)$ 计算得到，p 和 T 是喷管截面的静态值，对两种喷管都是 $p = p_a$，以下是对两股流动的计算结果：

	冷	热
静压 (bar)：	1.0	1.0
静温 (K)：	294.8	756.2
密度 (kg/m³)：	1.191	0.4647
质量流量 (kg/s)：	179.2	35.83
速度 (m/s)：	293.2	528.3
喷管出口面积 (m²)：	0.5132	0.1459

冷喷管面积比热喷管大得多，这个例子说明喷管没发生壅塞时的计算方法，而例 3.4 则阐述喷管发生壅塞时如何计算。

从以上计算中注意到，在静态条件下，外涵流动贡献了总推力的 74% 左右，在飞行速度 $60\mathrm{m/s}$ 时 (这个速度接近正常起飞速度)，动量阻力 mc_a 为 215×60 或 $12900\mathrm{N}$；冲压压比和温升可以忽略掉，因此静推力就减小为 $58563\mathrm{N}$。在起飞状态的推力下降对于大涵道比发动机尤其明显，因此，了解一台涡扇发动机的推力应在起飞状态下而不是静止条件下。

2. 增推

如果想把发动机推力提高到原有设计值以上，可以有几种方法，例如，提高涡轮进口温度，通过提高比推，就可以在发动机尺寸不变下提高推力；另外，通过提高发动机的质

量流量，可以在不改变循环参数的同时提高推力。这两种方法都意味着对发动机或多或少的重新设计，或对现有发动机进行改进。

　　然而，经常会要求发动机仅在短时间内增加推力，例如，起飞、从亚声速加速到超声速或进行格斗操作，这样的问题就变成了推力增加。曾经提出过很多种推力增加的方案，但两种最广泛使用的方法是液体喷射和加力燃烧。

　　液体喷射主要用于增加起飞时推力，需要大量的液体，但如果液体在起飞时消耗光了，那么初始的爬升重量并没增加多少。把水雾喷进压气机进口引起水滴的蒸发，导致从空气中吸热，在增加发动机流量的同时，降低了压气机进口温度。降低压气机进口温度会提高涡喷发动机推力，原因是有效提高了转速，从而提高了压比和质量流量。实际中使用水和甲醇的混合物，甲醇降低了水的冰点，而且它到达燃烧室后还可以参与燃烧。有时候液体被直接注入了燃烧室，这增加了燃烧室的压力，迫使压气机在更高的压比下工作，从而使推力提高。在两种情况下注入的液体质量都增加了流过发动机的质量流量，液体喷射在现代飞机发动机上已经很少用了。

　　加力燃烧，正如其名称所指，是在喷管中喷入附加燃油进行燃烧，参见图 2-19。由于在加力燃烧室后没有高应力的转子叶片，其出口温度可比涡轮进口温度高很多。如果采用化学恰当比燃烧实现最大推力增加，最后的出口温度可以达到 2000 K 左右。图 3-29 显示了一台简单涡喷发动机加力燃烧到 2000 K 的 T-s 图。从燃烧室和加力燃烧室相关的温升可知，需要的燃油流量显著增加，因此加力燃烧的不利之处是 SFC 增加很多。假设使用一个壅塞收缩喷管，在喷管出口截面上的喷射速度对应于相应温度下的声速，如 T_7 或 T_5，取决于发动机是否开了加力。因此喷射速度可以由 $(kRT_c)^{1/2}$ 得出，T_c 可以由 $T_{06}/T_c=(k+1)/2$ 或 $T_{04}/T_c = (k+1)/2$ 计算。由此可知，射流速度与喷管进口处温度 $T_0^{1/2}$ 成正比，因此增加了加力燃烧后，发动机的总动量推力按 $(T_{06}/T_{04})^{1/2}$ 的比例增加。对于图 3-29 中的温度，这个值是 $(2000/959)^{1/2}$ 即 1.44。增加了加力燃烧室后的油耗近似计算：开加力时的燃油消耗与 $(2000 - 959) + (1200 - 565)$ 呈比例关系，没有加力燃烧室时的燃油消耗则与 $(1200 - 565)$ 呈比例关系，开加力和不开加力的燃油消耗比值即为 2.64。因此通过增加 164% 的燃油流量，获得了 44% 的推力增加，显然加力燃烧只能在短期内使用。在起飞状态下总推力等于净推力时，可以开加力。在高速飞行时，可获得的推力增加要大得多，经常超过 100%，这是因为对于固定的动量阻力，总推力增加代表着净推力增加更多。"协和号"在从 $Ma0.9$ 到 $Ma1.4$ 的跨声速加速中采用了加力燃烧，这显著增加的净推力，为快速通过近 $Ma1.0$ 的高阻力区域提供了更快的加速度，虽然短时间内燃油消耗量增加，但整个飞行过程油耗是降低的。对于低涵道比发动机，加力燃烧可以获得更大的推力增加，因为热气流和冷气流混合，大量的新鲜空气补充进来燃烧；军用涡扇发动机在起飞和格斗操作中采用加力燃烧。

　　在加力燃烧室中的压力损失会较大。燃烧室的压力损失将在燃烧室相关的章节中讨论，燃烧室的压力损失是由流体摩擦和由加热引起的动量变化造成的。在主燃烧室中摩擦损失占主要作用，但在加力室中，动量变化的作用更重要。温升是由涡轮出口温度和加力室中的油气比决定的。由动量变化造成的压力损失可以用 Rayleigh 函数和相关文献概括的方法求得，结果发现这个压力损失是关于加力室的温度比和喷管进口的马赫数的函数。如果进口马赫数太高，热释放可以导致下游马赫数达到 1.0，这就给允许的释热率设置了一个上限，这种现象称为热壅塞。图 3-30 显示了压力损失随动量变化的值，由此可见为减少压力损失需要低马赫数。

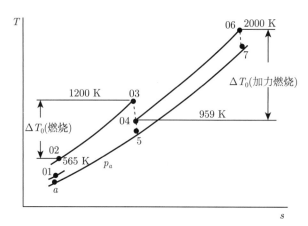

图 3-29　带加力燃烧的涡喷发动机循环示意图

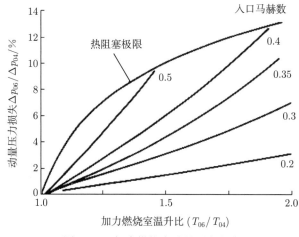

图 3-30　加力燃烧室动量压力损失

　　加力燃烧室即使在不使用时由于供油和火焰稳定装置的存在也会带来压力损失。这种增推方式的另外一个缺点是，从剧烈燃烧的加力燃烧室中喷出速度很高的射流，会导致发出很强的噪声。在"协和号"上使用的 Olympus 发动机，在起飞时提供了 15%～20% 的推力增加，排气温度增到大约 1400K。其增加的噪声水平，虽然是一个严重的问题，还是比军用飞机的水平要低得多。未来的超声速运输装置将不太可能在起飞时使用加力燃烧，因为相比于当前的亚声速飞机一个主要的要求就是起飞噪声水平，所以发展变循环发动机势在必行。

　　3. 热流和冷流混合计算

　　当带加力的涡扇发动机需要最大增推推力时，冷热流混合就很有必要了，因为这样可以避免采用两套再加热燃烧系统。在亚声速飞机的某些情况下，混合也具有优势，可以对改进 SFC 性能略有帮助。我们将对一个等直段喷管的混合提出简单的计算方法，不考虑损失并假定是绝热流动。喷管结构示意如图 3-31 所示，热流和冷流在截面 A 开始混合，并在到达截面 B 时完全混合。

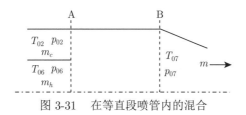

图 3-31　在等直段喷管内的混合

从焓平衡方程开始，下标 m 表示混合流的特性：

$$m_c c_{pc} T_{02} + m_h c_{ph} T_{06} = m c_{pm} T_{07}, m = m_c + m_h$$

用下列式子把混合后燃气的物性与它们的成分联系起来：

$$c_{pm} = \frac{m_c c_{pc} + m_h c_{ph}}{m_c + m_h}$$

$$R_m = \frac{m_c R_c + m_h R_h}{m_c + m_h}$$

$$\left(\frac{k}{k-1}\right)_m = \frac{R_m}{c_{pm}}$$

根据动量平衡：

$$(m_c c_c + p_2 A_2) + (m_h c_h + p_6 A_6) = m c_7 + p_7 A_7$$

如果在喷管内 A 截面下游没有旋流，那么沿管截面的静压是均匀的，有

$$p_2 = p_6$$

根据连续方程有

$$m = \rho_7 c_7 A_7$$

混合后的压力 p_{07} 是循环计算中需要的参数，因为这是喷管进口的总压。而推力的计算和前面描述的是一样的。

p_{07} 的计算可以利用热流和冷流的马赫数项简化表达：热流马赫数由涡轮设计决定，一般 M_6 在 0.5 左右。当选定了 M_6 值后，计算过程如下。我们将用到 Ma 和静总参数 P、T 间的关系。

(1) 知道了 M_6、T_{06} 和 p_{06}，可以确定 p_6 和 c_h：由 p_6 和 T_{06} 求出 ρ_6，然后由连续方程计算 A_6，现在可以求出 $m_h c_h + p_6 A_6$。

(2) 由 $p_6 = p_2$ 和 p_2/p_{02} 计算出 M_2，由 M_2、p_{02} 和 T_{02} 可以得到 c_c 和 A_2，因此可以求得 $m_c c_c + A_2 p_2$。

(3) 由动量平衡可计算得到 $mc_7 + A_7p_7$。

(4) $A_7 = A_6 + A_2$，且 $m = \rho c_7 A_7 = \dfrac{p_7}{R_m T_7} c_7 A_7$。

(5) T_{07} 可以从焓平衡方程中解得，但 p_7 和 p_{07} 都不知道，先假定一个 M_7 值，然后求出 T_7 和 c_7，由连续方程求出 p_7。

(6) 现在需要检查 $mc_7 + A_7p_7$ 是否与由 (3) 中动量方程得到的值相等。

(7) 迭代 M_7 直到求出正确的 p_7。

(8) 从 p_7、M_7 可以求出 p_{07}。

涡扇出口压力 p_{02} 只比涡轮出口压力 p_{06} 略高，这样使混合损失最小，一般地，p_{02}/p_{06} 在 1.05~1.07 范围内。实际中，很小的循环参数变化都可能引起压比 p_{02}/p_{06} 的很大变化，破坏混合的效果。无法给出一个严格而又快速的规则来确定是否应采用混合喷管，而且是否混合也受安装和发动机质量等因素的影响，还要结合由混合引起压力损失的详细研究。

4. 涡扇发动机循环的优化

涡扇发动机的设计者在设计时有四个热力学参数可供使用：总的压比、涡轮进口温度 (这跟简单涡喷发动机一样)、涵道比和风扇压比。循环的优化过程有些复杂，但基本原理很容易理解。

现在来研究一台总的压比和涵道比都已规定的发动机，如果我们确定了一个涡轮进口温度，那么输入的能量就一定了，因为当选定工作条件后，燃烧室的空气流量和进口温度就已经确定了。剩下的变量是风扇压比，第一步需要考虑的变量是带风扇压比的比推和油耗。如果是一个低的风扇压比，风扇推力很小而且从低压涡轮中提取的功也很小，因此从热流中提取的能量少，从而产生的热推力值较大。当风扇压比提高后，显然风扇推力增加了，但热流推力下降。图 3-32 是一个典型的在一定涡轮温度范围内比推和 SFC 随风扇压比 (FPR) 变化的图。从图中可以看出，对任意一个涡轮进口温度都有一个最佳风扇压比值，因为输入能量是固定的，这个最佳风扇压比值对应于最小 SFC 和最大比推。依次取每个最佳风扇压比值所对应的 SFC 和比推值，就可以画出一条如图 3-33(a) 所示的 SFC 关于比推的曲线。注意该图的曲线中每个点都是之前的最优化结果，并且是对应于一定的风扇压比值和涡轮进口温度的。

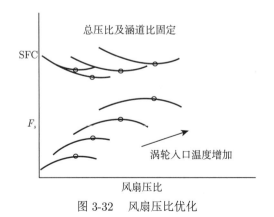

图 3-32   风扇压比优化

可以在一系列涵道比下重复上述计算，并在同样总的压比下，给出一簇曲线，如图 3-33(b) 所示，可以得到在所选择的总压比下对应比推的最佳 SFC 变化图，即图中用虚线表示的包迹线。这个过程可以在一系列总压比下重复。很显然，优化过程冗长而且需要大量的详细计算。这样一系列的定性结果可以概括成如下所述。

(1) 提高涵道比可以改善 SFC，但代价是比推有相当大的减小。

(2) 涡轮进口温度提高，最佳风扇压比随之提高。

(3) 最佳风扇压比随涵道比的增加而降低 (涵道比在 5 左右时，风扇压比可以低到只允许用单级风扇)。

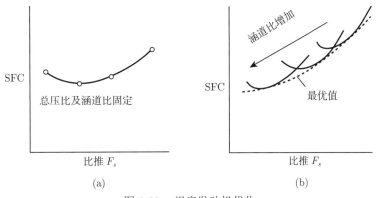

(a)　　　　　　　　　　　　　　(b)

图 3-33　涡扇发动机优化

选择什么样的循环参数，取决于飞机用途，高涵道比和低涵道比都有其用武之地。对长距离亚声速飞机，油耗是一个最主要的指标，通过使用 4~6 的涵道比和高的总压比，结合高的涡轮进口温度可以最好地满足要求。GE90 选择了更高的涵道比 8~9，GE90 在 1995年开始服役，这是多年来第一次对涵道比这一参数进行了重大改变。2008 年开始，服役的发动机涵道比增至 10~12，总压比接近 50，随着涵道比的增加，风扇增压比开始递减。军用飞机具有超声速突防能力的同时还需要好的亚声速油耗性能，涵道比要低得多，一般在0.5~1。为了降低最大截面积，在超声速条件下使用加力燃烧室。目前在研的发动机大幅提高涡轮进口温度值，可在不使用加力时达到 $Ma = 1.4$ 左右的飞行速度。短距离飞行的商用飞机不像长距离飞行的飞机对 SFC 要求那么苛刻，很多年来都是使用涵道比为 1 的飞机。但是现代设计也都跟长距离飞行飞机一样，采用更大的涵道比。发生这种改变的主要原因：一是增加涵道比可以显著降低噪声；二是采用低油耗设计可以适用于宽系列范围的飞机，避免多研发新发动机，因为研发新发动机的成本在逐步增大。

图 3-33(b) 显示最佳 SFC 需要使用高的涵道比值，这导致发动机的比推降低。这些曲线不仅应用于未装机发动机性能，还要用来评估装在特定飞机上的发动机性能。高涵道比发动机有着更大直径的风扇，发动机直径和重量将随涵道比增加而增加；离地间隙的影响将要求增加起落装置长度和质量，从而增加了飞机质量和所需推力。

之前提到过，由于平均射流速度的减小，涡扇发动机比涡喷发动机产生更小的排气噪声，因此，考虑噪声问题将要求尽可能增大涵道比，以产生低的射流速度。但实际上，高涵道比导致高的风扇叶尖速度，这将导致大的风扇噪声。实际工作中，在低推力下工作的发动机，风扇噪声是主要问题，以离散频率产生的风扇噪声比宽带的射流噪声更使人烦恼。这个问题可以通过对进气道的声学抑制手段加以减轻，例如，避免使用进口导向叶片，仔细调整风扇转子和静子叶片之间的轴向间隙等。

术语：

a：声速

A：截面面积

B：涵道比 (m_c/m_h)

c：速度

F：净推力

F_s：比推 (单位推力)

K_F：比推系数

k：绝热指数

Ma：马赫数

n：多变指数

SFC：燃油消耗率

η_e：能量转换效率

η_i：进气道效率

η_j：喷管效率

η_m：机械效率

η_o：总效率

η_p：推进效率 (Froude 效率)

η_r：冲压效率

η_∞：多变效率

下标

c：临界条件，冷流

h：热流

j：射流

m：混合的

练 习 题

1. 简述实际燃气轮机循环中造成压力损失的原因。

2. 计算某带回热的燃气涡轮循环 (见图 3-34) 的比功输出、单位油耗和循环效率，其参数规范要求如下：

压气机压比：4.0；

涡轮进口温度：1100K；

压气机等熵效率，η_c：0.85；

涡轮等熵效率，η_t：0.87；

机械传输效率，η_m：0.99；

燃烧效率，η_b：0.98；

换热器效率：0.80；

压力损失：

燃烧室，Δp_b：2%压气机出口压力；

换热器空气边，Δp_{ha}：3%压气机出口压力；

换热器燃气边，Δp_{hg}：0.04bar；

环境条件，p_a，T_a：1bar，288K。

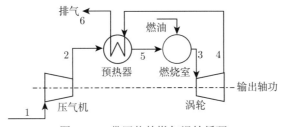

图 3-34　带回热的燃气涡轮循环

3. 确定带有一个自由动力涡轮的简单循环燃气涡轮的单位输出功、单位油耗和循环效率 (见图 3-35)，参数如下：

压气机压比：12.0；

涡轮进口温度：1350K；

压气机等熵效率，η_c：0.86；

涡轮等熵效率，η_t：0.89；

机械传输效率，η_m：0.99；

燃烧效率：0.99；

燃烧室压力损失：6%压气机出口压力；

排气压力损失：0.03bar；

环境条件，p_a，T_a：1bar，288K。

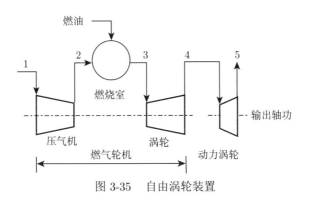

图 3-35　自由涡轮装置

4. 压气机在压比为 4 时的等熵效率为 0.85，计算对应的多变效率，然后画出在压比 2.0~10.0 范围内的等熵效率变化。

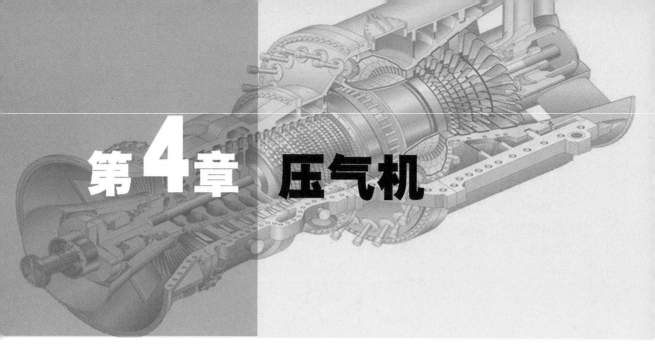

第4章 压气机

压气机是燃气轮机中的一个重要组成部件，它的功用主要有两方面：一是提高空气的总压 (或滞止压力)；二是用作引气，用于发动机防冰，涡轮散热、涡轮叶片间隙控制和飞机座舱内增压/增湿。在常规燃气轮机中，压气机所消耗的功由涡轮提供，其数量为整台燃气轮机发出净功的 2~3 倍。因此，压气机性能的好坏对整台发动机起举足轻重的作用。压气机对空气的压缩过程究竟遵循什么规律？能量转换关系如何？所需的压缩功如何计算？这些问题将在本章详细讨论。

按照气流在压气机中的流动方向，一般可分为轴流式和离心式两种。轴流式压气机具有增压比高、效率高、单位面积空气流量大、迎风面积小等优点，因此在大、中型燃气轮机上普遍采用轴流式压气机。离心式压气机具有结构简单、工作可靠、稳定工作范围较宽、单级增压比高等优点，它的缺点是迎风面积大，难以获得更高的总增压比。离心式压气机主要用于小型燃气轮机装置中。在中、小型航空燃气轮机上，轴流式压气机与离心式压气机组成的混合式压气机，发挥了离心式压气机单级增压比高的优点，避免了轴流式压气机当叶片高度很小时损失增大的缺点，因此也得到广泛应用。下面首先介绍轴流式压气机。

4.1   轴流式压气机

压气机主要由两部分组成：旋转的部分称为转子，静止的部分称为静子。转子是由沿轮缘安装了许多叶片的多个轮盘组合而成的。每个轮盘及其上面的叶片称为工作轮。而工作轮上的叶片称为工作叶片。静子由多圈固定在机匣上的叶片组成，这些叶片称为整流叶片，每一圈叶片称为整流器。工作轮和整流器是顺序交错排列的。每一个工作轮及其后面的一个整流器称为压气机的一个 "级"。只有一个级的压气机称为单级压气机。由两个或两个以上的级组成的压气机称为多级压气机，图 4-1 是一个多级轴流式压气机结构。空气在工作轮中通过其与工作叶片的相互作用，获得自外界输入的机械功而使能量增加，增加的能量体现在两方面：速度和压力。空气在整流器中沿着整流叶片间的通道，逐渐改变流动方向，同时逐渐减速，进一步把动能转变为压力提高，进而达到增压的目的。在多级压气机中,空气逐级流过,空气压力也逐步地提高。

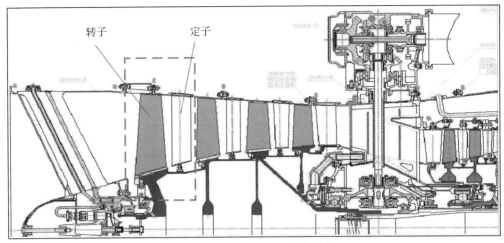

图 4-1 多级轴流式压气机结构

在轴流式压气机中,空气流过一个级,压力升高是很有限的。增压比一般只有1.15~1.35,而大型工业燃气轮机和航空燃气轮机中,空气的最高压力与大气压力之比要高得多。因此,这种用途的轴流式压气机都做成多级的,图 4-1 的压气机具有 4 级。

4.1.1 轴流式压气机的基元级

虽然多级轴流式压气机的级数很多,但是每一个级的工作原理是一样的,空气在各级中的流动情况也大同小异。因此,"级"是组成多级轴流式压气机的基本单元。压气机提高空气压力是通过逐级增压来实现的。下面看一个级中空气的压力是如何提高的。

图 4-2 为压气机一级的示意图。图中工作轮以 W 表示,整流器以 S 表示。空气在工作轮和整流器环形通道内的两圈叶片中流动,其主要几何尺寸有:外径 D_t;通道平均直径 D_m;轮毂直径,即内径 D_h;轮毂比 $d = D_h/D_t$;径向间隙 δ;轴向间隙 Δ。

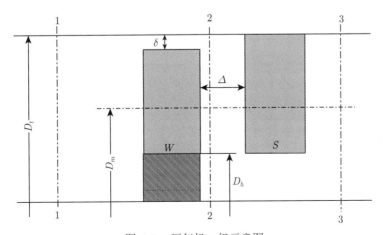

图 4-2 压气机一级示意图

在研究流过一级的环形空间气流时，主要是分析工作轮 (或整流器) 前、后气流参数的变化。因此，把工作轮或整流器前后的截面称为特征截面。在工作轮前后和整流器后面各作一个与转轴垂直的截面，并约定称工作轮前的截面为 1-1 截面，工作轮后即整流器前的截面为 2-2 截面，整流器后为 3-3 截面，如图 4-2 所示。

4.1.2 基元级介绍

为了弄清级中的流动过程，现在设想用一个与轴同心而半径为 r 的圆柱面与一级的叶片环相切，则得到下面的两圈环形叶栅如图 4-3 所示。

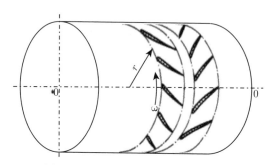

图 4-3   流道中某半径上的环形叶栅

把由形状相同的许多叶型，彼此以一定距离沿圆周排列而成的环形表面，称为环形叶栅。轴流式压气机中气流基本上就是沿着圆柱表面上的环形叶栅流动的。压气机的一个级正由无数个半径不同的两圈环形叶栅叠加而成，不同半径的两圈环形叶栅通道中的流动情况本质上相同。因此圆柱面上的两圈环形叶栅中的气流流动情况，对于级来说具有代表性，这样的两圈环形叶栅称为基元级。基元级的流动过程是级流动过程的典型代表，只要弄清楚基元级中的流动过程，轴流式压气机的增压原理基本上也就清楚了。把圆柱面上的环形叶栅展开为平面，就成为叶型数目为无限多的平面叶栅，如图 4-4 所示。图 4-4 中上方为工作轮叶栅，下方为整流器叶栅。实践证明，用平面叶栅的流动来近似代替环形叶栅内的流动与实际情况是十分接近的。下面就用气流在平面叶栅中的流动，分析气流在基元级中的加功扩压过程。

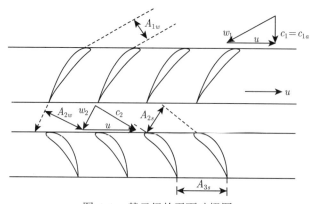

图 4-4   基元级的平面叶栅图

4.1.3 基元级的加功扩压过程

1. 工作轮的加功扩压原理

在平面叶栅图 4-4 上，工作轮的转动相当于工作轮叶栅以速度 u 向右移动，以绝对速度 c_1 流向工作轮的空气微团，是以相对速度 w_1 流入工作轮叶栅的 (当轴向进气时，c_1 就等于轴向分速 c_{1a})。空气经过工作轮叶栅通道以后，以相对速度 w_2 流出。图中虚线表示空气的流线。两相邻的叶型组成了一个曲线形的通道。通道的面积是逐渐扩大的，其出口面积 A_{2w}(垂直于出口流线的面积) 大于进口面积 A_{1w}(垂直于进口流线的面积)。这就是说，在工作轮叶栅中，相邻的叶型之间构成一个个弯曲的扩张通道。根据气动知识得知，亚声速气流流过扩张通道时，速度降低，压力升高。

由动坐标系中的机械能方程式 (2-39)，可得

$$\frac{w_1^2 - w_2^2}{2} = \int_1^2 \frac{\mathrm{d}p}{\rho} + L_f \tag{4-1}$$

由于 $w_1 > w_2$，相对运动的动能减小，减小的动能大部分转化为气流的压力升高，$p_2 > p_1$，小部分用来克服摩擦损失。通过工作轮叶栅时的空气压力会提高，正是因为在相对运动中空气通过了面积不断扩张的叶栅通道，工作轮叶栅出口相对速度 w_2 小于相对速度 w_1，使工作轮叶栅出口压力 p_2 大于进口压力 p_1，这就是工作轮中压力升高的原理。

但是，工作轮的任务不是仅仅使空气的动能转化为压力升高，更主要的任务是对空气加入轮缘功。从力学原理知道，为了给空气加入机械功，就必须使工作轮叶片对气流有作用力，并且在该力的方向上有位移。如图 4-5(a) 所示为工作轮叶栅上气流压力分布的大致情况。由于叶片向叶盆方向转动，流体微团有向叶盆压迫的趋势，而叶背处流体微团有离开趋势，因此叶盆处压力比叶背处压力要高。图 4-5(a) 中以 "+" 号表示在叶盆处的压力高，以 "−" 号表示在叶背处的压力低。气流对于叶片的总作用力为 P(见图 4-5(b))。P 可以分解为两个力，切向分力 P_u 和轴向分力 P_a。切向分力 P_u 就是叶片做旋转运动时需克服的切向力，轴向分力 P_a 从叶片传至轮盘和轴上，由止推轴承承担。

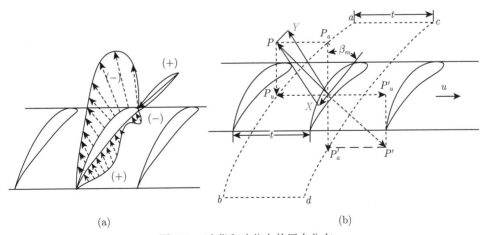

(a)　　　　　　　　　　　　(b)

图 4-5　叶背和叶盆上的压力分布

根据作用力和反作用力的原理，叶片有一个大小相同、方向相反的力 P' 作用于气流上。P' 同样可以分解成切向分力 P'_u 和轴向分力 P'_a。切向分力 P'_u 使空气跟随叶片做圆周运动，也就是改变空气切向速度的力，于是叶片就对空气做了轮缘功 L_u。轴向分力 P'_a 就是叶片使空气从前向后、由低压向高压流动的力。

切向分力 P'_u 和轴向分力 P'_a 可以由动量定律求出。对于图 4-5(b) 中虚线所示沿叶片高度为 1 的控制面 (a→b→d →c) 内空气来说：

$$P'_u = m[(-w_{2u}) - (-w_{1u})] \tag{4-2}$$

$$P'_a + (p_1 - p_2)t = m[(w_{2a}) - (w_{1a})] \tag{4-3}$$

式中，m 表示空气的质量；w 表示空气流过叶栅的相对速度；P 表示空气的压力；t 表示两个相邻叶片之间的轴向距离。

一般可以近似认为

$$w_{1a} \approx w_{2a} \approx w_a$$

于是

$$m = \rho t w_a$$

$$P_u = -P'_u = -\rho t w_a (w_{1u} - w_{2u}) \tag{4-4}$$

$$P_a = -P'_a = (p_1 - p_2)t \tag{4-5}$$

P 也可以分解成 X 和 Y 两个方向的力 (见图 4-5(b))。X 是沿速度 w_m 方向的力，称为叶型的阻力。Y 是垂直于 X 的力，称为叶型的升力。w_m 称为 w_1 和 w_2 的几何平均速度，也就是 w_1 和 w_2 的向量平均量，即

$$\boldsymbol{w}_m = \frac{\boldsymbol{w}_1 + \boldsymbol{w}_2}{2} \tag{4-6}$$

叶片对空气所做的轮缘功 L_u 的大小可按式 (2-49) 计算：

$$L_u = c_{2u}u_2 - c_{1u}u_1 \quad 或 \quad L_u = u\Delta c_u \tag{4-7}$$

根据绝对运动的机械能形式的能量方程可有

$$L_u = \int_1^2 \frac{\mathrm{d}p}{\rho} + \frac{c_2^2 - c_1^2}{2} + L_{f,w} \tag{4-8}$$

可见，工作轮对空气加入的轮缘功，一部分用来提高空气压力，一部分用来增加空气动能，还有一部分用于克服空气流动时的摩擦损失。因此，轮缘功的加入，不仅使空气流过工作轮叶栅通道之后压力得到提高，还使绝对速度 c_2 也大于进口绝对速度 c_1。

2. 整流器扩压原理

由图 4-4 可见，空气从工作轮叶栅流出后，便以绝对速度 c_2 流向整流叶栅。由于整流叶栅与工作轮叶栅一样也是曲线式扩张通道 (图 4-4 表明了 $A_{3s} > A_{2s}$，A_{2s} 和 A_{3s} 分别表示整流叶栅通道进口和出口截面面积)，因此空气通过整流叶栅以后速度降低而压力升高，$c_3 < c_2$，$p_3 > p_2$。在整流叶栅中没有加入轮缘功，其能量方程为

$$\int_2^3 \frac{\mathrm{d}p}{\rho} + \frac{c_3^2 - c_2^2}{2} + L_{f,s} = 0 \quad \text{或} \quad \frac{c_2^2 - c_3^2}{2} = \int_2^3 \frac{\mathrm{d}p}{\rho} + L_{f,s} \tag{4-9}$$

式中，$L_{f,s}$ 为整流叶栅中的流动损失。

可见，整流叶栅的作用是把空气的动能继续转化为压力升高。

对于整个基元级的流动过程，能量方程如下：

$$
\begin{aligned}
L_u &= \int_1^3 \frac{\mathrm{d}p}{\rho} + \frac{c_3^2 - c_1^2}{2} + L_{f,1s} \\
&= \int_1^2 \frac{\mathrm{d}p}{\rho} + L_{f,w} + \int_2^3 \frac{\mathrm{d}p}{\rho} + L_{f,s} + \frac{c_3^2 - c_1^2}{2}
\end{aligned}
\tag{4-10}
$$

式中，$L_{f,1s}$ 为整个基元级的流动损失，且 $L_{f,1s} = L_{f,w} + L_{f,s}$

由此可见，工作轮加给空气的机械功分别在工作轮和整流器中转变为压力升高、动能增量和摩擦热。一般情况下，基元级的出口速度 c_3 与进口速度 c_1 是接近的。因此工作轮加入的机械功绝大部分用于提高空气压力，少量则用来克服摩擦而转变为热能。压气机基元级中能量转换的原理基本上代表了整个压气机中的能量转换原理。

4.1.4 基元级的速度三角形

1. 基元级的速度三角形概述

图 4-4 中的平面叶栅展开图中其进口的绝对速度 c_1 是轴向的，而有许多基元级的进口速度往往不是轴向的。为了使研究更加一般化，我们取一个非轴向进气的基元级平面叶栅 (见图 4-6) 来进行分析。

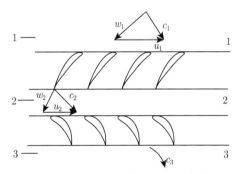

图 4-6　基元级叶栅的进出口速度

图 4-6 中，1-1 截面表示工作轮的进口，2-2 截面表示工作轮的出口或整流器的进口，3-3 截面表示整流器的出口。工作轮在该处的圆周速度为 u，简化分析，假定工作轮进口处绝对速度均匀，都为 c_1。由于平面叶栅以速度 u_1(即牵连速度) 往右运动，因此空气对工作轮以相对速度 w_1 流入叶栅进口，相对速度 w_1 加牵连速度 u_1 即得到绝对速度 c_1。w_1、u_1、c_1 即组成了工作轮进口处的速度三角形。空气在工作轮出口处以相对速度 w_2 流出 (同样假定 w_2 沿圆周也是均匀的)，出口处的圆周速度为 u_2，w_2 与 u_2 向量相加，便成为出口绝对速度 c_2。w_2、u_2、c_2 即组成了工作轮出口即整流器进口的速度三角形。随后，空气以绝对速度 c_2 流入整流器进口，再以绝对速度 c_3 流出整流器。

为了研究方便，常将进、出口的速度三角形画在一起，称为基元级的速度三角形，如图 4-7 所示。图中 c_{1a} 与 c_{2a} 分别表示工作轮进、出口绝对速度的轴向分速。

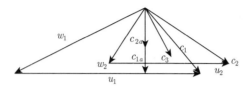

图 4-7   基元级的速度三角形 ($c_{1a} \neq c_{2a} \neq c_{3a}$)

基元级中气流的速度三角形是非常有用、用得极其广泛的分析手段。它集中反映了基元级内空气流动过程中的各方面关系，由机械能形式的能量方程可知，速度的变化代表了压力的变化，速度大小和方向还影响着流动损失。另外，通过速度三角形我们可以对叶片作出适合的设计，例如，通过提高轮缘速度 u 来增加加给空气的机械功；为了减少压气机的尺寸需要提高进口轴向速度 c_{1a}；u 或 c_{1a} 的增大均会导致相对速度 w_1 超过声速致使损失骤增。因此，基元级速度三角形是我们分析压气机流动和性能的重要工具。

图 4-7 为一般情况下的速度三角形。由于级的增压比不高 (一般为 1.15~1.35)，并且级的外径和内径沿轴向的变化不大，级的进、出口的轴向速度和圆周速度变化不大，因此可认为 $c_{1a} \approx c_{2a} \approx c_{3a}$，$u_1 \approx u_2$，一般 c_1 和 c_3 的方向也很接近，因此可认为 $c_{1u} \approx c_{3u}$。在这种情况下，基元级的速度三角形变为如图 4-8 所示。图中 $w_m = 1/2(w_1 + w_2)$ 为相对速度的几何平均值，相对速度的角度以 β 表示，绝对速度的角度以 α 表示。$\Delta\beta = \beta_2 - \beta_1$ 为气流在工作轮叶栅中的转折角，$\Delta\alpha = \alpha_3 - \alpha_2 = \alpha_1 - \alpha_2$ 为气流在整流器叶栅中的转折角。

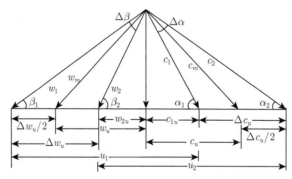

图 4-8   简化的基元级的速度三角形 ($c_{1a} = c_{2a} = c_{3a}$，$c_1 = c_3$，$u_1 = u_2$)

2. 决定速度三角形的主要参数

由图 4-8 可知，构成速度三角形的速度分量有很多，哪些是决定速度三角形并与压气机工作有密切关系的呢？

(1) 工作轮进口处空气绝对速度的轴向分速 c_{1a}。这个速度与流入的空气流量有关。根据连续方程，当压气机进口面积和进口空气状态一定时，c_{1a} 增大，质量流量也增大，燃气轮机的功率也就增大。若质量流量一定，则 c_{1a} 增大，压气机面积就可以缩小，有利于减小整台燃气轮机的迎风面积。所以 c_{1a} 的大小直接影响燃气轮机的迎风面积和功率的大小。

(2) 工作轮进口处空气绝对速度的切向分速 c_{1u}。空气进入工作轮之前在圆周方向有分速度，就说它有了预先的旋转，预先旋转的多少就以它的切向分速 c_{1u} 代表，因此 c_{1u} 称为预旋。如 c_{1u} 方向与轮缘速度 u 相同，则称为正预旋 (图 4-8 上即为正预旋)；如 c_{1u} 与 u 方向相反，就称为反预旋。

(3) 轮缘速度 u(圆周速度)。它直接影响加功量的大小，由欧拉方程可知，在工作轮前后的空气切向速度的变化量 (Δc_u) 相同的情况下，u 越大，则对空气加入的轮缘功越多。有了 u 和 c_1 就决定了空气的相对速度 w_1。

(4) 工作轮前后空气的相对速度或绝对速度在切向的变化量 Δw_u(或 Δc_u)。它标志气流在周向的扭转量，又称为扭速。由图 4-8 可得 $\Delta w_u = w_{2u} - w_{1u}$，$\Delta c_u = c_{2u} - c_{1u}$，并且得到 $\Delta w_u = \Delta c_u$。Δw_u 与轮缘速度 u 一起就决定了加功量 (轮缘功)。同时由 w_1、Δw_u 可确定 w_2，由 w_2、u 可确定 c_2，从而确定了出口的速度三角形。

以上讨论了决定基元级速度三角形的四个主要速度：u、c_{1u}、c_{1a}、Δw_u。有了这四个速度以后，基元级的速度三角形便完全确定了。这四个速度之间相互联系，同时又相互制约。其具体关系反映在下面两个公式中。

相对速度：

$$w_1 = \sqrt{c_{1a}^2 + (u - c_{1u})^2} \tag{4-11}$$

绝对速度：

$$c_2 = \sqrt{c_{2a}^2 + (c_{1u} + \Delta c_u)^2} \tag{4-12}$$

因此，如要减小压气机的迎风面积，应 c_{1a} 大一些；如要减轻压气机的重量，则希望减少级数，这就要增加每一级的加功量，因而需要增大圆周速度 u 和扭速 Δc_u。由式 (4-11) 和式 (4-12) 可见，在一定的预旋 Δc_u 下，c_{1a} 和 u 的增大，促使 w_1 增大；c_{1a} 和 Δc_u 的增大，促使 c_2 增大。但是当 w_1(即工作轮前的相对速度) 或 c_2(即整流器前的绝对速度) 增大到一定程度而接近声速时，工作轮叶栅通道或整流器叶栅通道内就会出现激波。这在亚声速叶栅内是不允许的。因为激波产生会显著增加流动损失，从而使叶轮效率显著下降。因此 c_{1a}、u 和 Δc_u 三者不能不加限制地增加。为使亚声叶栅前的速度不超过声速，若其中之一增大，则其余两个速度的大小就受到一定的约束。

另外，由亚声基元级的速度三角形可知，在 u、c_{1a} 和 c_{1u} 不变的情况下，增大 Δw_u 的唯一的方法是增大气流在工作叶片中的转折角 $\Delta \beta = \beta_2 - \beta_1$。但当工作叶片弯得太厉害时，气流转角越大，静压上升也越高，这种正压力梯度的流动很容易在叶背上发生附面层分离，使叶背上的气流不再贴壁面流动。这时叶背上有一大块死区，并一直延续到叶栅下游而使损失增大。因此，Δw_u 受到流动损失的限制不能任意增大。

4.1.5 基元级的反力度

1. 反力度的意义

气流流过压气机基元级时，压力分别在工作轮和整流器中得到提高，当基元级的增压比确定以后，如在工作轮中的增压比增大，则必然使整流器中的增压比减小。反之，则相反。实践证明，一级的增压比在工作轮和整流器之间的分配情况，对于一级的效率和对空气的加功量等都有较大的影响。为了说明一级增压比在工作轮和整流器中的分配情况，一般以反力度 Ω 表示。

在一般情况下，整流器出口的绝对速度 c_3 十分接近工作轮进口的绝对速度 c_1，即 $c_1 \approx c_3$，因此由第 2 章中机械能形式的能量方程，有

$$L_u = \int_1^2 \frac{\mathrm{d}p}{\rho} + L_{f,w} + \int_2^3 \frac{\mathrm{d}p}{\rho} + L_{f,s} \tag{4-13}$$

式中，L_u 为一级中对空气加入的机械功，即轮缘功；$L_{f,w}$ 为在工作轮中的流动损失；$L_{f,s}$ 为在整流器中的流动损失；$\int_1^2 \frac{\mathrm{d}p}{\rho} + L_{f,w}$ 为完成工作轮增压过程所付出的机械功；$\int_2^3 \frac{\mathrm{d}p}{\rho} + L_{f,s}$ 为完成整流器增压过程所付出的机械功。

式 (4-13) 表明一级中所加的轮缘功 L_u 分别消耗于工作轮中的增压过程和整流器中的增压过程。定义反力度 Ω 为

$$\Omega = \frac{\int_1^2 \frac{\mathrm{d}p}{\rho} + L_{f,w}}{L_u} \tag{4-14}$$

可以看出，反力度 Ω 的概念表达了全部轮缘功中有多少是用于工作轮中转变为压力升高的，剩下的一部分轮缘功便是在整流器中用于提高空气的压力了。如 $\Omega = 0.6$，就说明工作轮增压大致占基元级增压的 60%，而整流器则占 40%。反力度的大小就反映了基元级的增压比在工作轮和整流器之间的分配情况。

2. 反力度的计算公式

由第 2 章提出的伯努利方程：

$$L_u = \int_1^2 \frac{\mathrm{d}p}{\rho} + L_{f,w} + \frac{c_2^2 - c_1^2}{2} （在绝对坐标系中）$$

并且

$$0 = \int_1^2 \frac{\mathrm{d}p}{\rho} + L_{f,w} + \frac{w_2^2 - w_1^2}{2} （在相对坐标系中）$$

因此有

$$L_u = \frac{w_1^2 - w_2^2}{2} + \frac{c_2^2 - c_1^2}{2}$$

所以

$$\Omega = \frac{\int_1^2 \frac{\mathrm{d}p}{\rho} + L_{f,w}}{L_u} = \frac{\frac{w_1^2 - w_2^2}{2}}{L_u} = 1 - \frac{\frac{c_2^2 - c_1^2}{2}}{L_u}$$

$$= 1 - \frac{c_{2u}^2 + c_{2a}^2 - c_{1u}^2 - c_{1a}^2}{2u\Delta c_u}$$

因为在一般情况下 $c_{2a} \approx c_{1a}$，故

$$\Omega = 1 - \frac{c_{2u}^2 - c_{1u}^2}{2u\Delta c_u} = 1 - \frac{(c_{1u} + c_{2u})(c_{2u} - c_{1u})}{2u\Delta c_u}$$

所以

$$
\begin{aligned}
\Omega &= 1 - \frac{c_{1u} + c_{2u}}{2u} = 1 - \frac{c_{1u} + \Delta c_u + c_{1u}}{2u} \\
&= 1 - \frac{c_{1u}}{u} - \frac{\Delta c_u}{2u} = 1 - \frac{c_{1u}}{u} - \frac{\Delta w_u}{2u}
\end{aligned}
\tag{4-15}
$$

由此可见，当 u 和 Δc_u 一定时 (即加功量也一定)，若增加正预旋，则反力度降低，若减少正预旋，则反力度增大。这样，可以采用不同的预旋来改变反力度的大小。式 (4-15) 中都是用速度三角形中的一些速度项来表示反力度的，故这种反力度又称为运动反力度。它的大小与速度三角形密切相关，只要速度三角形确定了，反力度也就可以近似地计算出来了。

4.1.6　叶片沿叶高扭转分布规律

如前所述，压气机是由沿叶片高度的很多个基元级叠加而成的，虽然各基元级的基本工作原理完全一样，但是各基元级的具体工作条件和流动情况却有所不同。不仅如此，在不同半径流面上的气流参数、速度三角形的形状还有着相互联系和相互制约的关系，即不同半径上基元级之间的共同工作条件。要想获得预期的流动，必须保证气流参数满足这一共同工作条件。

在压气机设计中，使压气机级具有尽可能高的加功量和效率，是压气机级的气动设计和研究的主要目的之一，它决定了叶片沿叶高的扭转和叶型的变化。当压气机某个半径 (一般为平均半径) 的基元级速度三角形已经确定，其他半径处的基元级速度三角形如何来确定？由于沿叶高各基元级在不同条件下工作，沿叶高不同半径处切线速度就不相同，因而其流动参数、速度三角形也不一样。通常，人们看到的压气机叶片多是做成扭的，从叶根到叶尖，不仅叶型弯角不同，而且叶型安放的倾斜程度也不相同。

下面我们来介绍几种常用的叶片沿叶高的扭转规律。

首先，假定气体在压气机中是沿柱面流动的，即气体的径向分速度为零，且为定常轴对称流动，忽略气体的黏性和重力，并且只研究叶片排之间的流动 (即叶片力为零)，根据流体力学知识，可以得到简化的径向平衡方程：

$$
\frac{\mathrm{d}p}{\mathrm{d}r} = \rho \frac{c_u^2}{r}
\tag{4-16}
$$

写出伯努利方程 (2-26) 的微分形式有

$$
\frac{\mathrm{d}L_u}{\mathrm{d}r} = \frac{1}{\rho}\frac{\mathrm{d}p}{\mathrm{d}r} + \frac{\mathrm{d}c^2}{2\mathrm{d}r} = \frac{1}{\rho}\frac{\mathrm{d}p}{\mathrm{d}r} + \frac{\mathrm{d}c_u^2}{2\mathrm{d}r} + \frac{\mathrm{d}c_a^2}{2\mathrm{d}r}
\tag{4-17}
$$

方程 (4-17) 建立了压力、轮周功和速度沿叶高变化的关系，而方程 (4-16) 又联系了压力沿叶高变化和速度之间的关系。把径向平衡条件式 (4-16) 代入式 (4-17) 以后，就得到满足径向平衡条件旳轮周功与速度之间的关系，即

$$
\frac{\mathrm{d}L_u}{\mathrm{d}r} = \frac{c_u^2}{r} + \frac{\mathrm{d}c_u^2}{2\mathrm{d}r} + \frac{\mathrm{d}c_a^2}{2\mathrm{d}r}
\tag{4-18}
$$

通过微分运算后得

$$\frac{c_u^2}{r} + \frac{dc_u^2}{2dr} = \frac{1}{2r^2}\frac{d(c_u r)^2}{dr}$$

因此

$$\frac{dL_u}{dr} = \frac{1}{2}\left(\frac{1}{r^2}\frac{d(c_u r)^2}{dr} + \frac{dc_a^2}{dr}\right) \tag{4-19}$$

由于一般采用 L_u 沿叶高不变的方法，因此 $dL_u/dr=0$，故得

$$\frac{1}{r^2}\frac{d(c_u r)^2}{dr} + \frac{dc_a^2}{dr} = 0 \tag{4-20}$$

式 (4-20) 是在等功、等熵条件下导出的径向平衡方程式，只要规定轴向叶片排间隙中气流速度的一个分速度 (如 c_u) 沿半径的变化规律，则另外一个分速度 (如 c_a) 沿半径的变化规律也就由式 (4-20) 确定了。这样，式 (4-20) 就把沿叶高各基元速度三角形参数联系起来了。

需要注意的是，只要气流的两个分速沿叶高的变化规律满足式 (4-20)，那么这样的气流就会沿着圆柱面流动。但是能满足式 (4-20) 的气流速度变化的规律是很多的，我们应选择其中使气流损失小、便于计算的那些分布规律。常用的有等环量分布规律、等反力度分布规律和通用规律等。究竟采用哪一种规律，要视具体情况而定。

1. 等环量分布规律

如果规定气流切向分速度 c_{1u} 沿叶高的变化与半径呈反比关系，也就是说，切向分速度 c_{1u} 满足下面的关系：

$$c_{1u}r = (常数) \tag{4-21}$$

这样的分布规律称为等 $c_u r$ 分布规律，又称为等环量分布规律。也称为自由旋涡分布规律。

把 $c_{1u}r = (常数)_1$ 代入式 (4-20)，可得

$$\frac{d(c_{1a})}{dr} = 0$$

因此有

$$C_{1a} = (常数)_2 \tag{4-22}$$

这就是说，对于该分布规律，轴向间隙中气流的轴向分速度 C_{1a} 沿叶高不变。由于假设 L_u 沿叶高不变，故有

$$L_u = u(c_{2u} - c_{1u}) = (常数)_3$$

由于 $u = \omega r$，上式可写成

$$L_u = \omega(c_{2u}r_2 - c_{1u}r_1) = (常数)_3$$

由此得到工作轮后面轴向间隙中气流切向分速的规律为

$$c_{2u}r_2 = c_{1u}r_1 + \frac{L_u}{\omega} = (常数)_4 \tag{4-23}$$

也就是说，工作轮后面轴向间隙中的气流也是等 $c_u r$ 的。同时，也可根据式 (4-20) 得出

$$c_{2a} = (常数)_5 \tag{4-24}$$

即工作轮后的轴向速度沿叶高也是不变的。

气流角度沿叶高的变化：

$$\tan\alpha_1 = \frac{c_{1a}}{c_{1u}}$$

因为 c_{1u} 沿叶高减小，而 c_{1a} 沿叶高不变，故 α_1 沿叶高增大。

$$\tan\beta_1 = \frac{c_{1a}}{u_1 - c_{1u}}$$

因为 u_1 沿叶高增大，c_{1u} 沿叶高减小，c_{1a} 沿叶高不变，故 β_1 沿叶高减小很快。同理：

$$\tan\alpha_2 = \frac{c_{2a}}{c_{2u}}$$

因为 c_{2u} 沿叶高减小，而 c_{2a} 沿叶高不变，故 α_2 沿叶高增大。

$$\tan\beta_2 = \frac{c_{2a}}{u_2 - c_{2u}}$$

因为 u_2 沿叶高增大，c_{2u} 沿叶高减小，c_{2a} 沿叶高不变，故 β_2 沿叶高减小很快。

图 4-9 是按等环量分布规律的叶根、中径和叶尖三个截面的速度三角形。图 4-10 是按等环量分布规律设计叶片俯视图。

等环量分布规律的优缺点如下。

(1) c_{1u} 沿叶高降低。这不利于降低叶尖的扭矩 M_{w1} 和充分利用较高的叶尖轮缘速度。我们知道正预旋可降低相对速度，叶尖 u 大，要求预旋大，而按等环量分布恰恰相反，在叶尖 c_{1u} 最小。为使 M_{w1} 保持在容许的范围内，就不能充分提高轮缘速度。

(2) Ω 沿叶高增大。当平均半径上的反力度 Ω_m 较大时，叶尖的 Ω 就可能太大，使叶尖基元级的效率大为降低；当 Ω_m 较小时，叶根的 Ω 就可能太小甚至会变成负的，这也将使效率显著下降。

(3) 由于 β_1、α_1 等沿叶高变化都比较剧烈，叶片越长扭转越厉害，这给叶片制造带来一定困难。

(4) 在叶根处，由于 c_{2u} 大而 u 较小，故叶根处 β_2 容易出现大于 $90°$ 的情况 (因为 $\tan\beta_2 = c_{2a}/(u_2 - c_{2u})$)，当 $u_2 = c_{2u}$ 时 $\beta_2 = 90°$；当 $u_2 < c_{2u}$ 时 $\beta_2 > 90°$。这时通道前面部分扩压度过大，容易使气流分离，而后面部分出现收敛通道，气流转为膨胀 (见图 4-11)，结果总的损失增加了。所以 $\beta_{2r} > 90°$ 的情况是必须防止的。

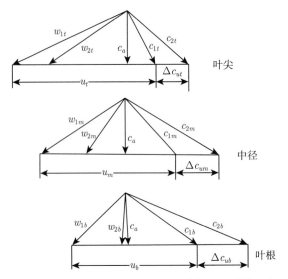

图 4-9   按等环量设计叶片的不同径向位置处速度三角形

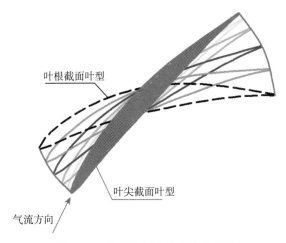

图 4-10   按等环量设计叶片俯视图

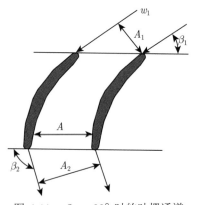

图 4-11 $\beta_2 > 90°$ 时的叶栅通道

(5) 因轴向分速度 c_a 分布均匀，故效率一般较高。同时计算公式简单，且实践证明除两端附面层区域之外，气流的参数与实测数据较为符合。

总的来看，前面三个缺点在长叶片中特别严重，因此不宜用于长叶片中，对于短叶片 (如轴流式压气机的后面几级叶片逐渐变短)，由于第 (5) 点的优点常采用等环量设计。

2. 等反力度分布规律

等环量分布规律在叶片很长时，气流参数 (β_1、Ω 等) 变化很大，不适用，这时可采用等反力度分布规律。在等反力度分布规律中，反力度沿叶高保持不变，即

$$\Omega = 1 - \frac{c_{1u} + c_{2u}}{2u} = (常数)_1$$

因为我们一般采用 L_u 沿叶高不变的设计方法，有

$$L_u = u(c_{2u} - c_{1u}) = (常数)_2$$

由上面两式解出 c_{2u} 和 c_{1u} 可得

$$c_{1u} = u(1 - \Omega) - \frac{L_u}{2u} \tag{4-25}$$

$$c_{2u} = u(1 - \Omega) + \frac{L_u}{2u} \tag{4-26}$$

由式 (4-25) 可知，$u(1 - \Omega)$ 随半径增大而增大，而 $\frac{L_u}{2u}$ 随半径减小而减小，因此 c_{1u} 必然沿半径增加，这就克服了等环量叶片的严重缺点。

按照径向平衡的条件，既然 c_u 已经确定，那么由式 (4-25) 得

$$c_{1u}r = \omega r^2(1 - \Omega) - \frac{L_u}{2\omega}$$

上式对 r 求导数有

$$\frac{\mathrm{d}(c_{1u}r)}{\mathrm{d}r} = 2(1 - \Omega)\omega r$$

于是

$$\frac{1}{r^2}\frac{\mathrm{d}(c_{1u}r)^2}{\mathrm{d}r} = \frac{2c_{1u}}{r}\frac{\mathrm{d}(c_{1u}\,r)}{\mathrm{d}r} = \left(2(1 - \Omega)\omega - \frac{L_u}{\omega r^2}\right)2(1-\Omega)\omega r = 4(1-\Omega)^2\omega^2 r - \frac{2L_u}{r}(1 - \Omega) \tag{4-27}$$

将式 (4-27) 代入式 (4-20) 得到

$$\frac{\mathrm{d}c_{1a}^2}{\mathrm{d}r} = -4(1 - \Omega)^2\omega^2 r + \frac{2L_u}{r}(1 - \Omega)$$

积分得到

$$c_{1a}^2 = -2(1-\Omega)^2\omega^2 r^2 + 2L_u(1-\Omega)\ln r + D_1 \tag{4-28}$$

式中，D_1 为积分常数，可以利用平均半径条件定出，即 $r = r_m$ 时，$c_{1a} = c_{1am}$，$u = u_m$，因此

$$D_1 = c_{1am}^2 + 2(1-\Omega)^2 u_m^2 - 2L_u(1-\Omega)\ln r_m \tag{4-29}$$

将式 (4-29) 代入式 (4-28) 得到

$$c_{1a} = \sqrt{c_{1am}^2 - 2(1-\Omega)^2(u^2 - u_m^2) + 2L_u(1-\Omega)\ln(r/r_m)} \tag{4-30}$$

同理可以求得

$$c_{2a} = \sqrt{c_{2am}^2 - 2(1-\Omega)^2(u^2 - u_m^2) - 2L_u(1-\Omega)\ln(r/r_m)} \tag{4-31}$$

从式 (4-30) 和式 (4-31) 可以看出，在等反力度叶片中，轴向速度是沿着半径减少的，工作轮后面的轴向速度 c_{2a} 减少得更厉害。由于在等反力度分布规律中，c_u 沿半径增加，故 c_a 必须沿半径减少得更快，才能使气流速度沿半径减少，从而使压力沿半径增加以平衡切向速度圆周运动所产生的离心力。

如果选定了反力度并且轮缘功已知，可按式 (4-25)、式 (4-26)、式 (4-30) 和式 (4-31) 计算出各半径上 c_{1u}、c_{2u}、c_{1a} 和 c_{2a}，可以画出基元级速度三角形，把按速度三角形画出的每个半径上的叶型叠合起来，就形成了等反力度叶片。

等反力度叶片的特点如下。

(1) 由于等反力度叶片 c_u 沿叶高增大较多，故 β_1 和 β_2 沿叶高的变化较为缓和。同时叶根处不容易出现 $\beta_2 > 90°$ 的情况，克服了长叶片在等环量规律中的弱点。

(2) 由于 c_{1u} 沿叶高增大，因此 M_{w1} 沿叶高增大也较缓和，这对于充分利用轮缘速度 u 是有利的。

当然等反力度叶片也有其缺点。

(1) 当 $\Omega \leqslant 0.5$ 时，有时会出现中间部分甚至叶根处的 M_{w1} 反而比叶尖处的 M_{w1} 高。这是由于 $\Omega \leqslant 0.5$ 时，叶尖处的 c_{1a} 过小，c_{1u} 过大，而叶根处的 c_{1u} 减少但 c_{1a} 却显著增加。这样一来，为了使叶根处的 M_{w1} 不致超过允许值，叶尖部分的轮缘速度却受到了限制，这对于提高该级的增压比来说是不利的。因此实际采用的反力度一般都比较大。

(2) 轴向速度沿叶高变化较大，特别是 c_{2a} 变化更大，因此效率较低。

另外，等反力度分布规律的计算公式较复杂，实验证明实测数值与计算值相差较大。

由于在长叶片中，等反力度的优点占主要方面，因此压气机前几级长叶片可采用等反力度分布规律的设计。

3. 通用规律

前面分析了两种气流分布规律及其参数变化的特点。其实，可以用一个通用规律来表示气流参数的变化，而等环量和等反力度分布规律只是通用规律中的两个特例。

对于空间气流的切向速度沿叶高的分布规律，可以用一个通用式表达:

$$c_{1u} = Au + \frac{B}{u} \tag{4-32}$$

式中，A 和 B 是任意给定的常数。

由于

$$L_u = u(c_{2u} - c_{1u}) \text{或} \frac{L_u}{u} = c_{2u} - c_{1u}$$

故

$$c_{2u} = c_{1u} + \frac{L_u}{u} = Au + \frac{B + L_u}{u} \tag{4-33}$$

再由

$$\Omega = 1 - \frac{c_{1u}}{u} - \frac{\Delta c_u}{2u}$$

可得

$$c_{1u} = (1 - \Omega)u - \frac{\Delta c_u}{2}$$

将上式代入式 (4-32)，可解出 B:

$$B = -\frac{\Delta c_u u}{2} - [A - (1 - \Omega)]u^2$$

因为 B 是常数，所以若将其中的 u、Ω 以平均半径处的值 u_m、Ω_m 代替，B 应仍为同一常数，而 $u\Delta c_u/2 = L_u/2$。由于我们考虑的是 L_u 沿叶高不变的情况，因此中径上的轮缘功即为 L_u。这样可得

$$B = -\frac{L_u}{2} - [A - (1 - \Omega_m)]u_m^2 \tag{4-34}$$

由式 (4-32)~ 式 (4-34) 组成的即为 L_u 沿叶高不变时的通用规律表达式。

将式 (4-32) 和式 (4-33) 代入径向平衡方程式 (4-20)，经过与等反力度分布规律中求轴向速度相类似的运算，可以求得轴向速度为

$$c_{1a} = [c_{1am}^2 - 2A^2(u^2 - u_m^2) - 4AB\ln(r/r_m)]^{1/2} \tag{4-35}$$

$$c_{2a} = [c_{2am}^2 - 2A^2(u^2 - u_m^2) - 4A(B + L_u)\ln(r/r_m)]^{1/2} \tag{4-36}$$

如果令 $A=0$，则有

$$c_{1u} = \frac{B}{u}$$

$$c_{2u} = \frac{B + L_u}{u}$$

$$B = -\frac{L_u}{2} + (1 - \Omega)u_m^2$$

与等环量分布规律对照, 可见当 $A = 0$ 时即代表等环量分布规律。

如果令 $A = 1 - \Omega_m$, 那么式 (4-32)～式 (4-34) 就变为

$$c_{1u} = (1 - \Omega_m) + \frac{B}{u}$$

$$c_{2u} = (1 - \Omega_m)u + \frac{B + L_u}{u}$$

$$B = -\frac{L_u}{2}$$

这就代表等反力度分布规律。

如果令 A 在 $0 \sim (1 - \Omega_m)$ 取不同的数值, 便能得到各种不同的扭向规律。因此, 我们把式 (4-32)～式 (4-34) 代表的规律称为通用规律, 有时也称为中间规律。中间规律的常数 A 在 0 和 $(1 - \Omega_m)$ 之间, 可见其参数分布也介于等环量和等反力度叶片之间。

从三种空间气流的分布特点来看, 对于多级压气机的第一级 (叶片长和温度低), 当平均半径上的反力度接近于 0.5 甚至更小时, 采用通用规律较为合适, 这时系数 A 可在 $0 < A < (1 - \Omega_m)$ 范围内选择接近于 $1 - \Omega_m$ 之值, 以后各级可逐渐过渡到等环量分布规律。

4.1.7　单级压气机功的影响因素

由于每一级压气机功可写成

$$L_u = u(c_{2u} - c_{1u})$$

$$l_{c,i} = u\Delta c_u \tag{4-37}$$

令 $\mu = \dfrac{\Delta c_u}{u}$ 称为扭速系数 (也称为加功系数), 则

$$l_{c,i} = \mu u^2 \tag{4-38}$$

实验表明, 在其他条件不变而转速变化时, 流过单级的空气流量大致与转速呈正比变化, 此时, 叶轮进出口的速度三角形的大小虽然发生了变化, 但形状仍然相似。因此, 对于单级轴流式压气机, 当转速改变时, 可以认为扭速系数是一个常数 (在设计状态下, 轴流式压气机平均半径处的扭速系数一般为 0.5 左右)。因为圆周速度与转速成正比, 即

$$u = \frac{\pi D_m \omega}{60}$$

式中, π 为圆周率; D_m 为叶轮平均直径; ω 为叶轮转速 (r/min)。所以

$$l_{c,i} = \mu(\frac{\pi D_m}{60})^2 \cdot \omega^2 = 常数 \cdot \omega^2$$

可见单级压气机功与转速平方成正比。多级轴流式压气机, 由于各级的工作是相互联系、相互制约的, 理想情况和实际工作有一定差别, 所以转速变化时, 流过各级的空气速

度以及各级扭速系数将发生不同的变化。实验证明，由于这种相互影响，多级压气机功将随转速的变化而发生更大的变化。一般说来，多级压气机功约与转速的 3 次方成正比。由于多级压气机功与转速 3 次方成正比，而空气流量与转速大致成正比，所以多级压气机功率大致与转速的 4 次方成正比。

评定压气机性能的好坏，主要是看空气在压气机中压力提高的多少和流动损失的大小。增压比的大小说明空气的压力在压气机内提高的程度，效率的高低反映了增压过程中损失的大小。因此，增压比和效率即为压气机的主要性能参数。在讨论如何提高压气机的性能时，先分析如何提高增压能力，也就是提高压气机的增压比；再讨论如何减小流动损失，也就是提高压气机效率。

基元级的损失主要由下面几部分组成：

(1) 附面层中的摩擦损失；

(2) 尾迹中的涡流及调匀损失；

(3) 分离引起的损失；

(4) 激波中的波阻损失；

(5) 径向间隙的存在所引起的损失。

为减小损失，通常压气机上采取以下一些措施：

(1) 先进的三元流气动热力设计方法；

(2) 主动径向间隙控制技术；

(3) 新的叶片叶型；

(4) 采用小展弦比无凸台风扇叶片；

(5) 减少环面附面层和二次流；

(6) 提高压气机叶片的表面光洁度。

4.2　多级轴流式压气机

4.2.1　多级轴流式压气机气动设计要求

多级轴流式压气机是由各个单级组成的。

轴流式压气机的气动设计的目的，是在压气机流量 m_a、增压比 π_{k0}、效率 $\eta_{0ad\,k}$、进气总压恢复系数 σ_{bx} 及设计点确定的情况下，定出压气机通道形状、尺寸、压气机所需的级数，以及各级之间功的分配、各级的轴向流速 c_{1a} 和切向分速 c_{1u} 的分配等，进行各级详细的扭向设计；最后进行各级基元级设计，即确定每级动、静叶片的数目、稠度和造型等，并进行叶型的叠加，即确定各基元级之间的相互位置。这最后一部分因涉及叶片强度方面的一些问题，本书不讨论。

压气机气动设计的原则，应服从整台燃气轮机技术要求。总的原则是使燃气轮机结构紧凑、尺寸小、油耗低、工作可靠及各部件之间配合协调一致。

但是，要同时满足这些要求是不可能的，因为这几项要求之间本身就有一定的矛盾。对于某一燃机来说，也不需要同时去满足所有这些要求，而应当根据轻重缓急，力求解决其中的主要矛盾。

4.2.2 多级轴流式压气机气动计算参数的选择

1. 压气机流程（或通道）的选择

压气机进出口处的连续方程为

$$A_a \rho_a c_a = A_k \rho_k c_k$$

当气流流进压气机时，随着压力的逐渐提高，气流密度也逐渐提高，例如，$\pi_k = 7$ 的压气机，出口处的气流密度提高 4 倍。在这种情况下，为了满足上述连续方程，原则上可以采用三种方法：

$$A_a = A_k, \text{ 而 } c_k < c_a$$

$$A_k < A_a, \text{ 而 } c_k = c_a$$

$$A_k < A_a, \text{ 而 } c_k < c_a$$

如果采用以上第一种方法，轴向速度要显著下降，这将严重影响每级的加功量，使压气机级数增加，而压气机出口处 c_k 太小，也不符合燃烧室的要求。按第二种方法会使通道面积迅速缩小，使压气机出口处的叶片高度缩短到不能容忍的地步。为了控制二次损失对级效率的严重损害，最后一级的叶片高度一般是不允许小于 25mm 的。同时，在这种情况下，压气机出口气流速度太大，也不适合燃烧室的要求。所以我们一般是采用同时减少面积及轴向速度的方法，来补偿气流密度的提高。由于环形面积逐级变小，所以叶片也就逐级变短。环形面积和轴向速度的减小方法自然也是多种多样的，这里我们先来介绍通道面积变化的几种方法。

很显然，我们原则上可以用外径不变，内径增大的方法，或内径不变，外径缩小的方法，如图 4-12 所示。

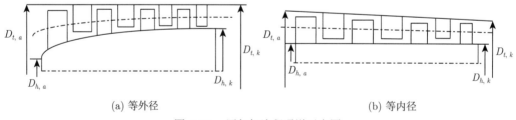

(a) 等外径　　　　　　　　　　　　　　　　　(b) 等内径

图 4-12　压气机流程通道示意图

等外径流程的优点是各级的圆周速度都较大，可以提高每级的加功量，可使级数减少。从工艺上看，机匣比较容易加工。等内径流程与等外径流程相比，在迎风面积一样时，如果增压比一样，则最后一级的叶片高度比等外径的大，因而可望减少端面损失，提高级效率。但很显然，在同样增压比之下，等内径压气机的级数比等外径压气机的级数要多一些。也可以用中径不变，外径缩小，内径增大的方法。等中径流程的特点介于两者之间。根据以上特点，等外径流程适用于流量较大，压比中等的压气机，而等内径适用于流量较小而压比相对较高的压气机。对于大流量、高压比的压气机，可以采用前面等外径、后面等内径的混合式通道，以兼收两者的优点。

2. 轴向速度沿流程的变化规律

进气速度和发动机迎风面积有直接关系。因此，从迎风面积方面考虑，希望进气速度越大越好。但是，对于亚声速轴流式压气机而言，受到 M_{w1} 的限制。由速度三角形可得

$$w = \sqrt{c_{1a}^2 + (u - c_{1u})^2} \tag{4-39}$$

可见在 M_{w1} 受限制的情况下，c_{1a} 和 u 不能同时提高。虽然提高 c_{1a} 可以减小发动机迎风面积，提高 u 可以减少压气机级数，但在具体选择时，要防止顾此失彼的情况。目前一般 c_{1a} 选在 180~210m/s 范围内。

在燃烧室进口处的流速一般应在 140~170m/s 范围内。从进口到出口速度的过渡可以采用不同方式。如逐步递降；先保持不变，后递降；先增加，后递降。为了提高每级的加功量。第三种变化方式目前得到普遍采用。

应该指出，轴向速度每级递降的数值应在 10~12m/s 范围内。下降过急，会引起过大的正压力梯度，使气流流动条件变坏，甚至引起环面附面层的分离，影响效率。

3. 轮缘功的分配规律

轮缘功并不是平均分配给每级的，而是按具体情况进行分配的。如压气机第一、二级，马赫数较高，工况变化很大，因而效率较低，加功量不宜多。最后一、二级，环面损失大，工况变化也大，速度分布改变很大，所以也应适当减小它们的加功量。在具体分配各级加功量时，可以这样进行：选一个平均加功量，目前航空亚声速压气机级的平均加功量在 19.6~34.3 kJ/kg 范围内，其中小的用于等内径通道，大的用于等外径通道。

根据级的平均加功量，即可估出压气机所需级数：

$$Z = L_u / L_{u,st,m} \tag{4-40}$$

式中，L_u 为整台压气机的加功量；$L_{u,st,m}$ 为级的平均加功量。

这样求出的级数可能不是正好等于整数，因此要进行圆整。进而可以把功大致按下列规律分配给各级。

第一级：

$$L_{u,st} = (0.5 \sim 0.6) L_{u,st,m}$$

中间级：

$$L_{u,st} = (1.15 \sim 1.2) L_{u,st,m}$$

末级：

$$L_{u,st} = (0.95 \sim 1.0) L_{u,st,m}$$

分配完毕以后，用下式进行核对：

$$L_u = \sum_{i=1}^{Z} L_{u,st}$$

必须指出，这种分配，即使对于有经验的设计人员，也不是一次可以完成的，一般要反复进行，直到各方面取得合理数据为止。

4. 其他一些参数的选择

由前面分析知道，为了同时提高圆周速度和轴向进气速度，往往使气流在进入第一级工作轮前产生一个预旋 c_{1u}。而气流从压气机流出进入燃烧室时，又要求轴向流动。所以 c_{1u} 要在各级中逐级下降。虽然，我们希望它较快地降为零，但是要降低 c_{1u}，就要增加整流叶片的负荷，所以也不能操之过急。

另外，根据反力度的表达式：

$$\Omega = 1 - \frac{c_{1u} + c_{2u}}{2u}$$

可见，在圆周速度和加功量确定的情况下，c_{1u} 的数值直接决定着反力度 Ω，虽然在理论上可以证明 $\Omega = 0.5$ 时，级效率最高，同时对于第一级来说，$\Omega = 0.5$，由于工作轮、整流器进口马赫数基本相同，从而可使进口级的轴向速度和圆周速度同时取较大的数值，但后面各级我们还是使 Ω 逐级上升 (即 c_{1u} 逐级下降)。因为这可在不改变叶栅稠度的情况下增大扭速，从而增大加功量，减少级数。

1) 第一级轮毂比 d_1 的选择

在外径相同的条件下，d_1 越小，压气机进口环形面积就越大，可通过的流量就越多。如图 4-13 所示，M_{1a} 一定的条件下，d_1 下降，可使流量得到大幅度提高。但是 d_1 也不能过小，d_1 过小，不但流量增加很有限，而且会带来叶片扭转剧烈，效率急剧下降，第一、二级径向流动严重，结构安排困难等一系列问题。目前对等外径压气机 d_1 可取 0.4~0.45，也有取到 0.35 左右的。

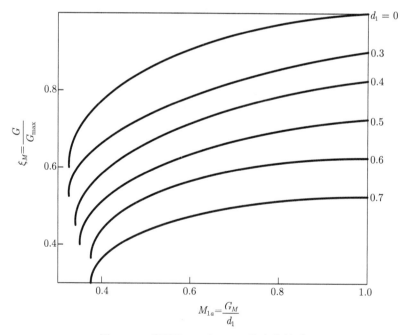

图 4-13   流量随 α_1 和 M_{1a} 的变化关系

而对于等内径压气机，第一级 d_1 取小，将使以后的 d_1 都小，从而使以后各级加功量也都小，这样就使压气机级数增加，所以对等内径压气机，d_1 取 0.55~0.6 较为适宜。

2) 第一级的 M_{w1} 和 M_{c2} 的选择

一般这两个数据都不希望超过各自的 M_{cr}，以避免产生波阻。但是，从整台压气机全局考虑，为了提高进气速度和圆周速度，有时也允许超过一些，但不允许达到 $M_{1\,\mathrm{max}}$。一般可在下列范围内选取：

$$M_{w1m} \leqslant 0.8 \sim 0.85, \quad M_{w1t} \leqslant 0.9 \sim 0.95, \quad M_{c2} \leqslant 0.8 \sim 0.85$$

3) 圆周速度 u_1 的选择

这里主要指第一级外径处的圆周速度，因为 u_1 越高，各级加功量将越高，压气机的级数就越少。但第一级 u_1 的决定不但要考虑强度，而且受到 M_{w1}、c_{1a} 及第一级加功量的限制。目前，在亚声速轴流式压气机中，与上述的 c_{1a}、M_{w1}、M_{c2} 的范围相对应的 u_1，最高的可达 $340 \sim 370\mathrm{m/s}$。

4) 攻角 i 的选择

关于亚声速轴流式压气机各级攻角 i 的选择问题，要根据各级的工作特点，尤其是根据在非设计状态下的特点进行选定。如图 4-14 所示，为了改善非设计状态下的工作，一般前面几级要取负攻角，而后面几级取正攻角。此外，对于同一级的不同基元级也要分别对

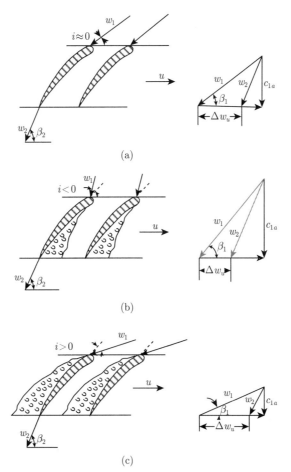

图 4-14　轴流式压气机中流量变化时速度三角形的变化

待。例如，对于航空压气机来说，由于圆周速度和轴向速度一般都取得较高，这样就往往使叶尖处的 M_{w1} 大于 M_{cr}，甚至接近 $M_{\max}$，所以在叶尖处宜取较大的正攻角以提高 $M_{\max}$。而在叶根则应取零攻角或小的负攻角以提高 M_{cr}。

5) 扭向规律

前面级为了提高圆周速度 u_t，可采用等反力度或近乎等反力度的中间规律。在条件许可的情况下，用中间规律尽快过渡到等环量规律。

以上列举参量选择的数据只是大致的统计范围，只供设计人员参考，在选择参数时，一定要根据具体情况进行具体分析。

4.3 离心式压气机

4.3.1 离心式压气机的主要部件及其功用

小型燃机上通常采用离心式压气机，原因是离心式压气机结构简单、单级增压比高、稳定工作范围宽、迎风面积大、总增压比不高。

如图 4-15(a) 所示为离心式压气机的示意图，主要由四个部件组成。

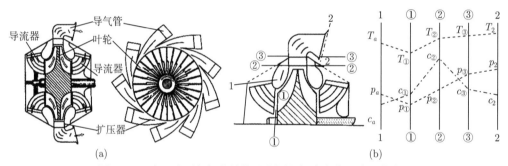

图 4-15 离心式压气机的结构示意图和气流参数沿流程的变化

(1) 导流器。它的作用是把空气以一定方向 (或分布规律) 引入工作轮。在图 4-15 中它位于特征截面 1-1 和①-①之间。气流在这一段内速度略有增加，而静温和静压略有下降。

(2) 叶轮。它位于截面①-①和②-②之间，是离心式压气机的主要部件，压缩空气的机械能由它提供，气体流经工作轮时向外径向运动，其参数发生变化达到增压的目的。因此，空气的压力和绝对速度均比工作轮入口处要大。

(3) 扩压器。它位于截面②-②和③-③之间。在截面②-②与③-③之间没有叶片的环形空间，气体流经这一段空间，压力进一步提高，而速度则降低，故称为缝隙式扩压器，又称为无叶扩压器。如果截面②-②与③-③之间是带叶片的扩压器，则是为了更好地扩张增压并减小损失。

(4) 导气管。它位于截面③-③和 2-2 之间。其作用是进一步降低速度，提高压力，把空气引入燃烧室。

由以上分析可知，离心式压气机工作时，空气经进气道减速扩压后，流入压气机的进气装置。在进气装置中，为了减少流动损失和造成工作轮进口必要的流动条件，空气速度稍微增加，压力则稍微下降。在工作轮通道中，由于工作轮向流过它的空气提供一定量的轮缘功，空气就在离心惯性力的作用下做径向向外流动而被压缩，压力和温度显著提高。空气流出工作轮时尚有很大的动能，部分动能通过扩压器转换成压力能。在出气管中，空气的速度继续逐渐下降，直至达到燃烧室进口所需的速度为止。如图 4-15(b) 所示为空气从进气道流入燃烧室进口沿流程的压力、速度和温度的变化。

4.3.2 气体在离心式压气机中的流动特点

上面介绍了离心式压气机的四个主要部件及其功用，现在来研究空气依次流过它们的流动特点。

1. 空气在进气装置中的流动

离心式压气机的进气装置一般主要由预旋片和分气盆所构成，如图 4-16 所示。预旋片的作用是造成工作轮进口一定的切向速度 (c_{1u}) 的分布，而分气盆的作用则是将经过预旋片的空气分为数层，以便将空气均匀地充满工作轮叶片通道的进口。另外，为了减少流动损失，进气装置中的流道做成稍有收敛的，空气经过时速度略微增大。

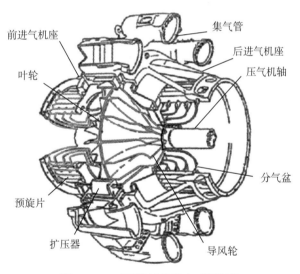

前进气机座　集气管
后进气机座
叶轮　压气机轴

分气盆

预旋片

扩压器　导风轮

图 4-16 双面进气的离心式压气机

2. 空气在工作轮中的流动

空气流出进气装置后，就在不同的半径处，以不同的相对速度 w_1 流入工作轮。为了了解相对速度沿径向的分布，我们可以想象用直径为 D，轴线与转轴重合的圆柱体和工作轮叶片的前缘相截 (图 4-17(a))，然后把截面展开，得到如图 4-17(b) 所示的情况。

首先研究轴向进气的情况。进口截面的绝对速度 c_1 是常数。但是，空气微团相对于工作轮叶片的相对速度 w_1 随着半径的增加而增加。同时，相对速度与圆周速度间夹角随半径的增加而减少，即

$$w_1 = \sqrt{c_1^2 + u_1^2} = \sqrt{c_1^2 + (r\omega)^2} \tag{4-41}$$

$$\tan \beta_1 = \frac{c_1}{u_1} = \frac{c_1}{r\omega} = \frac{\text{const}}{r} \tag{4-42}$$

由此可见，如果工作轮叶片的前缘做成如图 4-17(b) 所示的与圆周速度相垂直，则空气微团势必和叶片相撞击而引起极大的流动损失。为了减少这种撞击损失，一般将叶片前缘沿旋转方向 (即 u_1 方向) 扭转，如图 4-17(c) 所示。由于 β_1 沿半径增大而减小，因此叶片前缘的扭转应沿半径增大而增大。这部分特别扭转过的叶片前缘常常与叶轮分开制造，称为导风轮。一般将导风轮和叶轮本体分开制造，其原因是虽然压气机进口装有防尘网，但导风轮仍易遭受气流中沙尘的冲击而损坏，如果两者造成一体，那么前缘部分损坏时，整个工作轮就要报废。如果两者分开制造，那么在翻修时，只要更换导风轮就可以了。大型的离心式压气机工作轮都是将导风轮和叶轮分开制造的，小型的离心式压气机工作轮往往是一个整体件。

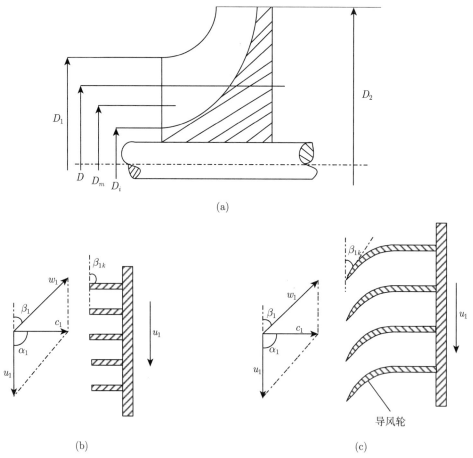

图 4-17　工作轮前的速度和导风轮的扭转

空气进入叶轮后，首先在导风轮的进口弯曲形叶片通道内轴向流动，沿轴向通道略成扩张型 (图 4-17)，相对速度略为减小。随后，空气流入叶片所组成的径向槽道，相对速度的方向由轴向变为径向。在径向通道内相对速度的大小基本上保持不变。流出叶轮时，相对速度 w_2 的方向，稍向叶轮旋转的反方向偏斜 (图 4-18)，这是由空气本身具有的惯性所引起的。当叶轮以角速度 ω 旋转时，叶轮槽道内的空气总有力图保持原来运动状态的趋势，结果，相对于旋转的叶轮而言，就产生了一种绕槽道某一中心做旋转运动的环流，如图 4-18 所示。在假想无摩擦的情况下，其角速度大小与工作叶轮相等，而方向相反。受环流的影响下，叶轮出口气流的相对速度不但具有径向分速度 (w_{2r})，而且具有切向分速度 (w_{2u})。相对速度向后偏斜的角度在图 4-18 中用符号 γ 表示。

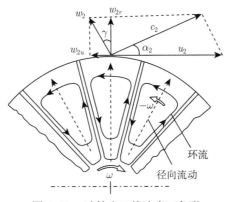

图 4-18　叶轮出口的速度三角形

空气在叶轮出口的绝对速度等于相对速度与牵连速度的矢量和，即

$$\boldsymbol{c_2} = \boldsymbol{w_2} + \boldsymbol{u_2}$$

这 3 个速度所组成的速度三角形是叶轮出口速度三角形，c_2 与 u_2 之间的夹角为 α_2，如图 4-18 所示。尽管气流相对速度的数值不大，但由于空气具有很大的牵连速度，所以合成后的绝对速度还是较大的，一般约为进口速度的 4 倍。例如，进口空气绝对速度为 $100 \sim 150 \mathrm{m/s}$，而在出口能达到 $450 \sim 480 \mathrm{~m/s}$。

3. 空气在扩压器中的流动

当空气离开工作轮时，空气的绝对速度很高，一般为 $Ma_2 = 1.1 \sim 1.2$。扩压器的作用就是把这部分动能转变为压力能，使空气的压力进一步增加。从工作轮出口截面 2-2 起至截面 3-3 都是属于扩压器部分，参看图 4-15 和图 4-19。其中截面 2-2 至 $2'$-$2'$ 为一环形隙缝。在截面 $2'$-$2'$ 至 3-3 的环形空间，则安装了许多叶片，两叶片之间形成扩压通道，如图 4-19 中的右图所示。

下面依次介绍气流在这两部分中的流动过程及其特点。

图 4-20 表示某一空气微团，以 c_2 离开工作轮后在隙缝部分的流动轨迹；c_2' 是该微团离开隙缝部分时的速度。

先略去壁面对气流的摩擦作用，对该微团应用动量矩定理，则有

$$c_{2u}' r_2' = c_{2u} r_2 = c_u r \tag{4-43}$$

从式 (4-43) 可以看出，气流的切向分速 c_u 沿半径减少。至于径向分速的分布则可通过连续方程得到。

$$m_a = 2\pi r_2 b_2 c_{2r} \rho_2 = 2\pi r_2' b_2' c_{2r}' \rho_2' = 2\pi r b c_r \rho \tag{4-44}$$

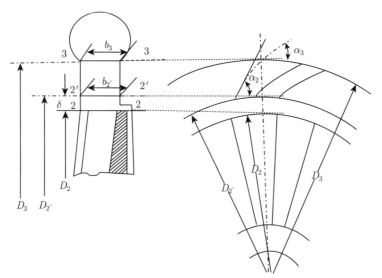

图 4-19　离心式压气机的扩压器

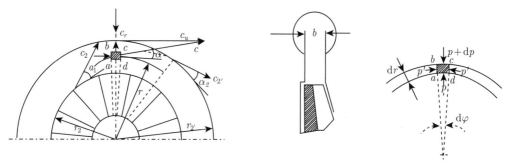

图 4-20　缝隙部分的空气流动

若初步认为

$$b_2 p_2 \approx b_{2'} p_{2'} \approx bp \tag{4-45}$$

则得 c_r 沿径向的变化：

$$c_{2r} r_2 = c_{2'r} r_{2'} = c_r r \tag{4-46}$$

下面分析气体微团在隙缝部分的流动轨迹。为此，我们研究流线上每点的切线与过该点圆上的切线之间夹角沿流线的变化。由图可知

$$\tan \alpha = \frac{c_r}{c_u} = \frac{\dfrac{c_{2r} r_2}{r}}{\dfrac{c_{2u} r_2}{r}} = \frac{c_{2r}}{c_{2u}} = \tan \alpha_2 \tag{4-47}$$

因为

$$\tan \alpha_2 = \mathrm{const}(\alpha_2 \text{是气流离开工作轮的出口角})$$

所以

$$\tan \alpha_2 = \tan \alpha = \mathrm{const}$$

即

$$\alpha_2 = \alpha = \alpha_{2'}$$

这就是说，流线上每点的切线与过该点的圆的切线之间的夹角为一常数。从数学上可知，具有这种特点的流线称为对数螺旋线。实际上，由于摩擦力的影响，α 角随半径 r 略有增加，但在分析问题时可把它忽略不计。

另外，还可以从图 4-20 中的速度三角形证明，合速度也是沿径向减少的，即

$$\frac{c_{2'}}{c_2} = \frac{r_2}{r_{2'}} \tag{4-48}$$

从式 (4-48) 可以看出，要增大隙缝部分的扩压能力，必须增加直径，这就加大了压气机的迎风面积。另外，超声气流可以在隙缝中实现无激波减速扩压，但是必须记住，如果过多地加大隙缝扩压段将会导致效率下降。这是因为空气沿对数螺旋线流动时，其轨迹将是很长的，就会导致摩擦损失增加，所以，离心式压气机的隙缝部分总是很小的，一般为 $\delta = (D_{2'} - D_2)/2 = (0.05 - 0.12)D_2$。

空气离开缝隙部分之后，随即流入叶片式扩压器 (图 4-21)。叶片多用圆弧弯成，并沿圆周均匀分布。叶片之间构成扩压式通道，即 $\alpha_3 > \alpha_{2'}$，强迫空气在扩压度 (指垂直于气流方向的出口流通截面与进口流通截面之比) 较大而流动路程较短的扩压片通道内流动。这部分的工作原理和轴流式压气机的整流器一样，因而气流流过时，速度降低，压力升高。在只安装有限数目的扩压片情况下，空气沿无扩压片时的流动路线 $(m - n)$ 流动的趋势，并没有完全改变。因此，空气在扩压器内流动时，总有贴近叶背而从叶盆分离的趋势。

4. 空气在集气管中的流动

当空气从叶片式扩压器流出之后，即流入图 4-22 所示的集气管。为了减少流动损失，在集气管的转弯处常常装有导流叶片，集气管与燃烧室相连。一般从叶片扩压器出口至集气管出口分为两个区域，从 3-3 至 3'-3' 这一段中，为了减少流动损失，常常使其截面相等或做成稍有收敛。集气管中的增压则在 3'-3' 至 k-k 截面之间完成。集气管的作用有两个：一个是把压缩过的空气导入燃烧室；另一个就是使空气的速度继续降低，进一步提高压力。目前集气管的速度为 100~120 m/s。

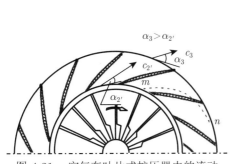

图 4-21　空气在叶片式扩压器内的流动

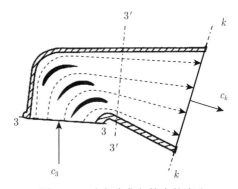

图 4-22　空气在集气管内的流动

4.3.3　离心式压气机的增压原理

离心式压气机利用离心增压原理和扩压增压原理来提高空气压力。同轴流式压气机一样，无论离心力增压或扩压增压，归根到底，能量都是来自叶轮所做的机械功。

利用第二欧拉方程，可得叶轮耗功：

$$l_u = \frac{u_2^2 - u_1^2}{2} + \frac{w_1^2 - w_2^2}{2} + \frac{c_2^2 - c_1^2}{2} \tag{4-49}$$

这就是离心式压气机的能量转换关系，等号左边为叶轮对 1kg 空气所做的机械功。式 (4-49) 等号右边第 1 项为 $l_{惯} = \dfrac{u_2^2 - u_1^2}{2}$，代表 1kg 空气流过叶轮时，因离心力增压而耗费的压缩功。由于叶轮进口的弯曲形叶片通道略成扩张型，相对速度略为减小，所以式 (4-49) 等号右边第二项则表示 1kg 空气流过叶轮时，因扩压增压而耗费的压缩功。式 (4-49) 等号右边第三项是 1kg 空气流过叶轮时，因耗费压缩功而获得的动能增量在空气流过扩压器和导气管的过程中，又通过扩压减速 (使压气机出口与叶轮进口的流速大致相等，$c_3 \approx c_1$)，将这部分动能用来提高空气的压力。所以可认为第三项代表 1kg 空气流过扩压部分时，因扩压增压而耗费的压缩功。

综上所述，叶轮加给 1kg 空气的机械功，实际上可以分为三部分：

$$\frac{u_2^2 - u_1^2}{2}, \frac{w_1^2 - w_2^2}{2} \text{和} \frac{c_2^2 - c_1^2}{2}$$

前两部分能量在叶轮内通过离心增压和扩压增压而转换为空气的焓，后一部分能量通过叶轮旋转使空气加速而转换为空气的动能。因此，空气流过叶轮时，焓增加，动能也增大。所增加的这部分动能，又通过扩压器和导气管的扩压增压转换为空气的焓，使空气压力进一步提高。

4.3.4　离心式压气机功和功率

离心式压气机各性能参数 (增压比、压气机功、功率和压气机效率) 的含义及其相互关系同轴流式压气机的一样，不再重复。这里只简单介绍离心式压气机功和功率随转速的变化特点。

设 c_{1u}、c_{2u} 是气流在叶轮进、出口绝对速度的圆周分速度。如已知叶轮的进出口速度三角形，利用动量矩方程便可计算出 1kg 空气的压气机功。

$$l_u = c_{2u} u_2 - c_{1u} u_1$$

但因为 c_{1u}、u_1 的数值都很小，所以在计算和讨论压气机功时，可以略去不计。这时压气机功的公式可简化成

$$l_u = c_{2u} \cdot u_2$$

或

$$l_u = \frac{c_{2u}}{u_2} \cdot u_2^2$$

令 $\mu = \dfrac{c_{2u}}{u_2}$ 为加功系数，则

$$l_u = \mu u_2^2 \tag{4-50}$$

式 (4-50) 可以反映叶轮径向槽道内的环流对叶轮做功的影响。由于环流的存在,叶轮出口空气绝对速度的切向分速度小于圆周速度 (见图 4-18),加功系数小于 1,环流越强,μ 值越小,叶轮对空气所做的机械功就越小。

但是,μ 的数值只与叶片数目和叶片长度等构造因素有关,而不受发动机工作状态和外界条件变化的影响。环流是由空气具有惯性而产生的。如果不考虑空气黏性的影响,则环流的大小只和转速有关,与转速成正比。而实际上空气是有黏性的,所以环流的大小除与转速有关外,还和叶片的多少、长短等构造因素有关。转速越大,环流越强,叶轮出口空气相对速度的切向分速度 w_{2u} 越大,可见 w_{2u} 与转速成正比。由于环流的大小与转速成正比,而 w_{2u} 也与转速成正比,所以,w_{2u} 与 u_2 的比值不变。又由于

$$\mu = \frac{c_{2u}}{u_2} = \frac{u_2 - w_{2u}}{u_2} = 1 - \frac{w_{2u}}{u_2}$$

所以,加功系数不随转速变化。

增加叶片数目和叶片的长度,气流在叶片通道中的旋转运动便会受到更大的限制,因而环流减小,w_{2u} 随之减小,使 μ 增大。但对已制成的压气机,构造参数已经一定,因此加功系数就是一个常数。目前,离心式压气机 $\mu \approx 0.9$。

由于 $u_2 = \dfrac{\pi D_2}{60}\omega$,所以压气机功的公式可写成

$$l_u = \mu \left(\frac{\pi D_2}{60}\right)^2 \cdot \omega^2 \tag{4-51}$$

式中,D_2 为叶轮出口直径;ω 为叶轮转速。

由此得出,离心式压气机功与转速平方成正比,即

$$l_u = 常数 \cdot \omega^2$$

压气机功率等于空气流量和压气机功的乘积。实验证明,空气流量与转速大致成正比;而压气机功与转速的平方成正比。所以,离心式压气机功率与转速的 3 次方成正比。

4.3.5 流动损失

为了使离心式压气机更有效地压缩空气,提高增压比,除了在构造上采取一些措施来减小气流损失外,还要求外场合理地使用和做好维护工作。

1. 分离损失

如果进入叶片通道的气流方向与叶片前缘方向不一致,气流会与叶片分离,造成撞击损失,其部位在叶轮进口和扩压器进口。减小这种损失的方法是把叶片前缘的方向做得符合气流的方向。对于叶轮,应该把叶片前缘的方向做成符合相对速度的方向 (二者与旋转面所成的角度接近相等,即 $\beta_{1叶} \approx \beta_1$)。对于扩压器,应该把叶片前缘的方向做成符合绝对速度的方向 (二者与圆周的切线方向所成的角度接近相等,即 $\alpha_{2叶} \approx \alpha_2$),如图 4-23 所示。

由于在不同半径处叶轮进口的圆周速度不同,空气相对速度的方向也就各不相同,因此叶片前缘角度 $\beta_{1叶}$ 也需要相应地改变。半径越大,角度 $\beta_{1叶}$ 应越小。空气流过弯曲度较大的通道,也容易产生分离,造成损失。如果通道急剧转折,则在通道的转角处将出现

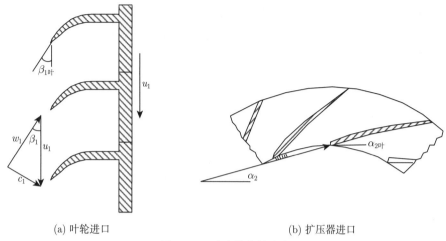

(a) 叶轮进口   (b) 扩压器进口

图 4-23   叶片前缘的方向

涡流 (图 4-24(a))。实验证明，如果通道较粗，即使缓和地转变，也有可能出现涡流区。因为，气流转变时，空气在离心惯性力的作用下将压向通道的外侧。结果，外侧的空气压力增大，而内侧的压力减小。靠近通道的外侧，空气从截面 1-1 流向截面 2-2 时，压力越来越大，在压力差的作用下，附面层内的空气可能倒流而出现气流分离现象；从截面 2-2 流向截面 3-3 时，压力越来越小，分离区又逐渐减小。靠近弯管的内侧，空气从截面 2-2 流向截面 3-3 时，由于压力越来越大，也可能出现气流分离现象。弯管越粗，或者弯曲得越厉害，空气所受的惯性离心力越大，这种气流分离现象也就越剧烈。

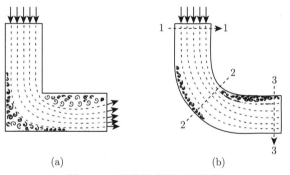

(a)   (b)

图 4-24   通道转弯引起的涡流

空气流过导流器和导气管时，流动方向都要转折 90°。根据上述原理，靠近这两个部件的内壁和外壁处，气流都容易与壁面分离，如图 4-25(a) 所示。为了减小这种损失，在导流器内装有导流盆，在导气管内装有导气片。它们把气流分割成若干股，迫使气流在较窄的通道内流动。每股气流在转弯时所受的离心惯性力较小，附面层内所形成的压力差较小，因而不易与管壁分离 (图 4-25(b))。

2. 激波损失

离心式压气机可能出现超声速气流的地区有两个：叶轮进口、扩压器进口。两个地方产生激波损失的原因不尽相同，解决减小损失的办法也应有所区别。现分述如下。

(1) 安装导流片使空气在叶轮前产生预旋, 以减小叶轮进口的激波损失。

参看图 4-26, 实线表示轴向进气时的叶轮进口速度三角形。由于圆周速度较大, 此时气流相对速度已经相当大。为了减小相对速度, 但又不减小压气机的转速, 必须改变气流绝对速度的方向, 如图上虚线速度三角形所示。

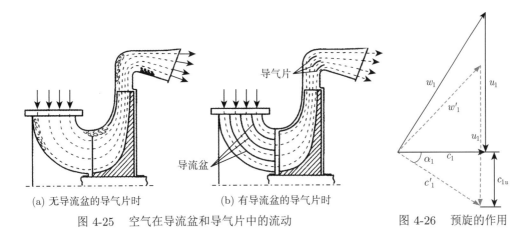

(a) 无导流盆的导气片时　　(b) 有导流盆的导气片时

图 4-25 空气在导流盆和导气片中的流动　　图 4-26 预旋的作用

为达此目的, 在导流器中安装一排导流片, 使空气在进入叶轮前先有个预旋量 (即空气有个切向分速度 c_{1u})。因此导流片又称为预旋片。

预旋可以降低相对速度, 减小激波损失。但预旋也带来不利的因素, 它将使叶轮进口气流产生一个切向分速度, 从而使叶轮对空气所做的功减小。因此, 预旋量不宜过大。目前, 叶轮进口气流速度的方向仅偏出轴向 $18° \sim 20°$。

(2) 叶轮与扩压片之间留一个环形间隙, 以减小扩压器进口的激波损失

空气从叶轮中流出时的绝对速度很大, 其 Ma 可能达到 1.2 以上。空气以这样大的速度流向扩压片, 必然会产生较大的激波损失。

为了减小这部分激波损失, 通常在扩压片与叶轮之间留出一个径向尺寸为 12~30mm 的环形间隙, 如图 4-27 所示。这个环形间隙也称为缝隙式扩压器。目前离心式发动机上采用的扩压器, 大多由缝隙式扩压器和叶片式扩压器两部分组成。缝隙式扩压器有一个特点, 即进入的空气速度虽然超过了声速, 但是只要它的径向分进度 (c_{2r}) 不超过声速, 就能在其中连续地降低速度, 而不产生激波。这是因为, 在缝隙式扩压器内空气的压力是沿径向逐渐增大的, 而沿周向却不发生变化。所以, 如果径向分速度超过声速, 就会产生激波; 而周向分速度即使超过声速, 由于同一半径各点的压力都相等, 气流没有受到阻滞, 就不致产生激波。缝隙式扩压器除了能减小激波损失外, 还可使从叶轮出来的气流变得均匀些, 这对减小进入扩压片的分离损失也是有利的。

3. 漏气损失

叶轮旋转时, 叶盆给空气以作用力, 推动空气随叶片一道旋转。由于空气具有惯性, 叶盆处的空气压力就大于叶背的空气压力。在这种压力差的作用下, 空气就会通过叶片与机匣之间的间隙, 从叶盆流向叶背, 产生周向漏气, 如图 4-28(a) 所示。

此外, 由于叶轮出口空气压力大于进口空气压力, 空气还会从出口通过间隙向进口倒

流，如图 4-28(b) 所示。叶轮与机匣之间总要留有间隙，所以漏气损失不可能完全避免，减小漏气损失的方法是尽量缩小间隙的尺寸。

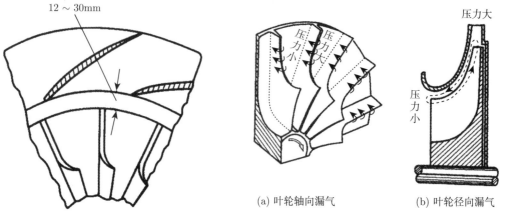

图 4-27   叶轮与扩压片之间的环形间隙

(a) 叶轮轴向漏气   (b) 叶轮径向漏气

图 4-28   叶轮的漏气

除了上述 3 种损失以外，在压气机内还有由各层空气之间以及空气与通道壁面之间发生摩擦而引起的摩擦损失。压气机机件的表面越粗糙，摩擦损失越大。

4.3.6   离心式压气机的基本形式

根据叶轮上叶片的弯曲形式来区分，离心式压气机包括三种不同叶片弯曲形式的叶轮。图 4-29(a) 为后弯叶片式，叶片弯曲方向与叶轮旋转方向相反，叶片出口角 β_{2A} 小于 90°；图 4-29(b) 为径向叶片式，叶片出口方向与叶轮半径方向一致，叶片出口角 β_{2A} 等于 90°；图 4-29(c) 为前弯叶片式，叶片弯曲方向与叶轮旋转方向相同，叶片出口角 β_{2A} 大于 90°。

(a) 后弯式   (b) 径向式   (c) 前弯式

图 4-29   叶轮的结构形式

从图 4-30 看出，在相同的圆周速度和流量条件下，暂且认为叶轮出口处的相对速度方向与叶片出口角方向一致。这时后弯叶片式叶轮的出口绝对速度 c_2 和它的圆周分速度 c_{2u} 都比较小；前弯叶片式叶轮的出口绝对速度 c_2 和它的圆周分速度 c_{2u} 都比较大；径向叶片式叶轮则介于后弯和前弯叶片式叶轮之间。

具有后弯式叶片的叶轮，经常用在地面低压鼓风机上。与其他形式相比，后弯式叶片对空气传送的能量较小，然而能保证在工作轮出口得到均匀的气流。在高压的航空压气机上，这种叶轮是不用的。在圆周速度相同的情况下，具有前弯式叶片的叶轮可传给空气较多的能量，因此在航空压气机上使用这种叶轮是非常合适的，但是叶片弯曲的叶轮，很难保证它的强度与刚性。在航空增压器以及涡轮发动机的压气机中，获得广泛采用的是径向叶片式叶轮。

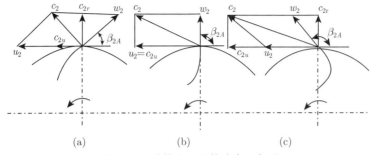

图 4-30 叶轮出口处的速度三角形

4.4 压气机特性

4.4.1 压气机的工作范围

从前面的叙述中, 大家已经知道压气机的设计点是决定压气机主要几何尺寸和级数, 以及压气机性能优劣的一个重要工况。但是, 无论轴流式还是离心式压气机, 只能在设计点工作是没有用的, 它还必须在偏离设计点的其他工况下运转。特别是军用飞机上的压气机由于战术的需要, 在空战的大部分时间中都在非设计工况下工作。因此, 评定一台压气机设计的好坏, 除了设计点外, 还要看它的安全工作范围是否宽广。通常, 压气机的安全工作范围都是通过压气机特性线来表示的。

压气机的性能参数是指增压比 π_k^* 和效率 η_k^*, 而这两个性能参数又取决于压气机的工作参数, 如压气机转速、空气流量、压气机进口总压和进口总温等。用方程表示则有以下的两个方程式:

$$\begin{cases} \pi_k^* = f_1(P_{10}, T_{10}, m_a, n) \\ \eta_k^* = f_2(P_{10}, T_{10}, m_a, n) \end{cases} \tag{4-52}$$

根据式 (4-52) 画出的曲线, 我们称为压气机特性线。取得压气机特性线的方法主要有实验法和解析法两种。就精确度而言, 实验法是较好的, 但是建立一个压气机实验台 (特别是大功率和高速、跨声速单双级或多级轴流式压气机) 需要付出大量的人力和物力, 而且建设的周期长。如果能找出一种工程上可用的解析法得出压气机特性线, 那么对于预测新设计的压气机特性和改型后的压气机特性都有好处。因此, 国内外许多压气机科研人员都不断地在这方面努力, 而且得到了一定成果。

4.4.2 压气机的通用特性线

压气机的特性可以用在不同转速下的出口压力和温度, 关于质量流量的曲线来加以说明, 但是这些特性也依赖于其他变量, 如像压气机进口的压力和温度条件以及工质的物性。如果想要所有这些参数量在工作范围内变化, 那将会涉及非常庞大的实验, 且不可能提出一个包容所有这些结果的简洁表达式。因此, 可以通过使用无量纲化分析的技术来消除这个复杂性, 形成一个小而更好处理的无量纲参数组。

下面我们用无量纲量来描述压气机特性。

自然界中一切物理过程都可用物理方程来表示，任一物理方程中各项的量纲必定相同，而用量纲表示的物理方程必定是齐次性的，这便是物理方程量纲一致性原则。既然物理方程中各项的量纲相同，用物理方程中的任一项去通除整个方程，那便可将方程转为无量纲方程。根据物理学中的 π 定理：如果一个物理过程涉及 n 个物理量和 m 个基本量纲，则这个物理过程可以由 n 个物理量组成的、$n \sim m$ 个无量纲量的函数关系式来描述。

物理量的量纲分为基本量纲 (独立量纲) 和导出量纲 (非独立量纲)，对于定常流动中考虑热的影响时，取 [M](质量)、[L](长度)、[T](温度) 为基本量纲，它们中任一量纲都不可能用其余两个量纲转换而成，而其他物理量则可用这三个基本量纲组合推出。

在着手进行压气机特性的无量纲分析前，先给出以下几个特殊点：

(1) 当考虑温度的无量纲化时，通常很方便地把它和气体常数 R 联在一起，得到组合变量 RT，它等同于 p/ρ。当用的气体相同，如都是空气，在压气机中都用空气，R 就可以略去，但如果因为任何原因把一种气体换成另一种气体，R 就必须保留在最后的表达式中。

(2) 气体物性中影响压气机特性的参数是密度 ρ，但是因为 $\rho = p/(RT)$，如果又引用了 p 和 RT 的结果，那么采用密度 ρ 就多余了。

(3) 理论上，还有会影响压气机特性的气体物性参数是黏性系数 μ。这个参数的影响只会出现在无量纲参数 Re 中。在我们所讨论的这类燃气轮机装置中，一般都在高度紊流条件下工作。实验发现在正常工作范围内，这组无量纲参数的影响都小到可以忽略，因此一般都把它从叶轮机械分析中排除。

考虑到以上几点，现在可以来考虑那些影响压气机特性的变量了。这些变量可以用以下方程表示：

$$f(D, N, m, p_{01}, p_{02}, RT_{01}, RT_{02}) = 0 \tag{4-53}$$

式中，D 是机械装置的线性尺寸特性 (通常取叶轮直径)；N 是转速。现在我们仅把压气机作为整体来考虑，下标 2 在本节中用来表示压气机出口条件。

由无量纲分析原则，参考 π 定理，我们分析的是压气机稳定流动状态，可知由方程 (4-53) 表达的包含 7 个变量的函数可以减少成由 $7 - 3 = 4$ 个变量形成的无量纲参数组表达的函数。减去 3 是由于在最初的变量中存在三个基本单位：[M]、[L]、[T]。可以用不同的方法形成这些无量纲组，理论上可以获得无数不同的、这种有物理含义的无量纲参数组，根据应用目标来决定最合适的 "无量纲化" 变量。在本书中，最有用的 p_{02}、T_{02}、m 和 N 的无量纲量参数形式是

$$\frac{p_{02}}{p_{01}}, \frac{T_{02}}{T_{01}}, \frac{m\sqrt{RT_{01}}}{D^2 p_{01}}, \frac{ND}{\sqrt{RT_{01}}}$$

这就意味着压气机出口压力和温度变化的性能随质量流量、转速和进口条件的变化，可以表达成这些参数组的函数形式，当我们考虑尺寸和工作气体固定的压气机时，R 和 D 都可以在无量纲参数组中省略掉，则有

$$f\left(\frac{p_{02}}{p_{01}}, \frac{T_{02}}{T_{01}}, \frac{m\sqrt{T_{01}}}{p_{01}}, \frac{N}{\sqrt{T_{01}}}\right) = 0 \tag{4-54}$$

参数 $m\sqrt{T_{01}}/p_{01}$ 和 $N/\sqrt{T_{01}}$ 通常被称为无量纲质量流量和无量纲转速，虽然其实它们并非真正的无量纲量。

这种形式的函数可以在几何上画成在固定第三组参数下、一组参数关于另一组参数的图线。对于压气机，经验表明，最有用的图是用无量纲转速 $N/\sqrt{T_{01}}$ 作为参变量，压力和温度比 $(p_{02}/p_{01}、T_{02}/T_{01})$ 关于无量纲质量流量 $m\sqrt{T_{01}}/p_{01}$ 的曲线图，也可以用温度比的变化形式，即等熵效率来替代温度比。任何给定压气机的完整特性都可以仅用两套曲线来说明。

最后，我们需要来说明无量纲质量流量和无量纲转速这两个参数的物理解释。

无量纲质量流量：

$$\frac{m\sqrt{RT}}{D^2p} = \frac{\rho AC_a\sqrt{RT}}{D^2p} = \frac{pAC_a\sqrt{RT}}{RTD^2p} \propto \frac{C_a}{\sqrt{RT}} \propto M_{c1a} \tag{4-55}$$

而无量纲转速：

$$\frac{ND}{\sqrt{RT}} = \frac{u}{\sqrt{RT}} \propto M_u \tag{4-56}$$

因此这两个参数可以看成对应于流动马赫数 M_{c1a} 和转动马赫数 M_u。由一对 $m\sqrt{T}/p$ 和 $N/\sqrt{T}$ 组成的参数在所有工作条件下的速度三角形都相似，叶片角和空气流动方向相匹配，因此压比、温度和等熵效率等这些压气机性能都相同。这就是无量纲性能曲线的意义。

建立了无量纲参数 (又称相似参数或准则) 以后，我们就可以用这些相似参数作为坐标，画出不受压气机进口条件所限制的通用特性线。不过这里要指出，与 M_u 和 M_{c1a} 成比例的任意无量纲综合数群，都可以作为画通用特性线的相似参数。

例如，和 M_{c1a} 对应的有

$$\frac{c_{1a}}{D^2\sqrt{T_1}}, \frac{c_{1a}}{D^2\sqrt{T_{10}}}, \frac{V_a}{D^2\sqrt{T_1}}, \frac{V_a}{D^2\sqrt{T_{10}}}等$$

式中，V_a 指流过压气机的体积流量。和 M_u 对应的有

$$\frac{Du}{\sqrt{T_1}}, \frac{Du}{\sqrt{T_{10}}}, \frac{DN}{\sqrt{T_1}}, \frac{DN}{\sqrt{T_{10}}}等$$

对于同台压气机，去掉几何条件 D，即变为

$$\frac{c_{1a}}{\sqrt{T_1}}, \frac{c_{1a}}{\sqrt{T_{10}}}, \frac{V_a}{\sqrt{T_1}}, \frac{V_a}{\sqrt{T_{10}}}等$$

$$\frac{u}{\sqrt{T_1}}, \frac{u}{\sqrt{T_{10}}}, \frac{N}{\sqrt{T_1}}, \frac{N}{\sqrt{T_{10}}}等$$

4.4.3 离心式压气机的通用特性线

描述完整的压气机性能仅需要画出两组曲线就够了。总压和总温比分别以"无量纲流量"为变量画出的曲线簇，每根曲线是在固定的"无量纲转速"值下画出的，这样的曲线簇就可以反映压气机性能。

由压气机效率计算关系式：

$$\eta_c = \frac{T'_{02} - T_{01}}{T_{02} - T_{01}} = \frac{(p_{02}/p_{01})^{(k-1)/k} - 1}{(T_{02}/T_{01}) - 1}$$

还可以得到以等转速值为参数的等熵效率关于"无量纲质量流量"的曲线。

在定转速转动的压气机出口管道上安装一个阀门，并慢慢打开时，这时压比随无量纲质量流量变化如图 4-31 所示。如果压气机中没有任何损失，那么外界加给气体的功全部用来压缩气体，压气机的特性线如图 4-31 的 a-a 曲线。实际压气机中存在着损失，流过压气机中的损失主要为摩擦损失和分离损失。

摩擦损失是由于空气与壁面或气流相互之间的摩擦而产生的损失，这部分损失将随流量的增加而增加，因此考虑摩擦损失后，增压比随流量增加而减小，如图 4-31 中的 b-b 曲线。

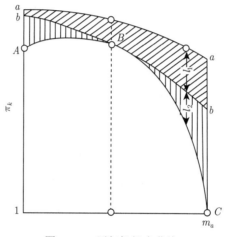

图 4-31　压气机损失曲线

分离损失是由于气流运动方向与叶片前缘中弧线切线方向不一致引起的损失，在设计工况时，冲角接近于零，不存在分离损失。当流量增大或减小时，压气机工况偏离设计工况，气流方向偏离叶片前缘中弧线方向，产生分离损失。图 4-31 中的 ABC 曲线考虑了摩擦损失和分离损失。

下面分析实际过程中压比随无量纲质量流量的变化曲线。当阀关闭时，质量流量为 0，压比为 A，对应于由叶轮机空气产生的离心压头，当阀打开时，流动开始，扩压器使压比升高，到点 B，效率和压比达到最大值。再增加流量将导致压比的降低。当质量流量大大超过设计值时，气流角度与叶片角度相差很大，将发生气流分离，效率下降很快。当阀完全打开时，压比降到 C 点的 1，所有功都用于克服内流摩擦损失。

另外，简单起见，我们也可以利用轴流式压气机的速度三角形关系，通过对轮缘功 L_u 及效率 η_c^* 随流量的变化来分析了解压气机特性线的变化规律，离心式压气机的分析也类似。如图 4-32 所示，当压气机的工作点偏离设计状态时，π_c^* 和 η_c^* 的变化取决于轮缘功和流动损失的变化。因为压气机特性线是在一定转速下得到的，所以圆周速度 u 不变。当流量增加，c_{1a} 将会加大，由图 4-32(b) 可知，气流进口角加大，气流和叶片形成负冲角。在冲角偏离设计冲角不太大的情况下，落后角变化很小，可以认为气流出口角基本不变，Δw_u 减小，轮缘功减小；当流量减小时，由图 4-32(c) 可知，c_{1a} 减小，Δw_u 增加，轮缘功增加。

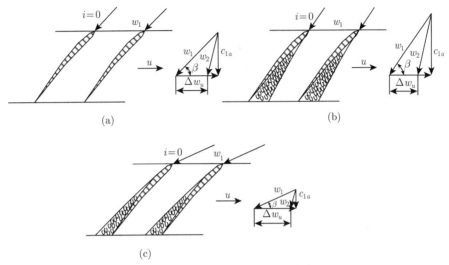

图 4-32　攻角与压气机损失关系

与设计工况相比，当流量增加时，轮缘功减少，效率也下降，因此压比下降的幅度大；当流量减小，在气流出口角变化还不大时，轮缘功是增加的，但效率也下降，因此压比下降的幅度较小，当继续降低流量后，叶背分离严重，发生喘振。

如图 4-33 所示，实际中，B 到 D 还未发生喘振，A 到 D 之间的曲线由于喘振的出现是不能得到的。曲线 B 到 C，当流量增加压力减小时，密度减小，但径向速度分量增加。当转速不变时，合速度增加，因此在扩压器叶片进口前沿的入射角增加，直到某一点 E，发生了堵塞，这是对应转速下曲线可获得的最大流量。

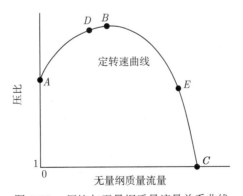

图 4-33　压比与无量纲质量流量关系曲线

所有等转速线的左边界形成了 "喘振边界"，而右边界代表了发生堵塞的工况点。图 4-34 是典型的离心式压气机特性曲线。

根据压缩过程温度比与压比关系式：

$$\frac{T_{02}}{T_{01}} = \left(\frac{p_{02}}{p_{01}}\right)^{\frac{n-1}{n}}$$

$$\frac{n-1}{n} = \frac{1}{\eta_{\infty c}}\left(\frac{k-1}{k}\right)_a$$

$$\eta_c = \frac{T'_{02} - T_{01}}{T_{02} - T_{01}} = \frac{(p_{02}/p_{01})^{(k-1)/k} - 1}{(p_{02}/p_{01})^{(k-1)/k\eta_{\infty c}} - 1}$$

温度比是压比和等熵效率的简单函数，因此在相同基础上画出的温度比曲线与压比曲线相似，如图 4-34(a) 所示。

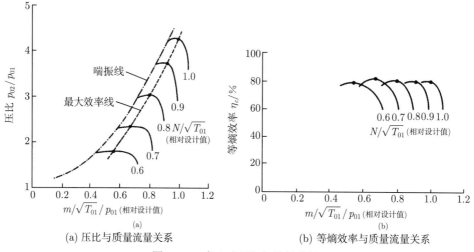

(a) 压比与质量流量关系   (b) 等熵效率与质量流量关系

图 4-34　离心式压气机特性曲线

如图 4-34(b) 所示，在给定速度下，压缩机等熵效率随质量流量的变化与压比性能相似，但最大值在所有速度下都近似相等。

理想情况下，压气机应该设计成图 4-34(a) 最大效率这根虚线上工作。

4.4.4　轴流式压气机的通用特性线

对于固定的无量纲速度值 $N/\sqrt{T_{01}}$ 值，轴流式压气机特性所涉及的流量范围比离心式压气机的窄得多。如图 4-35 所示，一般在曲线到达最大值之前就已到达喘振点了。

其等熵效率 η_c 与无量纲流量 $m\sqrt{T_{01}}/p_{01}$ 之间的函数关系类似于图 4-34(b)。完整的压气机特性只有在由外部动力源驱动压气机时才能获取。

图 4-36 是一种典型的用相似参数绘制成的同一台压气机的通用特性线图。

在航空发动机中，最常用的相似参数是折合转速 (又称换算转速) 和折合流量 (或换算流量) 来绘制同一台压气机的通用特性线。折合转速 (N_{cor}) 和折合流量 (m_{cor}) 是指压气机在标准大气 ($T_1 = 288$ K，$p_1 = 1$ atm) 的进口条件下的转速和流量。如果压气机进口不是标准大气条件，那么要满足动力相似，则必须满足

$$\frac{N_{\mathrm{cor}}}{\sqrt{288}} = \frac{N}{\sqrt{T_{01}}} \tag{4-57}$$

$$m_a \frac{\sqrt{T_{01}}}{p_{01}} = m_{acor} \frac{\sqrt{288}}{101325} \tag{4-58}$$

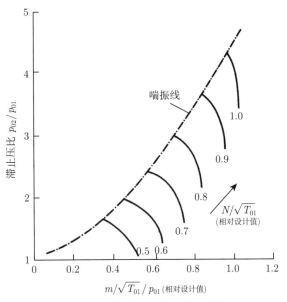

图 4-35　轴流式压气机特性曲线

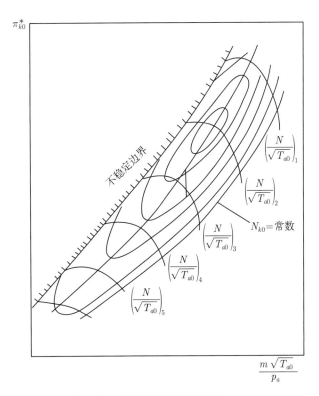

图 4-36　压气机的通用特性线 (一)

折合转速 N_{cor}:

$$N_{\mathrm{cor}} = N\sqrt{\frac{288}{T_{01}}} = \frac{N}{\sqrt{\theta}} \tag{4-59}$$

式中

$$\theta = \frac{T_{01}}{288}$$

折合流量 m_{acor}:

$$m_{acor} = m_a \frac{\sqrt{\dfrac{T_{01}}{288}}}{\dfrac{p_{01}}{101325}} = m_a \frac{\sqrt{\theta}}{\delta} \tag{4-60}$$

式中，$\delta = \dfrac{p_{01}}{101325}$

图 4-37 就是用折合转速 N_{cor} 和折合流量 (图中为 m_{acor}) 绘制的压气机通用特性线。

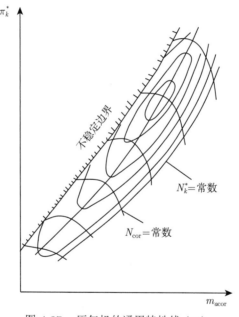

图 4-37　压气机的通用特性线 (二)

4.4.5　压气机的不稳定流动及防喘措施

1. 不稳定流动现象

攻角是影响压气机不稳定流动的关键参数之一。攻角 i 是指叶片弦线与压气机工作叶轮进口处相对速度的方向之间的夹角。$i > 0$ 表示正攻角，正攻角过大时，气流在叶背处发生分离，在 u 的作用下，有更加恶化的趋势。$i < 0$ 表示负攻角，负攻角过大，气流在叶盆处发生分离，但不会越来越严重。

影响攻角的因素主要有压气机转速、进气量和进气的方向，如图 4-38 所示。

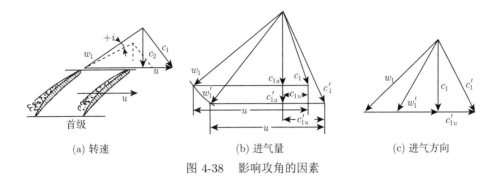

(a) 转速   (b) 进气量   (c) 进气方向

图 4-38 影响攻角的因素

正攻角过大会引起失速,使气流在叶背处发生分离的现象。负攻角过大会引起堵塞,使气流在叶盆处发生分离,气流通道变窄,出口处实际流通面积小于进口 (通道变成收敛形,压气机变成涡轮工作状态) 的现象,如图 4-39 所示。

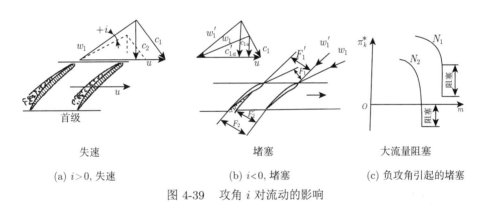

失速   堵塞   大流量阻塞

(a) $i>0$, 失速   (b) $i<0$, 堵塞   (c) 负攻角引起的堵塞

图 4-39 攻角 i 对流动的影响

当转速一定而进入压气机的空气流量下降,就会引起转子叶片进气攻角的增加。当空气流量减小到一定程度,压气机内出现不稳定流动,速度、压力脉动,声音、振动增大,这种非稳定工况被称为旋转失速。

可以用图 4-40 来对旋转失速现象加以解释。当压气机空气流量减少而使动叶气流攻角增大到一定程度时,由于来流中的扰动或叶片排的加工误差,动叶排中的某几个叶片可能首先发生分离,这几个叶片就不能保持正常的流动,于是在这些出现分离区的叶片前面出现了明显的气流堵塞现象,如图 4-40 中的阴影减速流区,这个受阻滞的气流使周围的流动发生偏转,从而引起左边 3 号叶片攻角增大并分离,但与此同时,右边 1 号叶片的攻角减小并解除分离,因而分离区相对于叶片排向转子旋转的反方向传播。站在动叶上看,失速朝着叶片旋转方向相反的方向移动。站在绝对坐标系上观察时,这个分离区以比 N 小的转速同向做旋转运动,故称为旋转失速。

旋转失速使压气机的气动性能明显恶化,旋转失速的出现会产生频率较高、强度大而危险的激振力,并可能导致叶片共振断裂,统计表明,旋转失速是压气机叶片发生疲劳断裂的主要原因之一。

当轴流式压气机沿等转速特性线减小流量时,随着沿叶高失速区的进一步发展,压气机和管路中全部气体的流量和压力将周期性、低频率、大幅度地上下波动。这种低频、高振幅的气流脉动一经产生，则流经整个压气机的连续稳定流动被完全破坏，并伴有强烈的机械振动，压气机这种不稳定流动称为喘振。喘振的特征是气流沿压气机轴线方向发生低频率、高振幅的气流振荡现象，压气机的空气流量在不同的截面上均随时间变化。喘振实质上是由前后流通能力不匹配导致整个压气机无法维持升压的动态平衡。

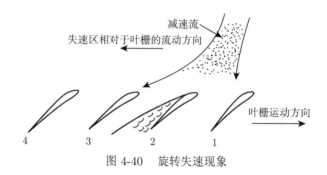

图 4-40   旋转失速现象

喘振是一种"低频高振幅"的振荡现象，其主要危害如下：振动大会引起叶片产生裂纹或折断；燃气轮机工作的声音变得低沉 (放炮)，严重时会造成供气中断，使燃烧室熄火 (空中停车)。

图 4-41 是对"前喘后涡"故障现象的具体描述。产生"前喘后涡"故障现象的原因是前面级正攻角过大，后面级负攻角过大。

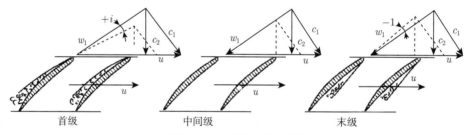

图 4-41   "前喘后涡"模型

压气机在非设计状态下工作的转速减小，会引起每一级压比减小，后面级 c_{1a} 提高，则叶盆气流发生分离。而叶盆气流发生分离导致流道收敛，变成涡轮状态，从而引起流量下降，前几级 c_{1a} 下降，前面级气流叶背分离，发生失速，引起进气量小于需气量，后面级负攻角下降，失速现象消失，流量回升，然后又重新堵塞。

2. 防喘措施

除了在气动设计方面采取措施避免喘振外，还可以采用专门的调节机构，在压气机工况偏离设计点时，改变叶片相对于气流的位置、通道的大小和转速的高低来减小压气机几何和气流的不相适应的状态。压气机在非设计工作情况下，主要表现为叶片进口的气流速度三角形和叶片的相对位置不相适应，因此改变进口气流速度三角形的形状，保持进入叶片的气流方向和设计时基本一致，就可以改变这种几何和气流不相适应的情况。如图 4-42 所示，工作叶片进口气流速度三角形由 u、c_u 和 c_a 三个参数决定，因此，要使气流冲角和设计值基本一致，有三种办法来改变速度三角形。

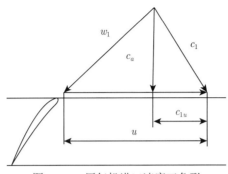

图 4-42 压气机进口速度三角形

(1) 改变轴向分速 c_a，实际上就是改变进入压气机的空气流量。当圆周速度 u 增加时，加大空气流量可以减小气流冲角。

(2) 改变切向分速 c_{1u}，实际上就是改变气流进入压气机前预旋的大小，以达到保持气流冲角的目的。

(3) 改变圆周速度 u，实际上就是改变压气机的转速，使 u 与非设计状况下的气流轴向速度相适应，以减小气流冲角的变化。

与上述三种情况对应，目前在改善压气机非设计工作性能，防止压气机喘振的调节结构上主要有三种途径，即

(1) 多级压气机中间级放气法；

(2) 可转动压气机进口导流叶片和静叶法；

(3) 双转子或三转子压气机结构。

下面分别就这几种方法予以介绍。

3. 多级轴流式压气机中间级放气法 (以及末级压气机后放气)

级间放气是最简单的提高压气机稳定性的方法之一。这种方法是改变进入压气机的气流轴向分速 c_a，也就是改变进入压气机的空气流量的方法。当压气机在低转速下工作时，多级压气机的工作特点是 "前喘后堵"，即前面级压气机在大的正冲角下工作，后面级压气机在大的负冲角下工作。如果能在压气机的中间级处放掉一些空气，就可使压气机脱离 "前喘后堵" 的状态。当打开中间级放气系统时，减小了空气流路的阻力，前面级压气机流量增加，轴向速度增加，冲角减小，压气机退出喘振工作状态进入稳定工作。如图 4-43 所示的第一级压气机特性上的工作点由 N 点变到 M 点。此外，多级压气机的后面级即放气系统后面的几级因为前面放走了气体，气流冲角增加，脱离堵塞状态，如图 4-43 所示的末级压气机特性工作点由 N 变到 M。因此，放气的结果使压气机前后各级均朝着有利的工作状态变化，改善了压气机非设计工况下的运转可靠性。

放气一般都在压气机转速低时才能取得好的效果。当转速增高时，级间的匹配与上述情况相反，气流的分离首先出现在后面级，放气反而减小了稳定裕度。因此，高转速时，在末级压气机后放气可以减少后面级压气机冲角，使其退出喘振。

放气机构可以采用放气带，具体构造是在压气机机匣上，沿着整个圆周钻出一排排气孔，并用钢质放气带来开启放气孔。放气带和放气活塞可以手动操作和自动操作。由于在

中、低转速下，共同工作线已进入不稳定工作区域，因此在发动机启动时放气系统一直打开，直到压气机转速已加速到稳定工作状态时才把放气系统关闭。

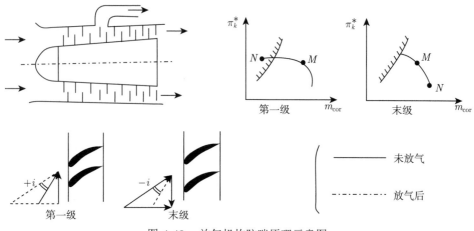

图 4-43　放气机构防喘原理示意图

　　通常放气量为进入压气机空气流量的 15％～25％，而且放气量与转速有关。级间放气方法的优点是结构简单，操作方便；其缺点是将具有一定能量的气流放出，使发动机的经济性降低。因此，级间放气方法适合在增压比小于 10 的多级轴流式压气机上采用。

4. 可转动进口导流叶片和静子叶片

　　旋转进口导流叶片及静子叶片来防止喘振，实质上就是在非设计工况时改变压气机进口速度三角形上的预旋速度 c_{1u}，从而使相对气流 w_1 的方向改变，使其接近设计值，如图 4-44 所示。当在低转速时，第一级动叶的进气气流冲角很大，可能导致不稳定流动现象。先将进口导流叶片旋转一个角度，使进口气流速度 c_1 的方向朝着动叶旋转的方向偏斜，这样就改变了第一级动叶进口处的速度三角形，使相对气流方向基本上与设计状态下的进气方向一致，压气机能稳定正常运行。反映在性能图上，原来在 A 点工作的压气机，通过调节叶片转角变成在 A' 点工作，使工作点远离边界线。

　　如图 4-45 所示为采用可旋转进口导流叶片的前三级静子叶片可调后压气机特性改善示意图。

　　当多级压气机的增压比很高，又没有其他的防喘结构时，需要调节的静叶排数会更多。这种防喘方法的优点是防喘效果好，非设计工况下的经济性好，可以改善发动机的加速性；其缺点是结构复杂，而且只能改善气流沿叶高某一半径上的流动情况，如以平均半径处的气流方向为调整目标，就不可能完全适应叶根及叶尖处的流动情况。

　　调整进口导流叶片角度在增大压气机稳定工作裕度的同时，其本身的工作条件因攻角加大而恶化，使进口导流叶片的效率下降。解决的办法是采用可变弯度进口导流叶片，即叶片从弦长的 2/3 处分开，前半段是固定的，后半段则是全程调节的。例如，在 F-100 加力式涡轮风扇发动机上，压气机的总增压比为 23，前面是 3 级风扇，后面是 10 级高压压气机，高压压气机的前三级装有可调静子叶片，它的进口导流叶片就采用了变弯度叶片。

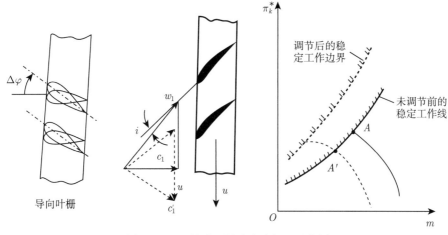

图 4-44 可转进口导叶防喘机理示意图

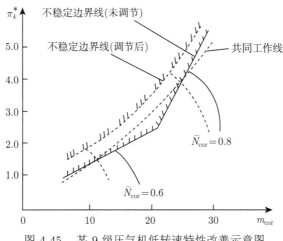

图 4-45 某 9 级压气机低转速特性改善示意图

5. 采用双转子和三转子

该方法的实质是通过改变圆周速度 u 来改变动叶进口的速度三角形，使相对速度方向接近设计方向。双转子结构的压气机是由装在同心轴上串联排列的两个转子构成的，如图 4-46 所示。前面的压气机称为低压压气机，由低压涡轮带动；后面的压气机称为高压压气机，由高压涡轮带动。

双转子压气机在发动机上工作时，如果压气机偏离设计工作状态，两个转子会自动调整转速，使得各级的流量函数变化很小，接近设计值，这样气流流入压气机叶片的冲角变化也很小，能有效地防止压气机喘振。

双转子压气机为什么能在非设计转速下自动调整转速来协调工作呢？我们首先来分析单转子压气机在非设计状态下的工作。当转速下降时，压气机的增压比减小，这时压气机前几级的流量函数变小，冲角增大；后几级进口流量函数增大，冲角变小。因此，前几级压气机耗功与后几级压气机耗功的比值要比设计状态时两者的比值大，即前几级压气机相对变重，后几级压气机相对变轻。双转子压气机的低压压气机相当于单转子压气机的前几级，高压压气机相当于后几级。因此，当转速下降，增压比减小时，低压压气机负荷相对变重，高压压气机负荷相对变轻，显得"前重后轻"。

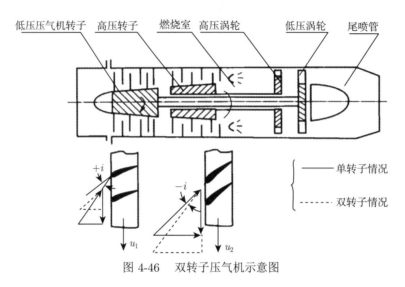

图 4-46　双转子压气机示意图

对涡轮而言，当转速减小时，高压涡轮和低压涡轮所发出功的比例增加，低压涡轮发出的功更显得不足，而高压涡轮发出的功显得更富裕。由于压气机由涡轮带动，低压涡轮所发出的功应等于低压压气机消耗的功。当转速减小时，低压压气机显得重，而低压涡轮发出的功相对小，涡轮带不动压气机，因此必然使低压压气机转速下降多，高压压气机转速下降少，结果使低压压气机气流轴向速度、高压压气机气流轴向速度与各自的圆周速度自动趋于协调。

双转子压气机在进行设计时，除了单转子压气机方面的考虑外，还要考虑高、低压转子的转速比，高、低压转子的功的分配。双转子压气机具有一系列优点，可以在较宽广的范围内工作而仍可以保持较高的效率，不容易发生喘振，易启动。

思　考　题

1. 为什么可以说基元级中的流动过程是整台压气机提高压力过程的缩影？

2. 如果圆周速度和轴向速度保持不变，要使工作轮进口的 M_{w1} 降低，试问采用何种措施？

3. 反力度为 0，0.5，1.0 的基元级，其速度三角形具有什么特点？

4. 基元级的流动损失包括哪几项？是怎样形成的？

5. 叶型几何参数和叶栅几何参数有什么不一样？

6. 当圆周速度 $u_1 \neq u_2$ 时，气流在动坐标中的总能量如何表示？它们的总焓 h_w^* 是否一样？当 $u_1 = u_2$ 时，又是怎样？

7. 一台压气机的工作范围通过什么来表示？

8. 试说明单级离心式压气机比单级轴流式压气机的压头高、效率低的原因。

9. 举出一些常用来绘制通用特性线的相似参数。

练 习 题

1. 设有一离心式压气机，轴向进气。出口处 $\beta_2 = 60°$，$\alpha_2 = 20°$，外径处圆周速度 $u_2 = 400\mathrm{m/s}$，试求该压气机的轮缘功为多少？

2. 已知某压气机的进口空气 $T_1 = 278.8\mathrm{K}$，$c_1 = 136\mathrm{m/s}$，出口空气 $T_2 = 478\mathrm{K}$，$c_2 = 120\ \mathrm{m/s}$，求工作轮加给空气的轮缘功。

3. 某压气机第一级工作轮进口平均半径为 0.138m，切向分速 c_{1u}=53.9 m/s，出口平均半径为 0.140m，切向分速 c_{2u}=129 m/s，压气机转速等于 15100r/min，试求第一级工作轮对每公斤空气所加的轮缘功。

4. 在某轴流式压气机的一基元级中，已知 $u = 250\mathrm{m/s}$，$c_{1a} = c_{2a} = 125\mathrm{m/s}$，$L_u = 20.1\mathrm{kJ/kg}$，$c_{1u} = 30\mathrm{m/s}$。试画出速度三角形。

5. 某轴流式压气机的一基元级中，$\beta_1 = 30$，u=270m/s，$c_{1a} = c_{2a}$，$\Delta W_u = 91\mathrm{m/s}$，轴向进气，试画出速度三角形，并求出轮缘功 L_u 及 c_2 的大小和方向。

6. 已知基元级的反力度，工作轮的绝热效率和整流器的绝热效率，试求基元级的滞止绝热效率。如反力度为 0.62，工作轮的绝热效率为 0.91，整流器的绝热效率为 0.88，试求该基元级的滞止绝热效率 (设 $c_3 = c_1$)。

7. 设某离心式压气机的增压比为 $\pi_k^* = 4.8$，在温度为 20℃ 下的进气质量流量为 50 kg/s，试问带动该压气机需要多少千瓦的动力 (设压气机的效率 $\eta_k^* = 0.82$)？

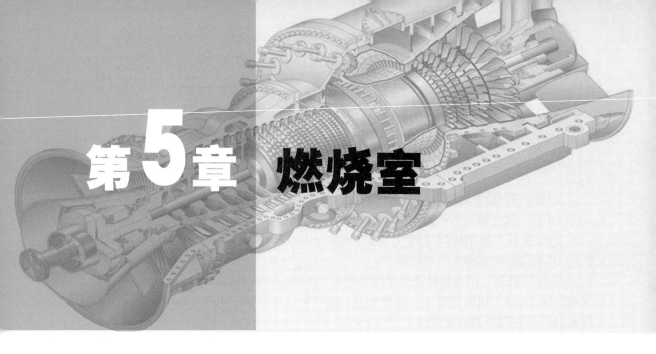

第**5**章　燃烧室

燃烧室是燃气轮机的核心部件之一，介于压气机和涡轮部件之间，从压气机出来的高压气体在燃烧室内与燃料混合燃烧，释放热量，而并不与外界发生机械功交换。燃烧室是把燃料化学能以燃烧方式转化为热能的部件，使工质吸收外界的热量，可以把燃烧室内的加热过程看作定压加热过程，其中的工质温度上升、比体积增加。作为燃气轮机的重要部件，燃烧室具有如下特点。

(1) 综合性能要求高、影响因素多。燃气轮机燃烧室需要兼顾燃烧效率、污染物排放、火焰筒冷却、出口温度分布、总压损失、火焰稳定等多方面的性能指标，而且不同的性能指标对燃烧室的要求可能是相悖的。

(2) 容积热强度大。燃气轮机结构紧凑、功率密度高。

(3) 高效、清洁、排气污染小。

(4) 结构可靠，质量轻，寿命长。燃烧室内的火焰筒工作在高温、高压环境下，除了采用耐高温、耐腐蚀的高性能材料外，还要进行良好的冷却设计，利用压气机出口的空气对火焰筒进行冷却，以保证燃烧室的使用寿命。一般要求军机燃烧室寿命 400~1000 小时，民机燃烧室寿命 6000~8000 小时，重型燃气轮机发电机要求工作时长不低于 30 万小时。

5.1　燃烧室性能参数

为定量表征燃烧室性能，燃烧室研究中定义了如下性能参数。

1. 燃烧效率

燃烧效率用于衡量燃料的化学能转变为热能的完全程度和工质实际利用能量的情况。工程上采用多种方法定义和计算燃烧效率。

1) 热焓法

定义为燃烧过程中工质的实际焓增与理论焓增之比。

$$\eta_B = \frac{(m_a + m_f)h_{03} - m_a h_{02} - m_f h_{0f}}{m_f H_f} \tag{5-1}$$

式中，h_{03} 为燃烧室出口燃气的滞止热焓 (kJ/kg)；h_{02} 为燃烧室进口空气的滞止热焓 (kJ/kg)；h_{0f} 为燃油进口热焓 (kJ/kg)；H_f 为燃油低热值 (kJ/kg)。热焓值以 273 K 为基准，并近似假定燃油低热值是在 273 K 的条件下测得的。

2) 燃气分析法

根据燃烧室出口的燃气成分，燃烧效率定义为燃料完全燃烧时的理论放热量与实际燃烧产物中残存的可燃成分所蕴藏的化学能之差对理论放热量的比值。对于航空煤油，可近似表示成如下表达式：

$$\eta_B = \frac{CO_2 + 0.531CO - 0.319CH_4 - 0.397H_2}{CO_2 + CO + UHC} \tag{5-2}$$

式中，UHC 是产物中除 CH_4 之外的未燃碳氢化合物，各成分之值为容积百分比。

2. 总压损失系数和流阻系数

(1) 总压损失系数 ζ_{rB}：燃烧室进出口总压差与进口总压之比，即

$$\zeta_{rB} = \frac{p_{02} - p_{03}}{p_{02}} \tag{5-3}$$

总压恢复系数：

$$\sigma_B = \frac{p_{03}}{p_{02}} = 1 - \zeta_{rB} \tag{5-4}$$

燃烧室总压损失系数与进口参数有关，进口马赫数越高，总压损失增加。

(2) 流阻系数：燃烧室的总压损失与某一参考截面的动压头之比，即

$$\xi_B = \frac{p_{02} - p_{03}}{q_{ref}} = \frac{p_{02} - p_{03}}{0.5\rho_{ref}u_{ref}^2} \tag{5-5}$$

式中，ρ_{ref}、u_{ref} 分别为参考截面的密度和平均速度，一般取燃烧室进口或最大截面作为参考截面。

当气流雷诺数足够大，燃烧室内的流动达到"自模状态"后，流阻系数将保持常值，不再随流速变化而变化。目前航空发动机燃烧室大多处于自模态，因而流阻系数只与燃烧室结构有关，其值将反映不同燃烧室结构的流动阻力。

3. 出口温度场分布

燃烧室出口温度分布是燃烧室重要的性能指标之一，直接关系到涡轮叶片的可靠性和寿命。

(1) 出口温度场分布系数 OTDF：燃烧室出口截面燃气最高总温与平均总温之差和燃烧室温升的比值，即

$$OTDF = \frac{T_{03\,max} - T_{03}}{T_{03} - T_{02}} \tag{5-6}$$

(2) 出口径向温度分布系数 RTDF：把燃烧室出口截面同一半径上各点总温取算术平均后，其最高平均径向总温与出口平均总温之差和燃烧室温升的比值，即

$$RTDF = \frac{T_{03r\,max} - T_{03}}{T_{03} - T_{02}} \tag{5-7}$$

　　一般在燃烧室设计中，要求 OTDF≤0.25～0.3，RTDF≤0.08～0.12，除此外，燃烧室出口温度还应满足涡轮所要求的温度曲线，典型的如图 5-1 所示，由于涡轮叶片根部机械应力最高，而叶尖冷却困难，所以要求两头温度低一些。

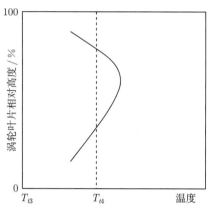

图 5-1　燃烧室出口温度分布曲线

4. 容热强度 Q_B

容热强度指燃烧室在单位压力下、单位容积内每小时燃料燃烧释放的热量。

$$Q_B = 3600\frac{m_f H_f \eta_B}{V_B p_{02}} \mathrm{J/(m^3 \cdot h \cdot kPa)} \tag{5-8}$$

如以火焰筒容积 V_L 代替燃烧室容积 V_B，得到火焰筒容热强度 Q_L：

$$Q_L = 3600\frac{m_f H_f \eta_B}{V_L p_{02}} \tag{5-9}$$

容热强度是一个反映燃烧室结构紧凑性的指标。容热强度大，表明燃烧相同流量的燃料所需的燃烧室容积小，相应的质量就轻。

5. 油气参数

(1) 油气比 f：燃烧室燃油质量流量 m_f 与空气质量流量 m_a 之比，即

$$f = \frac{m_f}{m_a} \tag{5-10}$$

(2) 余气系数 α：实际供给的空气量和燃料完全燃烧的理论空气量之比。

$$\alpha = \frac{m_a}{m_f L_0} \tag{5-11}$$

式中，L_0 是每千克燃料完全燃烧时理论上所需要的空气量，单位 kg(air)/kg(fuel)。

(3) 当量油气比 ϕ：实际油气比 f 与化学恰当油气比 f_{ST} 间的比值。

$$\phi = \frac{f}{f_{ST}} \tag{5-12}$$

当 $\alpha = 1$ 时，混合气中燃油与空气流量恰好与反应方程所需要的一致，称为化学恰当混合气；当 $\alpha > 1$ 时，燃烧室内空气多于理论所需的空气量，即燃油不足，空气过剩，称为贫油混气；当 $\alpha < 1$ 时，燃油过多，空气不足，称为富油混气。

同样，$\phi = 1$ 的混合气称为化学恰当混合气；$\phi < 1$ 时，称为贫油混气；$\phi > 1$ 时，称为富油混气。

三个油气参数间关系为

$$f = \frac{m_f}{m_a} = \frac{m_f}{\alpha m_f L_0} = \frac{1}{\alpha L_0} \tag{5-13}$$

当 $\alpha = 1$，即化学恰当混气时，$f_a = 0.0672$(大庆 RP-3 航空煤油)。

$$\phi = \frac{f}{f_{ST}} = \left(\frac{m_f}{m_a}\right) / \left(\frac{m_f}{m_a}\right)_{ST} = \left(\frac{m_f}{m_a}\right) / \frac{1}{L_0} = \frac{L_0 m_f}{m_a} = \frac{1}{\alpha} \tag{5-14}$$

$$f = \frac{m_f}{m_a} = \left(\frac{m_f}{m_a}\right) / \left(\frac{L_0}{L_0}\right) = \frac{f}{f_{ST} L_0} = \frac{\phi}{L_0} \tag{5-15}$$

5.2　燃烧室类型

按结构划分，燃气轮机燃烧室主要有如下四种类型。

1. 圆筒形燃烧室

采用圆筒形的外壳和火焰筒，一台燃气轮机中装有 1~2 个这种燃烧室。一般分置于机组近旁或直接安装于机体上。它多用于固定式大型重载荷型燃气轮机，结构简单、全部空气流过一个火焰筒，便于与压气机和涡轮配合，易于拆装 (见图 5-2)。

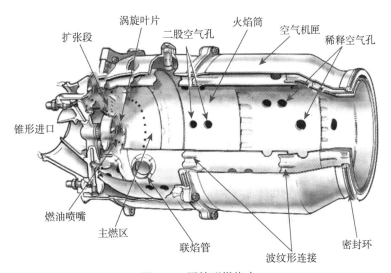

图 5-2　圆筒形燃烧室

2. 分管型燃烧室

每一个燃烧室由两个同心圆环构成，外圈是燃烧室机匣，内圈是火焰筒，整个燃气轮机可以由多个这样的单独燃烧室组成，各燃烧室之间通过联焰管相连，如图 5-3 所示。大多数早期燃气轮机都采用单管燃烧室，但由于单管燃烧室容积利用率低，流动阻力大，目前在航空燃气轮机中已很少应用。

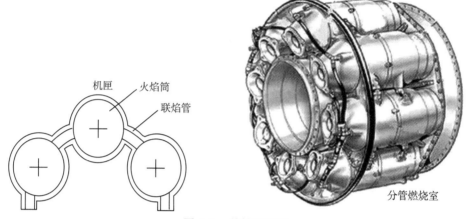

图 5-3   单管燃烧室

3. 环管燃烧室

环管燃烧室 (见图 5-4) 在单管燃烧室的基础上，把各单独燃烧室的机匣连在一起，形成内外机匣，火焰筒仍保留单管燃烧室的独立结构，各火焰筒之间用联焰管相连。

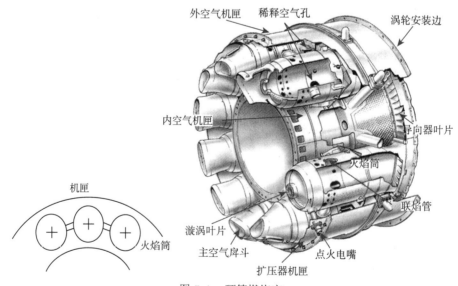

图 5-4   环管燃烧室

4. 环形燃烧室

环形燃烧室 (见图 5-5) 在环管燃烧室的基础上把各独立火焰管也连成一片, 从截面上看, 燃烧室由四个壁面, 三个圆环构成, 从内到外依次是燃烧室内机匣、火焰筒内壁面、火焰筒外壁面和燃烧室外机匣及内环道、火焰筒和外环道。

表 5-1 列出了四种类型燃烧室的优缺点, 从燃气轮机的应用和技术发展看, 单管燃烧室目前主要应用于地面重型燃机上, 环管燃烧室和环形燃烧室主要应用于航空燃气轮机。由表 5-1 可知, 这几类燃烧室各有优缺点, 如与环形燃烧室相比, 单管燃烧室也有其优点: 燃油与空气匹配容易且调节方便, 一个火焰筒出问题了, 只需针对性地加以更换维护即可, 而环形燃烧室就需要更换整个火焰筒, 维护成本高, 强度大。因而燃烧室类型的变化是一个性能折中的技术发展过程。

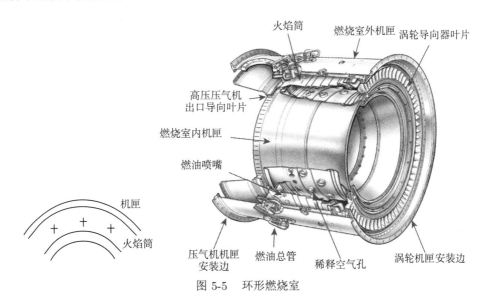

图 5-5　环形燃烧室

表 5-1　四类燃烧室的性能特点

类型	优点	缺点	应用
圆筒形燃烧室	(1) 易于加工、便于检修 (2) 容积较大, 压力损失较小 (3) 适用于燃用重值燃料	(1) 笨重, 体积大 (2) 试验调试所需设备较大	固定式大型重载荷型燃气轮机
分管型燃烧室	(1) 易于加工 (2) 油气匹配容易 (3) 试验和维护成本低	(1) 笨重, 空间利用率低 (2) 迎风面积大, 压力损失高 (3) 传焰困难, 需要联焰管 (4) 与压气机出口流场匹配差	早期发动机; 地面试验装置的加温器
环管燃烧室	(1) 易于加工 (2) 油气匹配容易 (3) 压力损失、长度和质量都比单管燃烧室小	(1) 需要联焰管 (2) 容积利用率不如环形燃烧室 (3) 出口周向温度场不如环形燃烧室	介于早期分管和现代环形间的燃烧室
环形燃烧室	(1) 质量轻、长度短、结构紧凑 (2) 压力损失最小 (3) 点火时传焰容易 (4) 壁面热损失最小 (5) 出口温度分布好	(1) 试验需大的空气量, 成本高 (2) 油气匹配困难 (3) 出口温度场受进口流场影响 (4) 生产工艺复杂, 要求高 (5) 装拆维护困难大	20 世纪 70~80 年代后研制的燃气轮机大多采用

5.3　燃烧室的结构

燃气轮机燃烧室的基本组成如图 5-6 所示。燃烧室的基本结构包括扩压器、喷油嘴、火焰筒、旋流器 (扰流器)、点火器和联焰管。

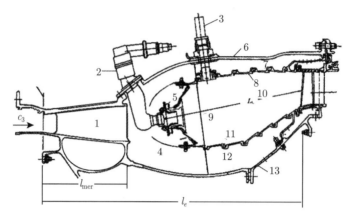

图 5-6　典型燃烧室组成结构

1 - 扩压器；2 - 喷油嘴；3 - 电嘴；4 - 头部；5 - 旋流器；6 - 外机匣；7 - 外通道；

8 - 外壁；9 - 主燃区；10 - 掺混区；11 - 内壁；12 - 内通道；13 - 内机匣

需要说明的是，并非每一个燃烧室上都有这些组成部分或这些区域，例如，对先进的低污染燃烧室可以没有主燃孔，但仍有主燃区，现代很多燃烧室上没有中间区。最基本的是包含以下必不可少的部分。

(1) 扩压器 (l_{mer})，使空气从压气机出口的速度扩压、减速至适合于进入火焰筒的状态。

(2) 燃料喷射装置，将燃料喷入火焰筒或喷入预混装置。

(3) 空气旋流器或油气预混装置，实现油气混合以备燃烧，此混合可以在预混装置中进行。

(4) 火焰筒，这是进行燃烧化学反应的地方，主要燃烧的区域称为主燃区。

(5) 冷却结构，燃烧室都需要冷却，可以有各种冷却方式以及冷却进气的结构，但一般来说，燃烧室不可以没有冷却。

(6) 掺混段，在这里使燃烧产物的温度适合涡轮进口的要求，有的燃烧室可以没有掺混孔，但一般来说，仍有调节燃烧室出口温度的设计。

(7) 机匣 l_e，是容纳整个燃烧室的外壳。

(8) 点火器，燃烧室必须有点火器以启动燃烧过程。

(9) 支承密封件，火焰筒需要有定位支承件来保证它在合理的位置上，密封件是减少漏气用的。

5.3.1　扩压器

压气机出口速度较高，通常需要进行减速扩压。降低燃烧室气流速度有利于组织稳定高效的燃烧，降低总压损失，而且随着压气机出口速度的提高，动压头 ($p_{02} \sim p_2$) 将占到出口总压的 10% 上下，如能把其中的一部分转化为压力能，将有利于提高高温燃气做功能力，降低耗油率。为此需要设置扩压器，以降低火焰筒进口空气流速，提高进口压力。一般压气机出口的流速达 120～180m/s，通常经过扩压器将流速降低至 40m/s 左右。图 5-7 给出了扩压器在燃气轮机燃烧室中的位置。沿着流动方向，扩压器的截面积逐渐增大，流速降低，静压升高 (见图 5-8)。

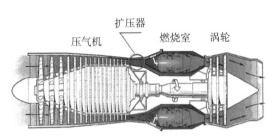

图 5-7　扩压器在燃烧室中位置及基本结构

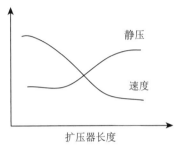

图 5-8　沿程流速和压力分布

为了组织稳定的燃烧，要求涡流器前的空气流速不大于 40～60m/s。另外，压气机出口是一个分布不均的旋转流场，无法满足燃烧室的流场要求，也希望经过压气机导流叶片和扩压器后，能得到改善并衰减部分流场畸变。

在扩压器设计中如何实现在最短的距离内、最小的流阻损失下减速增压是研究的关键。在扩压器设计中，希望满足如下要求：

(1) 尽可能小的压力损失，扩压器的损失要小于压气机出口总压的 2%；

(2) 尽可能短的扩压器长度；

(3) 除了在突扩区域中，前置扩压器中不能出现气流分离；

(4) 保证在所有运行状态下扩压器流场动态稳定；

(5) 对压气机出口气流流场畸变不敏感。

从流动特点上看，扩压器可分为气动式扩压器和突扩扩压器两大类。显然扩压器进出口面积比越大，减速增压的效果越好。但当扩张角一定时，为了获得大的进出口面积，扩压器的长度将变长，这会增加流阻损失和燃气轮机的长度。反过来，如保证短的扩压器长度，增大扩张角，又可能导致气流分离，造成实际进出口面积比减小和流阻损失增加。在实际燃烧室设计中，扩压器受燃机长度的限制，都是尽可能地缩短，为了解决上述矛盾，普遍采用阶梯型扩压器，即两级扩压。空气从压气机出口排出后，进入一个长度较短的出口导向器，以减少压气机出口静叶尾迹的影响，进而进入第一级前置扩压器。前置扩压器是一环形或锥形气动扩压器，其壁面按性能和结构要求可设计为直壁或曲壁。气流在这里减速扩压，大部分的动压头转变为静压，减少进入第二级突扩扩压器的损失。

最简单的气动扩压器是直壁环形扩压器 (见图 5-9(a))。直壁环形扩压器壁面的母线为直线，设计较为简单，为保证气流不分离的扩张角 θ 一般不大于 7°。曲壁环形扩压器 (见图 5-9(b)) 流动平稳光滑，压力损失小，也常称为流线型扩压器，曲壁扩压器的壁面可按等压力梯度、等速度梯度或双纽线等规律设计。在当量圆锥形扩压器中为了避免气流脱离，以往的实验表明：扩压角应 $\leqslant 22°$，最佳的扩张角在 7° ～ 12° 为宜。

　　如图 5-10 所示为一个突扩扩压器结构。气流首先经过一级前置直壁环形扩压器,到前置扩压器出口后,流通面积突然增加,形成环形内外突扩区,流动在突扩区内产生分离,形成两个稳定的回流区。精心设计的突扩扩压器可在宽广的工作范围内具有良好的综合性能,流动稳定且对进口速度畸变不敏感等。由图 5-10 可知,从前置扩压器出口的气流分成三路,一路经帽罩进入火焰筒头部,另一部分流经燃烧室内外环道。流入火焰筒头部的气流在流线方向呈扩展流动,相当于前置扩压器的延伸,这一流动特点使得进入头部区的流体静压进一步提高,加强了火焰筒头部进气能力,提高了头部进气速度。流体在内外突扩区分别产生了两个稳定的回流区 (如图中虚线包围的区域),因而实际内外环空气流道介于回流区与帽罩边线之间。内外突扩区内的回流区一方面造成了较大的总压损失;另一方面也有助于减弱燃烧室对进口流场的敏感程度。如图 5-11 所示,例如,在某一时刻扩压器进口流场的畸变导致前置扩压器出口流场分布不对称,出口流场偏向外环部分,外环道速度高,静压低,使得外环回流区边界外伸,外环空气流道面积减小,阻力增加,反过来阻碍了外环部分的流动,速度降低,流量减小,部分抵消了进口流场的畸变。突扩扩压器大部分的静压恢复和速度降低都在前置扩压器内实现;突扩区截面变化大,气流产生分离,突扩扩压器大部分的总压损失都在突扩区内产生,因而较小的前置扩压器出口速度有利于减小突扩区总压损失。

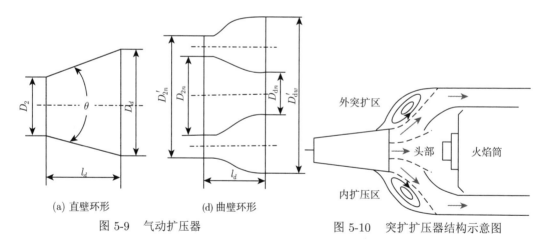

(a) 直壁环形　　　　　(d) 曲壁环形

图 5-9　气动扩压器　　　　　　　　图 5-10　突扩扩压器结构示意图

　　在地面重型燃气轮机中,为缩短转子长度,普遍采用逆流式燃烧室结构,燃烧室设计安装形式有顺流式和逆流式的不同,那么扩压器的设计安装形式也有顺流式和逆流式的不同。压气机出口与燃烧室后端相连,因此扩压器段有个折流的过程,加大了扩压器设计的难度。如图 5-12 所示为西门子 SGT5-4000F 燃气轮机的燃烧室简图,采用的是逆流式扩压器结构。该扩压器也属两级扩压器,在压气机出口端同样采用了一级前置扩压器来降低空气流速,转变空气动压头。而受机组长度和燃烧室安装角度限制,在前置扩压器出口后端采取了一个将近 135° 的反向折流,折流处空间设计得较大。同时由于折流角度很大,在弯角处还设置了导流叶片来减少动压损失,保证气流的均匀度。

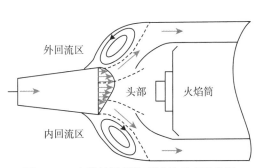
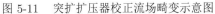

图 5-11 突扩扩压器校正流场畸变示意图

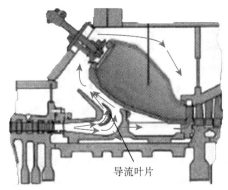

图 5-12 逆流式扩压器

5.3.2 喷嘴

燃油雾化主要靠喷嘴来实现,喷嘴设计是燃烧室设计中的重要组成部分,其性能好坏对燃烧过程影响极大。由于雾化方式和结构形式的不同,适用于各种燃烧装置的喷嘴类型很多。常见的燃气轮机燃烧室喷嘴主要包括直射式喷嘴、离心式喷嘴、双油路离心喷油嘴、离心式回油喷嘴、气动雾化喷嘴、蒸发管式喷嘴和甩油盘式喷嘴等,下面介绍其中几种。

1. 直射式喷嘴

如图 5-13 所示,直射式喷嘴结构十分简单,它是在封闭的圆管端头开一小孔,也有的在圆管的圆柱壁上开若干个小孔而装入燃烧室内,称为喷油杆。还有的将圆管弯成圆圈,在管上按一定的分布规律钻若干小孔,称为喷油环。为了满足浓度分布的要求,有的要钻几百个小孔,孔径很小,一般不到 1mm。

直射式喷嘴是靠高压燃油的压力能在喷出时变为动能高速喷到气流中,因为燃油喷射时无旋转运动,因此燃油基本充满孔口。相对气流喷射方向分顺喷、逆喷,或与气流方向呈任意角度的侧喷。由于燃油的紊流脉动和相对气流速度的运动,喷油束有一定的扩散角。喷射扩散角一般为 $5° \sim 15°$,但轴向速度远大于横向速度,因此它的穿透能力较强,燃油比较密集。实验表明,当油束与气流相对速度超过 100 m/s 时,雾化质量较好,因此往往采用逆喷或横喷的布局。直射式喷嘴优点是简单、分布比较灵活,缺点是雾化质量不理想。

在如图 5-13 所示的 1 和 0 两截面间很容易写出伯努利方程:

$$p_f + \frac{\rho_f v_1^2}{2} = p_0 + \frac{\rho_f v_2^2}{2} \tag{5-16}$$

由于 $v_1 \ll v_2$,故

$$v_0 = \sqrt{\frac{2(p_f - p_0)}{\rho_f}} \tag{5-17}$$

式中,$p_f - p_0 = \Delta p_f$ 为供油油差。

考虑到燃油黏性和流动损失等，需打一折扣，定义速度系数 φ（一般 $\varphi = 0.92 \sim 0.98$）。

$$v_0 = \varphi \sqrt{\frac{2\Delta p_f}{\rho_f}} \tag{5-18}$$

流量公式：

$$\dot{m}_f = \varepsilon \rho_f F_c v_0 = \varepsilon \varphi F_c \sqrt{2\Delta p_f \rho_f} = \mu F_c \sqrt{2\Delta p_f \rho_f} \tag{5-19}$$

式中，$\dot{m}_f$ 为燃油质量；F_c 为喷油小孔面积；ρ_f 为燃油密度；ε 为孔口流束收缩引起的流量损失系数，也称有效截面系数；$\mu = \varepsilon \varphi$ 为流量系数。μ 与喷口的长径比有关，当 $l/d = 0.5 \sim 1$ 时，$\mu = 0.6 \sim 0.65$；当 $l/d = 2 \sim 3$ 时，$\mu = 0.75 \sim 0.85$。

在喷嘴设计和流量计算时，经常要用到流量系数的概念，它是分析流量特性的重要参数。

由式 (5-19) 可知，$\dot{m}_f$ 与 Δp_f 呈二次曲线的关系，即 $\dot{m}_f \propto \Delta p_f$，如图 5-14 所示。当 F_c 固定，$\dot{m}_f$ 在中小流量时，Δp_f 能满足要求，供油泵也能承受得了。若 $\dot{m}_f$ 要增大，Δp_f 虽增大很多，而 $\dot{m}_f$ 增大有限，且此时供油泵及油管承受不了较大的压力（一般 Δp_f 最大约 9.8×10^6Pa）。因此，当要求 $\dot{m}_f$ 变化很大时，常常采用增加喷油孔数（或孔径），即增大 F_c 的办法来达到要求。

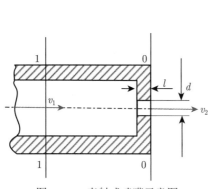

图 5-13　直射式喷嘴示意图

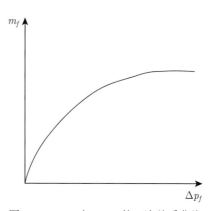

图 5-14　m_f 与 Δp_f 的二次关系曲线

2. 离心式喷嘴

离心式喷嘴又名旋流喷嘴，在燃气轮机燃烧室中应用广泛，对它的研究、设计、使用等也较为成熟，这里对离心式喷嘴的工作原理加以介绍。

如图 5-15 所示为一简单离心式喷嘴示意图。燃油从喷嘴旋流室底部的切向小孔（图中只画出一个，实际为两个以上），以 v_1 速度流入，由于是切向进油，因此燃油在旋流室中以切向速度 v_u 旋转，并以轴向速度 v_a 向前推进，临近喷口时受旋流室端面限制而收缩，从喷嘴口旋转着向外喷出。燃油从喷口呈环状管膜喷出，首先形成油膜，而后由于内部的强紊流及与气动力的相互作用油膜失稳而破裂成大小不等的油珠，由于出口处切向和轴向速度的作用，油膜呈圆锥形，此圆锥的平均夹角称为雾化锥角。油束离开喷口时，因不再受喷口壁的限制，与轴线成一扭角的直线射向空间，这些连续的全部油束在喷口外形成的是空心双曲面，图 5-16 给出了这个双曲面的立体形状。

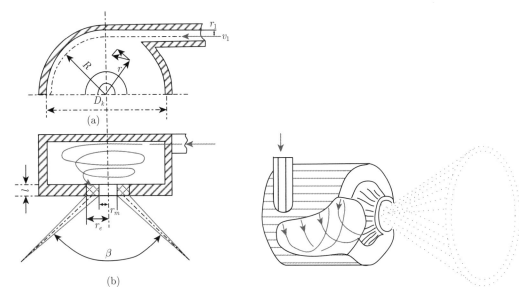

图 5-15　离心式喷嘴结构示意图　　　　图 5-16　离心式喷嘴油束运动示意图

离心式喷嘴理论是由苏联学者阿勃拉莫维奇于 1944 年提出的。这个理论的基本假设是：

(1) 认为流体是无黏性流体；

(2) 忽略流体的径向速度；

(3) 喷嘴处于最大流量状态工作。

对离心式喷嘴应用动量矩守恒方程和伯努利方程：

$$\dot{m}_f v_u r = \dot{m}_f v_1 R = 常数 \tag{5-20}$$

$$p_f + \frac{\rho_f v_1^2}{2} = p + \frac{\rho_f}{2}(v_u^2 + v_a^2) = H = 常数 \tag{5-21}$$

式中，$\dot{m}_f$ 为燃油质量；p_f 为喷嘴进口的燃油静压；v_a 为燃油的轴向速度；v_u 为任一半径 r 处的燃油切向速度；r 为燃油流束在任意处的半径；R 为切向孔中心线距喷嘴轴线的距离；H 为燃油总压头，若不考虑损失，H 在过程中不变；p 为任一半径 r 处的静压头。

通过对以上方程组的求解分析，可以得到以下关于离心式喷嘴的特点。

1) 在喷嘴内部围绕轴线存在空气涡

燃油从喷嘴的切向孔进入旋流室后，在喷嘴内部旋转前进，由于旋转运动，且静压总是大于 0，由式 (5-20) 和式 (5-21) 可知，燃油并不充满旋流室，中间存在一个与外界大气相通的空气中心涡 (简称空心涡)。定义空心涡的半径为 r_m，也为环形油束的内径，环形油束在喷口截面处紧贴喷嘴口内表面，故其半径为 r_c，因此喷口截面积并不都充满油，其有效面积 F 应为 F_c 减掉空心涡占去的面积 F_m：

$$F = F_c - F_m = \pi(r_c^2 - r_m^2) \tag{5-22}$$

设 ε 为有效截面系数，其定义为

$$\varepsilon = \frac{F}{F_c} = \frac{\pi\left(r_c^2 - r_m^2\right)}{F_c} = 1 - \left(\frac{r_m^2}{r_c^2}\right)^2 \tag{5-23}$$

从式 (5-23) 可导出

$$r_m = r_c\sqrt{1-\varepsilon} \tag{5-24}$$

2) 喷嘴出口截面燃油轴向速度 v_a 为常数

我们在喷嘴出口处的环形油流的横截面上取一环形微元体，如图 5-17 所示，其厚度为 1，在半径 r 处的宽度为 $\mathrm{d}r$，于是，环形微元体的质量为

$$\mathrm{d}\dot{m}_f = 2\pi r \mathrm{d}r \rho_f$$

当这个质量以切向速度 v_u 做旋转运动时，其离心力为 $\mathrm{d}\dot{m}_f \frac{v_u^2}{r}$，它与此基元体半径方向的压差平衡，即

$$2\pi r \mathrm{d}p = \mathrm{d}\dot{m}_f \frac{v_u^2}{r} = 2\pi r \mathrm{d}r \rho_f \frac{v_u^2}{r}$$

$$\mathrm{d}p = \rho_f v_u^2 \frac{\mathrm{d}r}{r} \tag{5-25}$$

对式 (5-20) 中的 v_u 及 r 进行微分有

$$\frac{\mathrm{d}r}{r} + \frac{\mathrm{d}v_u}{v_u} = 0$$

将其代入式 (5-25)，并积分后可得

$$p + \frac{\rho_f v_u^2}{2} = 常数 \tag{5-26}$$

式 (5-26) 表示在离心式喷嘴内有旋转油流的各点上，压力与切线速度的关系如图 5-18 所示。用式 (5-21) 减去式 (5-26) 可得

$$v_a = 常数$$

式 (5-26) 说明喷嘴出口前的全部燃油质点，在不同的半径上都具有相同的轴向速度。

在燃油和空心涡的交界面上有

$$\frac{\rho_f(v_a^2 + v_{um}^2)}{2} = H - p_0 = \Delta H \tag{5-27}$$

式中，v_{um} 为在 r_m 处油流的切向速度，此时的切向速度最大；p_0 为外界环境压力；ΔH 表示燃油流过喷嘴的总静压差，也是供油表压。可见，在燃油和空心涡的交界面上，这个压力差全部转化为切向速度和轴向速度的动能。

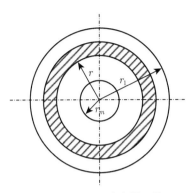

图 5-17 环形油流微元体

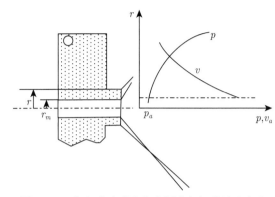

图 5-18 离心式喷嘴内各点压力与切线速度变化

下面介绍喷嘴流量系数与轴向速度及喷嘴几何参数之间的关系。

从喷口喷出的流量:

$$m_f = \rho_f v_a \varepsilon F_c = \rho_f v_a \varepsilon \pi r_c^2 \qquad (5\text{-}28)$$

从喷嘴切向孔进入的流量:

$$\dot{m}_f = \rho_f v_1 F_1 = \rho_f v_1 n\pi r_1^2 \qquad (5\text{-}29)$$

式中, F_1 为进油切向孔的总面积, 若是非圆 (如矩形) 也可照算; n 为切向孔数。

根据连续方程 (5-28) 和式 (5-29) 相等, 则

$$\dot{m}_f = \rho_f v_a \varepsilon \pi r_c^2 = \rho_f v_1 n\pi r_1^2$$

则有

$$v_1 = v_a \varepsilon \frac{r_c^2}{n r_1^2} \qquad (5\text{-}30)$$

利用式 (5-20), 则得

$$v_{um} = \frac{v_1 R}{r_m} \qquad (5\text{-}31)$$

再利用式 (5-24), 则

$$v_{um} = v_1 \sqrt{1-\varepsilon} \frac{R}{r_c} \qquad (5\text{-}32)$$

将式 (5-30) 代入式 (5-32) 得

$$v_{um} = v_a \frac{\varepsilon}{\sqrt{1-\varepsilon}} \frac{R r_c}{n r_1^2} \qquad (5\text{-}33)$$

令 $A = \dfrac{R r_c}{n r_1^2}$, 称为离心式喷嘴几何特征参数, 若为非圆切向孔, 则 $A = \dfrac{\pi R r_c}{F}$, F 为切向流道的总流通面积。

将式 (5-33) 及 A 代入式 (5-27) 可得轴向速度为

$$v_a = \frac{1}{\sqrt{1 + \dfrac{\varepsilon^2}{1-\varepsilon}A^2}}\sqrt{\frac{2\Delta H}{\rho_f}} \tag{5-34}$$

令 $\varphi = \dfrac{1}{\sqrt{1 + \dfrac{\varepsilon^2}{1-\varepsilon}A^2}}$，称为轴向速度系数。则

$$v_a = \varphi\sqrt{\frac{2\Delta H}{\rho_f}} \tag{5-35}$$

于是流过喷嘴的燃油质量为

$$\dot{m}_f = \rho_f v_a \varepsilon F_c = \varepsilon\varphi F_c\sqrt{2\rho_f \Delta H} = \mu F_c\sqrt{2\rho_f \Delta H} \tag{5-36}$$

式中，$\mu = \varepsilon\varphi$ 为流量系数。根据 φ 的定义，μ 可改写为

$$\mu = \frac{1}{\sqrt{\dfrac{1}{\varepsilon^2} + \dfrac{A^2}{1-\varepsilon}}} \tag{5-37}$$

由式 (5-37) 可知，流量系数 μ 是喷嘴几何特征参数 A 和喷口有效截面系数 ε 的函数。

仅利用式 (5-35) 和式 (5-36) 还不能进行流量计算。A 虽为已知的几何参数，但 ε 并不知，还需找出 A-ε 的关系。

阿勃拉莫维奇认为，离心式喷嘴在 μ 值最大的条件下工作。因为，从前述分析可知：r_m 过大则有效截面 F 减小，流量下降；而若 r_m 过小，液流的压力能过多地用于增大切向分速度，从而使轴向速度减小，流量也会减小。r_m 过大或过小均不能获得大的流量系数，因此称为最大流量原理，即

$$\frac{\mathrm{d}\mu}{\mathrm{d}\varepsilon} = 0$$

可得

$$A = \frac{1-\varepsilon}{\sqrt{\dfrac{\varepsilon^3}{2}}} \tag{5-38}$$

将 A 值结果代入式 (5-37)，可得

$$\mu = \sqrt{\frac{\varepsilon^3}{2-\varepsilon}} = \varepsilon\sqrt{\frac{\varepsilon}{2-\varepsilon}} \tag{5-39}$$

于是相应的轴向速度系数为

$$\varphi = \frac{\mu}{\varepsilon} = \sqrt{\frac{\varepsilon}{2-\varepsilon}} \tag{5-40}$$

这样当设计时，在确定了 A 后，即可从式 (5-38) 求出 ε，并由式 (5-39) 求出 μ，即可计算流量。

下面再来介绍喷雾锥角 β 的确定方法。

在设计燃油喷嘴时，另一个必须确定的特性参数是喷雾锥角 β。它可以根据轴向速度和切向速度的关系来确定。燃油从喷口喷出时包含切向速度与轴向速度，轴向速度在半径方向上是不变的，但切向速度随半径而异，因此燃油从喷口喷出时因所处半径不同，喷雾锥角也不同。r 越小，β 越大；反之，β 越小。一般采用平均锥角来计算其值，即切向速度 v_u 用平均切向速度 $\bar{v}_u$，这大体相当于 $\bar{r} = \dfrac{r_c + r_m}{2}$ 处的切向速度。因此

$$\tan\frac{\beta_m}{2} = \frac{\bar{v}_u}{v_a} \tag{5-41}$$

从式 (5-20) 可得

$$\bar{v}_u \bar{r} = v_1 R$$

故有

$$\bar{v}_u = \frac{v_1 R}{\bar{r}} = v_1 \frac{2R}{r_c + r_m} \tag{5-42}$$

将式 (5-30) 的 v_1 和式 (5-24) 的 r_m 代入式 (5-42)，并应用到式 (5-38) 中 A 的表达式，可得

$$\bar{v}_u = v_a A \frac{2\varepsilon}{1+\sqrt{1-\varepsilon}} = v_a \frac{1-\varepsilon}{1+\sqrt{1-\varepsilon}}\sqrt{\frac{8}{\varepsilon}} \tag{5-43}$$

将式 (5-43) 代入式 (5-41)，可得

$$\beta_m = 2\arctan\frac{1-\varepsilon}{1+\sqrt{1-\varepsilon}}\sqrt{\frac{8}{\varepsilon}} \tag{5-44}$$

式 (5-44) 表明，喷雾锥角只和有效截面系数或几何特性参数有关。

在图 5-19 中绘出了 μ、ε、β 和 A 的关系曲线，此图可用于离心喷嘴设计时选配或调节各参数间的关系，较为实用。

阿勃拉莫维奇关于离心喷嘴的理论比较明确、简单，计算起来也方便。因此作为基础理论，有重要价值。但由于该理论未考虑液体的黏性作用和喷嘴结构等影响，结果不够准确。对于黏性较大的油类，误差较大。故它只在黏性较小、径向速度不大时，计算与结果才是相符的。

以上分析的是简单离心式喷嘴的工作原理。但对于工况范围宽的燃气轮机尤其是航空燃气轮机来说，由于在不同工况下供油量变化悬殊，仅靠简单喷嘴调节供油压力来改变供油量已远不能满足要求。例如，有的航空燃气轮机的最大和最小供油量往往相差 20 倍以上，那么根据 $\Delta p_f \propto \dot{m}_f^2$ 关系，供油压差就相差 400 倍。为了保证喷油雾化质量，最低油压一般应为 0.5MPa，于是最高油压将为 200MPa，这样不仅带来供油系统的复杂性和危险性，而且从喷嘴喷出的油束具有很大的动能，有可能把火焰筒击穿。由流量公式可知，流

量不仅和供油压差的方根成比例，而且还和喷口的面积 F_c 成正比。为了增加供油量，须加大 F_c。通常用两种办法：一种是增加喷头数，这在主燃烧室中几乎不可能；另一种就是在一个喷头上重叠地装两个喷口，由两股油路分别供油，一般称为主、副油路。图 5-20 给出了两种航空用双油路喷嘴的示意图。图 5-20(a) 为双油路单喷口；图 5-20(b) 是双油路双喷口，这种喷嘴形成两层油膜，而且旋转方向可以相反，以增加相对扰动速度，加快油膜的破裂，使之尽早雾化。

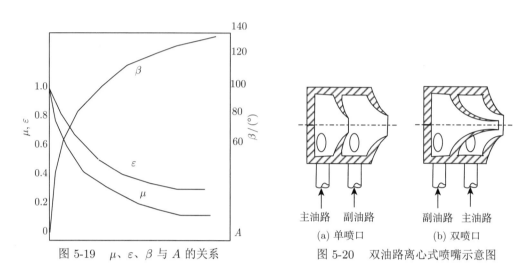

图 5-19　μ、ε、β 与 A 的关系　　　　　图 5-20　双油路离心式喷嘴示意图

3. 气动雾化喷嘴

气动雾化喷嘴在结构上的主要特点是在喷嘴内设计了空气流道，利用高压空气的喷散作用，以较高的速度夹带着燃油喷向燃烧空间，使燃油雾化为更细的油滴。用于航空燃气轮机的气动雾化喷嘴，与地面动力装置用的气动雾化喷嘴在原理上是一样的，不同之处在于供气的来源上。地面装置都有一套供气系统专门为喷嘴供气，如果航空燃气轮机再另外配备一套供气系统，就会使质量增加，结构复杂。解决的办法是利用火焰筒内外较大的压差，来形成气动雾化喷嘴内较高的空气流速，对燃油进行雾化。一般把工业上应用的有另外一套供气系统的喷嘴称为气动喷嘴 (pneumatic atomizer)，而利用燃烧室本身气流的称为空气雾化喷嘴 (air blast atomizer)。

与离心式喷嘴相比，空气雾化喷嘴更适合于高压燃烧室。增压比的提高，空气密度加大，气动力增强，对雾化有利，使得油滴更细小。但正因为油滴细小，其质量小、惯性力小，在密度较大的气流中阻力也大，油滴穿透力弱，油雾分布面窄，从而使得喷嘴附近燃油较为集中，而距喷嘴较远处，燃油较为稀少，这样就使燃烧性能变坏。实践表明，在高压燃烧室中，头部冒烟问题及火焰辐射较为严重，采用离心式喷嘴几乎难以克服。对于空气雾化喷嘴，燃油在喷嘴环腔内就受到气动力的作用，并在高速气流带动下喷向燃烧空间，这样既有很好的雾化质量，又使雾滴具有良好的穿透性，避免了主燃区局部高温富油而产生的冒烟问题。

空气雾化喷嘴有各种结构形式的设计方案。目前应用较多、效果较好的是双路进气的空气雾化喷嘴。图 5-21 给出了 PW4000 发动机燃烧室和 V2500 发动机燃烧室所采用的空气雾化喷嘴,工作时,燃油充满集油槽,然后喷射至内、外两股高速气流通道中。由于供油压力不高(为 $(3\sim5)\times10^5\text{Pa}$),一般较少喷至气流中,而是紧贴壁面形成一层油膜。这层旋转的油膜在内环腔高速气流的吹动下,沿壁面向下游扩展,直到在喉道处加速至 $100\sim150\text{m/s}$,并且沿通道向约 $45°$ 方向吹出。同时外环空气向里切吹,与内环腔气流交叉,形成相剪切的冲击。油膜在这两股气流的剪切作用下碎裂成细小油滴,并经这两股气流形成的强紊流带动,较好地掺混于气流中,形成较均匀的油雾进入火焰筒头部。实践表明,这种喷嘴可显著降低发烟度和热辐射量,且不需要高压油泵,使出口温度场也均匀稳定。

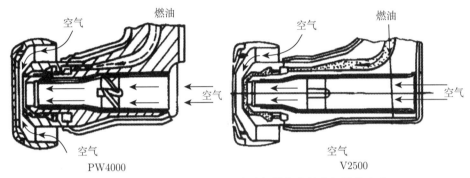

图 5-21　PW4000 和 V2500 发动机燃烧室的空气雾化喷嘴

空气雾化喷嘴的缺点是由于油气充分掺混,贫油熄火极限显著降低,使燃烧室稳定工作范围变窄;在启动时,气流速度较低,压力较小,雾化不良,使燃烧性能受到影响。

4. 其他类型的喷嘴

除离心式喷嘴和气动雾化喷嘴以外,在有的燃烧室上也使用蒸发管式喷嘴和甩油盘式喷嘴。

1) 蒸发管式喷嘴

蒸发管式喷嘴早在 30~40 年前就在航空燃气轮机上应用过,当时的目的是缩短混气形成所占的燃烧室长度,利用已燃气的热量加快蒸发和掺混过程。但由于当时的技术尚未达到完善的程度,在管中出现积碳和管子过热烧蚀等问题,未能解决,另外由于离心式喷嘴尚处于应用的高潮,客观上无太大的必要取而代之,因此未能发展起来。而后随着航空燃气轮机的发展,燃烧室在越来越高的气流压力下工作,对燃烧室性能提出更高的要求,例如,效率高、尺寸小、排烟少等,使燃烧室向短环形发展,离心式喷嘴满足不了这些要求,于是人们寻找别的途径,气动雾化喷嘴的发明和重新对蒸发管的研究就是在这种情况下开始的。实践证明,这些新的供油方式能较好地满足近代燃气轮机的要求。

图 5-22 为某环形燃烧室所用的 T 形蒸发管示意图。燃油通过位于蒸发管进口中间的油管用较低的压力以直射方式向里喷油,有些预先对燃油进行加温(约达 420K),有些也并不加温。在燃油管的周侧有来自压气机的高温(约 870K)空气通入,初步使燃油蒸发并掺混。蒸发管内的余气系数很小,$\alpha=0.2\sim0.3$。蒸发管的底部位于火焰区,通过金属管壁传进大量的热,因此从蒸发管喷出的基本上是气态富油的混合气,然后经管外的气流吹向管后,再与主燃孔进来的大量空气形成 $\alpha\approx1$ 的混气,因此很容易点燃。由于形成

的混气基本上是气态，因此混气较为均匀，不致形成过分富油的区域。蒸发管燃烧室的燃烧效率较高，不冒烟，火焰呈蓝色，辐射少，出口温度场较均匀稳定，不随燃油量的多少而变化。

燃油在蒸发管内实际上并未完全蒸发，有的情况下仍有一小部分以油珠形式喷出，并有部分进入火焰区，这虽然对燃烧效率有些影响，但可扩大稳定燃烧边界，故现在的蒸发管设计也不要求在管内全部蒸发。蒸发管式喷嘴存在的问题主要是火焰稳定极限较窄，以及高压下工作时，蒸发管壁有过热及烧蚀的危险。

2) 甩油盘式喷嘴

这是一种装于小型燃气轮机的供油装置 (见图 5-23)。燃油经过发动机轴的中心流至轴上一个空心供油盘，在供油盘的圆周边上开有若干小孔，当发动机轴以高速旋转至 30000r/min 以上时，将油从小孔中甩至环形燃烧室的头部，由于轴的高速旋转，燃油受到离心力的作用，动能很大，雾化质量也很好。从使用的效果看，燃烧效率较高，且对高速旋转的轴有冷却作用，也使燃油得到预热，从而对雾化、蒸发以及组织燃烧都有利。甩油盘式喷嘴在高转速、小流量的折流环形燃烧室中得到应用。

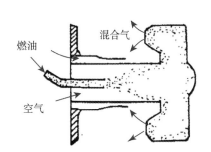   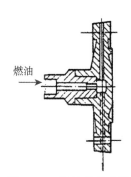

图 5-22　某环形燃烧室用 T 形蒸发管示意图　　　　　　图 5-23　甩油盘式喷嘴

5.3.3　旋流器

旋流器位于火焰筒头部，是按一定方向装有叶片的环形装置，大多围绕燃料喷嘴安装，可多个并列或同心组合使用。空气流入时沿火焰筒内壁做螺旋状旋转运动，中间形成低压区，引起回流，形成回流区，降低空气流速，提高回流区温度 (有利于燃油汽化-蒸发速度提高)，使燃油与空气更好地混合，在中心区形成稳定的火源。有的旋流器能把一部分空气射入雾化油锥内，可以减少积碳。图 5-24 是一个典型双级涡流器结构示意图，图 5-25 是涡流器旋转射流结构示意图。

涡流器的设计中有一个很重要的参数：涡流数 S_N，也称为旋流数，定义为流体的切向动量的轴向通量与轴向动量通量之比。它反映了旋流的强弱程度：

$$S_N = \frac{2G_m}{D_{sw}G_t}$$

式中，G_m 为切向动量的轴向通量，$G_m = \int_0^{D_{sw}/2} \rho v_a 2\pi r \mathrm{d}r v_t r = \int_0^{D_{sw}/2} 2\pi r^2 \rho v_a v_t \mathrm{d}r$，轴

向力为 $G_t = \int_0^{D_{sw}/2} 2\pi r \rho v_a^2 \mathrm{d}r + \int_0^{D_{sw}/2} 2\pi r p \mathrm{d}r$。其中，$v_a$ 和 v_t 分别是速度的轴向分量和切向分量；p 为静压。

涡流数 S_N 小于 0.4 时，涡流器下游不会产生回流，称为弱涡流。涡流数在 0.4~0.6 时，流线开始明显弯曲，但仍没有形成回流。实际燃烧室涡流器的涡流数远大于 0.6，形成了强烈的回流区。

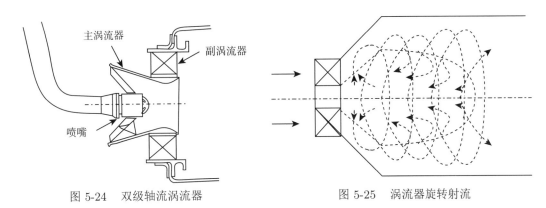

图 5-24 双级轴流涡流器   图 5-25 涡流器旋转射流

5.3.4 冷却设计

火焰筒冷却设计特点主要包括：

(1) 冷却空气量和冷却气参数是决定冷却形式的重要因素；

(2) 冷却流动受火焰筒压降的制约，火焰筒压降一般小于 4%，限制了某些强化换热结构和高流阻冷却形式；

(3) 燃气对壁面有腐蚀，对冷却通道有堵塞作用，它关系着冷却结构的工作可靠性，对较小孔的发散壁等的影响尤为突出；

(4) 火焰筒壁温梯度必须在热应力许可的范围内。

图 5-26 是一个带有冷却孔的火焰筒结构。

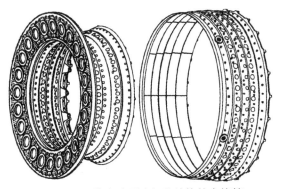

图 5-26 带有壁面冷却孔结构的火焰筒

冷却结构有多种形式，目前用得比较多的有以下几种。

1. 气膜冷却

燃烧室气膜冷却的结构如图 5-27 所示。当燃烧室出口温度小于 1600 K 时，气膜冷却的冷却空气量可在 40％以上，但随着温度的提高，单纯气膜冷却已不适合高温升燃烧室。气膜进气方式有总压进气、静压进气和总静压混合三种形式。

2. 对流气膜冷却

图 5-28 是对流气膜冷却结构的示意图。它利用有限的火焰筒压降，提高火焰筒壁冷却速度，增强对流换热。对流气膜冷却气量在 30％以上，适用于火焰筒中间段和尾部的冷却。

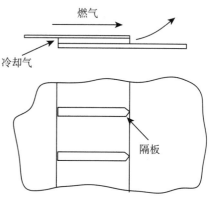

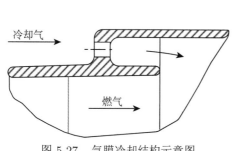

图 5-27　气膜冷却结构示意图　　　　　　　图 5-28　对流气膜冷却结构示意图

3. 冲击气膜冷却

图 5-29 是冲击气膜冷却结构的示意图。冲击气膜冷却适用于较高火焰筒压降的工作环境，它能充分利用火焰筒压降，用冲击流提高火焰筒壁换热能力。冲击冷却常用于高温升燃烧室，冲击冷却的冷却空气量在 25％～30％。

4. 发散式气膜冷却

发散式气膜冷却是一种充分利用发散孔壁的换热过程，提高冷却空气的冷却能力，降低空气消耗量的冷却形式，图 5-30 是发散式气膜冷却结构示意图。发散孔形成的气膜是三维气膜。孔径为 0.4~0.7mm，孔一般有 15°～30° 的倾斜角。发散式气膜冷却结构的冷却空气量可达 20％左右。发散式气膜冷却的缺点是过小的孔，极易被烟尘堵塞，加上燃气的腐蚀，易使冷却效果下降，工作不可靠。图 5-31 是 GE90 全发散冷却结构例子。

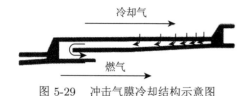

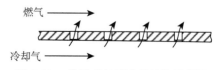

图 5-29　冲击气膜冷却结构示意图　　　　　　图 5-30　发散式气膜冷却结构示意图

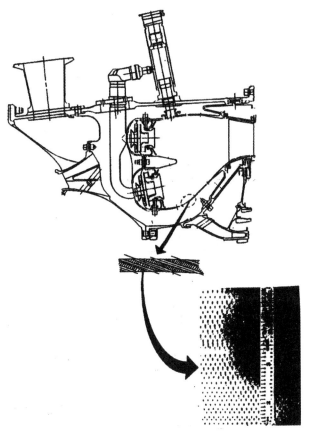

图 5-31 全发散冷却的实例——GE90

5.3.5 点火器

常见的点火方式有电火花点火、火炬点火、电热塞点火、热表面点火、等离子射流点火、激光点火、催化点火等，如图 5-32 所示。

点火器性能直接影响燃气轮机工作的可靠性。燃气轮机要求在各种复杂环境下，都能成功点火。点火系统的基本要求：

(1) 足够的点火能量，保证可靠的点火；

(2) 点火器应具有耐压、耐高温、耐腐蚀特性；

(3) 使用寿命较长；

(4) 点火系统结构简单、质量轻、体积小。

燃气轮机燃烧室点火过程很短，点火成功的标志有三个过程：能量释放过程、火焰从核心传播到整个主燃区，火焰向整个燃烧室传播，图 5-33 是对一个三头部燃烧室数值模拟的点火过程。

(1) 能量释放过程。

该过程是指通过使用火花塞 (也可由激光或热射流触发) 触发一团热的气体核心，形成具有一定尺寸和温度能够向周围传播的火焰核心，一般点火系统的数量远少于火焰筒的数目，如用 2~3 个火花塞点燃多个火焰筒或头部。

(2) 火焰从核心传播到整个主燃区的过程。

对于燃用液体燃料的燃烧室，点火器产生的热气团必须能蒸发点火器附近的液体燃油、加热混气，触发包围点火器的火焰筒内的第一把火，并传向主燃区。

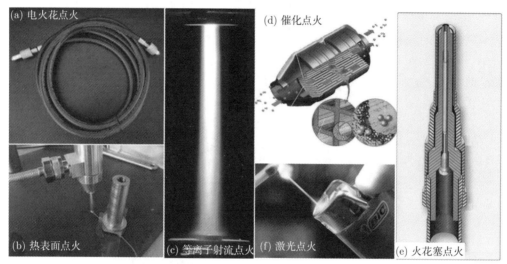

图 5-32　几种常见点火方式

(3) 火焰向整个燃烧室传播的过程。

对于单管或环管燃烧室，火焰从点着的一个火焰筒通过联焰管向相邻火焰筒传播；对于环形燃烧室，从点燃的头部向相邻头部传播，一般包含 18~24 个头部，直到点燃整个燃烧室。

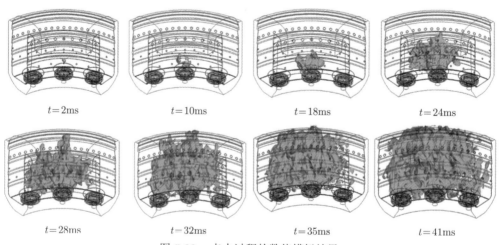

图 5-33　点火过程的数值模拟结果

影响点火性能的主要因素包括如下。

(1) 点火参数：电火花能量、火花持续时间、电火花频率、点火器位置等。

(2) 流动参数: 来流压力、来流温度、来流速度。

(3) 燃料参数: 燃料类型、油气比、喷雾特性、燃料温度、油气分布。

5.4 燃烧室空气流动

各种类型燃烧室结构、结构尺寸和供油方式等有很大差别，但在燃烧室气动力学的设计和基本概念上是类似的。例如，扩压器和内外环道的气动设计目标是降低速度、提高静压和合理分配流量，保证流动不分离、总压损失小和流场均匀；火焰筒内的流场组织则为了实现稳定高效燃烧、对壁面进行冷却和对冷热气流进行高效掺混。

如图 5-34 所示，空气从压气机进入燃烧室后，首先在扩压器中降低速度，提高静压，然后一部分空气经头部的涡流器和其余进气孔进入火焰筒，称为第一股空气，另一部分流入内外环道后分别经主燃孔、中间孔、掺混孔和冷却孔进入火焰筒，统称为第二股空气。火焰筒各区的流量分配与燃烧室的结构有密切关系，并对燃烧室的流动和燃烧性能起着至关重要的作用。下面具体介绍火焰筒功能区流动特点和流量分配。

如果在燃烧室中采用燃料和空气的均匀混气，那么只能在很窄的油气比范围内稳定燃烧，如煤油蒸气，常温常压下仅能在 $\alpha = 0.33 \sim 2$ 范围内燃烧。另外，由于涡轮叶片的工作温度受材料和冷却技术的限制，要求燃烧室出口温度不能太高，由此确定的燃烧室余气系数一般为 2~5，这种混气的贫油程度已超出可燃范围。因此为了稳定高效地燃烧，必须在燃烧室结构设计时采取措施，把火焰筒按功能划分为主燃区、中间区 (或补燃区) 和掺混区几部分，如图 5-35 所示，各区域通过火焰筒上的进气装置 (包括涡流器、进气孔等) 供入空气，使余气系数沿轴向逐步提高。

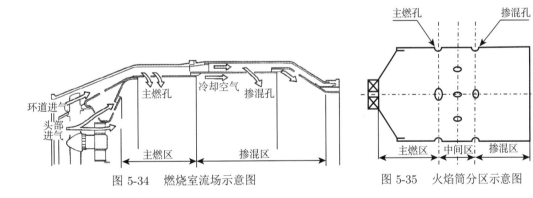

图 5-34 燃烧室流场示意图   图 5-35 火焰筒分区示意图

1. 主燃区

主燃区是指从火焰筒头部起至主燃孔之间的一段空间。空气通过旋流器后产生螺旋运动，并在中间形成了强回流区 (见图 5-36(a))，主燃孔一般位于旋流器形成的回流区涡心下游，由主燃孔流入的部分空气一方面将强化回流，另一方面也将限制回流区的大小 (见图 5-36(b))。主燃区的回流区为火焰稳定和高效燃烧奠定了流动基础。燃油通过喷嘴供入主燃区，与从旋流器和主燃孔进入的空气混合成可燃混气，实现火焰稳定和高效燃烧的功用。

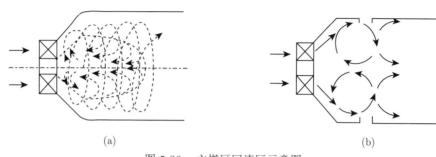

(a)   (b)

图 5-36   主燃区回流区示意图

主燃区的油气比 (m_f/m_{pz}) 是燃烧室重要的参数。燃油量取决于燃烧室的总油气比，一旦燃烧室进气量确定，燃油量就定了。下面求主燃区的空气量 m_{pz}：进入主燃区的空气量包括旋流器进气、头部小孔进气、喷嘴雾化空气、主燃孔进气和主燃区冷却空气。这些进气中，主燃孔进气和主燃区冷却空气中只有一部分进入了主燃区，即

$$主燃区空气量 =100\%(旋流器进气 + 头部小孔进气 + 喷嘴雾化空气)$$

$$+ K_1 主燃孔进气 + K_2 主燃区冷却空气$$

式中，K_1 是主燃孔进气卷入主燃区的比例；K_2 是主燃区冷却空气卷入主燃区的比例。K_1 和 K_2 与环腔内的速度、小孔射流和旋流器进气有关。一般，对于环形燃烧室，K_1 在 0.4 左右，环管燃烧室约为 0.5。K_2 的选取则更为经验一些。

主燃区油气比是决定燃烧室燃烧性能最重要的参数之一。早期的燃烧室鉴于点火和火焰稳定的需要，常设计为富油主燃区，现在考虑低污染排放设计，逐步趋于贫油燃烧室设计。此外，在燃气轮机不同工作状态时，主燃区的油气比也在变化。三种类型的主燃区对燃烧室性能有不同的影响，如表 5-2 所示。

表 5-2   不同油气比主燃区的影响

类型	优点	缺点
化学恰当比	放热率最高 冒烟少，不积碳	散热多 NO_x 排放多
富油	点火性能好 贫熄性能宽 小状态时燃烧效率高	容积释热率低 冒烟和积碳相对多 火焰筒壁面温度高 需要长的中间区
贫油	燃烧干净、无冒烟和积碳 火焰筒壁面低，无须中间区 出口温度场分布均匀	稳定性和点火性能较差

2. 中间区

中间区又称为补燃区。从主燃区出来的燃气中一般含有 CO、H_2、UHC 和很多离解产物等，为了促进氧化反应和离解产物的复合，提高燃烧效率，通常在主燃区后设置中间区，其主要功用是提供新鲜空气与燃气混合后进一步燃烧、氧化和合成离解产物。中间区的平均温度是影响燃烧的关键参数。如果温度太低，氧化和合成速度太慢而无法及时在中间区

内完成, 反之, 如温度太高, 一些离解产物无法重新合成。此时就需要严格控制进入中间区的新鲜空气量, 经验表明, 中间区温度控制在 1800 K 左右比较合适。目前先进的燃烧室设计中通常都没有中间区。

3. 掺混区

掺混区设计是控制燃烧室出口温度和温度分布的关键。掺混孔的数目、尺寸和位置分布是影响掺混气流分布的重要因素, 通过调节掺混气流的分布和穿透深度来满足燃烧室出口温度径向分布 (图 5-1) 和温度分布系数 (OTDF、RTDF) 的要求。当掺混气量一定时, 掺混孔数目越多, 对应的孔径越小, 分布越密, 这可以使掺混气在掺混区内分布均匀, 但同时每个掺混孔的孔径变小、进气量减少, 将导致穿透深度不足而形成局部热点; 反之, 如掺混孔数目少、孔径变大, 会使掺混孔分布过稀, 掺混气分布不均, 同时会导致穿透深度过大形成局部温度过低。

随着先进燃烧室高温升和低污染的要求, 燃烧室进口温度和燃烧室温升提高, 而燃烧室总气油比减小, 掺混区可以得到的掺混和冷却气量减小。但从理论上讲, 燃烧室进口温度和温升越高, 燃烧室出口温度就越高, 所需的掺混气和冷却气就要越多, 两者矛盾, 为此必须精心设计掺混区的流态以满足出口温度场的要求。

4. 燃烧室的流量分配

燃烧室的流量分配, 是指从压气机过来的高压空气沿燃烧室长度方向流入火焰筒的进气规律。流量分配直接影响到包括点火、火焰稳定、燃烧效率、总压损失、冷却和出口温度场在内的几乎所有燃烧室性能。

流量分配通常可以用: 各排孔的相对进气量、累计流量沿火焰筒相对长度 (L/D) 的变化和火焰筒各截面余气系数沿火焰筒相对长度的变化表示。

上面已描述了火焰筒三个功能区的流动特点和要求, 火焰筒的流量分配就是要通过合理设计进气装置的结构、形状、大小和位置满足各功能区的要求, 此外各区还要供入冷却空气。

流量分配的计算方法有面积法、流阻法、等射流理论解法、平均流量系数法和基本方程法等, 但这些方法或多或少都存在一些问题, 因而目前在流量分配设计时一般都结合计算和研制经验两方面来确定燃烧室各部分的空气量。下面简要介绍火焰筒各区的流量分配特点。

(1) 火焰筒头部流量。不同用途的燃烧室, 头部空气流量不同。如贫油头部, 其余气系数 $\alpha_{\mathrm{dome}} = 0.50 \sim 0.85$, 富油头部 $\alpha_{\mathrm{dome}} = 0.30 \sim 0.50$。

(2) 主燃区的流量主要取决于主燃区平均油气比, 一旦主燃区的平均油气比确定, 即可根据燃油量和油气比求得空气流量。

(3) 掺混区空气流量的确定比较复杂, 主要根据掺混区进口燃气温度与燃烧室出口温度的要求, 换算出空气流量。

(4) 燃烧室总冷却空气量主要根据同类燃烧室冷却面积和冷却空气的统计, 考虑压力、温度、冷却结构的变化, 估计冷却空气量。对于气膜冷却火焰筒的冷却空气量可用下列经验公式:

$$\frac{m_c}{A_{L,S}T_{T3}} = (5.18 \sim 0.868\alpha_\Sigma) \times 10^{-2}$$

式中，$A_{L,S}$ 为火焰筒表面积；α_Σ 为总余气系数。

图 5-37 是斯贝发动机燃烧室的流量分配示意图。

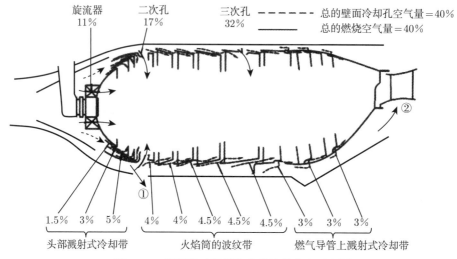

图 5-37   斯贝发动机燃烧室的流量分配示意图

① 压气机出口流量的 5.5%冷却涡轮；② 压气机出口流量的 3.8%冷却涡轮导向叶片

5.5　燃烧过程和燃烧室性能

燃烧室的作用是把压气机增压后的空气，经过喷油燃烧提高温度，然后流向涡轮膨胀做功。燃气轮机燃烧室的工作条件十分恶劣，在这些条件下组织高效率的燃烧绝非易事，特别是随燃气轮机工况改变时尤为突出，因此对燃烧室有基本的性能要求。在本章一开始已经介绍过燃烧室的工作特点，为了满足燃烧室的这些工作特点，充分发挥燃烧室的功能，必须提高燃烧室的性能，如何来衡量一个燃烧室的好坏，需要一些能反映燃烧室工作特性的性能参数。本节主要介绍燃烧过程和燃烧室的主要性能。

5.5.1　燃烧过程分析

1. 油气分布

为了组织燃烧，首先要在燃烧室内形成合理的油气分布。所谓油气分布是指余气系数或油气比在燃烧空间的分布。只有在一定范围内的余气系数才能保证稳定的燃烧。

空气经旋流器、主燃孔等流入，在主燃区形成了回流的流动结构，通过喷嘴供入主燃区的燃油须与之匹配。离心式喷嘴和预油膜式气动雾化喷嘴的油雾呈圆锥形分布，油雾集中于圆锥面附近，中间为空心，如图 5-38 所示。图中 3 是回流区的边界，在燃烧时，回流区内是回流的高温气体，区域外主要是从旋流器等进入的主流空气。图中线 1 表示油雾轨迹，大部分燃油紧贴回流区边界的外侧运动，保证燃油与主流空气混合的同时获得回流区内高温气体的传热。图中 2 是主燃区油气分布曲线，在油雾运动轨迹附近余气系数最小，局部燃油浓度最高,向内向外余气系数变大,燃油量减小。这种分布不均的燃油浓度场有助于改善火焰稳定性,以保证燃气轮机工况变化时,燃烧空间总存在处于可燃浓度之内的局部区域,维持和发展火焰。

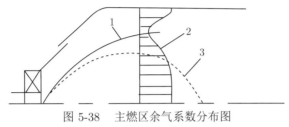

图 5-38   主燃区余气系数分布图

1 - 油雾轨迹;2 - 余气系数分布;3 - 回流区边界

2. 燃烧过程

如图 5-39 所示,燃油沿轨迹 1 进入火焰筒后,在回流高温气体的作用下迅速蒸发,同时火焰筒湍流度很高,油气混合剧烈,在很短的距离内形成可燃混气,并且在这过程中主流空气和燃油一直受到回流高温气体的加热升温,首先在 b 点达到着火状态,开始燃烧。由于进入火焰筒的油滴有不同尺寸,蒸发成气相的时间各有差异,因此可燃混气会在一段距离内存在,形成了图中阴影 3 所示的火焰锋面。大部分燃气继续往燃烧室下游流动,还有一部分进入回流区,成为回流高温源,用于加热新鲜油气。在这一过程中,如果回流供热量不足或燃油雾化不好,都会使形成可燃混气和获得着火所需能量的距离加长,即 b 点往后移,极限情况,如 b 点移至回流区的滞止点仍着不了,燃烧室将熄火。

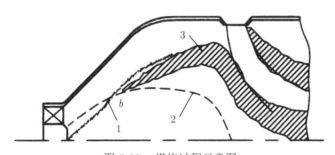

图 5-39   燃烧过程示意图

1 - 油雾轨迹;2 - 回流区边界;3 - 火焰锋

主燃区的平均油气比接近化学恰当比,湍流度大,油气混合剧烈,温度高,可将大部分燃料烧完。理论上,在主燃区末端燃气温度最高,进入中间区后,余气系数变大,补燃过程和复合过程的释热量一般也小于补燃空气吸收的热量,燃气平均总温下降。在掺混区,余气系数进一步变大,燃气温度下降,其幅度取决于掺混气量。过程中,燃烧效率一直上升,在主燃区,上升速度最大,掺混区基本不变。图 5-40 给出了该过程中余气系数、空气量、燃气温度和燃烧效率的变化曲线。

5.5.2   燃烧过程的热力计算

燃烧室的设计及性能估算需要进行燃烧过程的热力计算,主要包括理论空气量、燃烧产物以及燃烧火焰温度的计算。

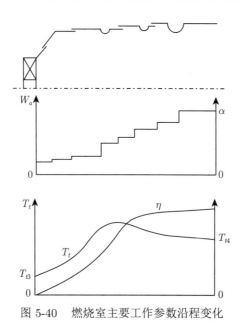

图 5-40 燃烧室主要工作参数沿程变化

1. 理论空气量

燃料燃烧是一个剧烈的氧化反应过程,燃烧过程所需的氧气量通常由空气来提供。在燃烧室中,供入的燃料完全燃烧掉且没有多余的氧气,此时所需的空气量称为理论空气量。1kg 燃料完全燃烧所需的理论空气量用 L_0(kg-air/kg-fuel) 或 V_0(kmol-air/kg-fuel) 表示。理论空气量可根据化学反应方程式来计算。以碳氢燃料 C_xH_y 为例,化学反应方程式可写成

$$C_xH_y + a(O_2 + 3.76N_2) \longrightarrow xCO_2 + \frac{y}{2}H_2O + 3.76aN_2$$

各物质的量:

$$12x + y \qquad a(32 + 3.76 \times 28) \quad 44x \qquad 9y \qquad 3.76a \times 28$$

式中,$a = x + y/4$。则

$$L_0 = \frac{a(32 + 3.76 \times 28)}{12x + y} = \frac{137.28 \times (x + y/4)}{12x + y} \text{kg-air/kg-fuel}$$

因为碳氢燃料大多是烃类混合物,所以有些燃料没有确定的分子式,只有通过元素分析确定燃料中所含元素的百分比。一般碳氢的燃料由 C、H、O、N、S 等元素组成,假设这些元素的质量百分比为 g_C、g_H、g_O、g_N、g_S,且

$$g_C + g_H + g_O + g_N + g_S = 1$$

其中,可燃元素为 C、H、S,这些元素的反应式表示为

$$C + O_2 \longrightarrow CO_2, \quad H_2 + 0.5O_2 \longrightarrow H_2O, \quad S + O_2 \longrightarrow SO_2$$

燃烧 1kg 燃料理论所需空气为

$$V_0 = \frac{1}{0.21}\left(\frac{g_C}{12} + \frac{g_H}{4} + \frac{g_S}{32} - \frac{g_O}{32}\right)(\text{kmol-O}_2/\text{kg-fuel})$$

或

$$L_0 = \frac{1}{0.232}\left(\frac{32g_C}{12} + \frac{16g_H}{2} + \frac{32g_S}{32} - \frac{32g_O}{32}\right)(\text{kg-O}_2/\text{kg-fuel})$$

燃烧产物的计算与理论空气量的计算方法相似，这里不作讨论，请读者自行计算。

2. 燃烧效率

根据能量守恒条件，燃烧室进口的空气总焓 H_{02a} 加上供入燃油总焓 H_{02f} 以及燃烧释放加入燃烧室内的热量 Q 应等于燃烧室出口燃气的总焓 H_{03}，即

$$H_{02a} + H_{02f} + Q = H_{03}$$

另外有

$$m_a h_{02a} + m_f h_{2f} + \eta_B m_f H_f = (m_a + m_f)h_{03} \tag{5-45a}$$

则

$$\eta_B = \frac{(m_a + m_f)c_{p3}(T_{03} - T_0) - [m_a c_{p2a}(T_{02a} - T_0) + m_f c_{p2f}(T_{2f} - T_0)]}{m_f H_f} \tag{5-45b}$$

式中，H_f 为燃料热值；η_B 为燃烧室效率；T_0 为基准状态的总温。由热力学分析可知，物质的热焓取决于物质的性质和温度，因而为求出 η_B，在式 (5-45) 中首先需确定各定压比热容。燃烧室进口空气和燃油的成分、温度都是确定的，其定压比热容的确定比较容易。

但对于燃气就没有这么简单，其成分取决于余气系数 α 和出口温度 T_{03}。为了解决这个问题，工程上提出了如下思路。

一般燃烧室的 $\alpha > 1$，因此可以把燃气人为地分为两部分，一部分是燃料和化学恰当比的空气混合后燃烧产生的燃气；另一部分是剩余的纯空气。燃烧室出口焓也相应地分为两部分：在出口温度 T_{03} 下的燃气焓和纯空气焓。即

$$(m_a + m_f)h_{03} = (\alpha m_f L_0 + m_f)h_{03} = m_f(1+L_0)h_{03\alpha=1} + m_f(\alpha-1)L_0 h_{03a} \tag{5-46}$$

这样分开后，式 (5-46) 右边第一项是 $\alpha = 1$ 的纯燃气 (成分确定)，第二项是燃烧室出口温度下纯空气的焓，它们都仅是温度的函数了。

进一步地，式 (5-46) 可以写为

$$(m_a+m_f)h_{03} = m_f(1+L_0)h_{03\alpha=1} + m_f(\alpha-1)L_0 h_{03a} = m_f(1+L_0)h_{03\alpha=1} + (m_a - m_f L_0)h_{03a}$$

$$= m_a h_{03a} + m_f[(1+L_0)h_{03\alpha=1} - L_0 h_{03a}] = m_a h_{03a} + m_f H_{03} \tag{5-47}$$

式中，$H_{03} = (1+L_0)h_{03\alpha=1} - L_0 h_{03a}$。

H_{03} 称为等温燃烧焓差，其含义为在温度 T_{03} 下，1kg 燃料与 L_0 kg 空气完全燃烧时燃烧产物的焓值与 L_0 kg 空气在同一温度下的焓值的差值。

同样可以写出基准温度下的等温燃烧焓差:

$$H_0 = (1 + L_0)h_{0\alpha=1} - L_0 h_{0a}$$

根据前面分析可得

$$\eta_B = \frac{m_a(h_{03a} - h_{02a}) + m_f(H_{03} - H_0 - \Delta h_f)}{m_f H_f} = \frac{\alpha L_0(h_{03a} - h_{02a}) + (H_{03} - H_0 - \Delta h_f)}{H_f}$$

(5-48)

式中, $\Delta h_f = h_{2f} - h_{0f}$ 为 1 kg 燃料进入燃烧室时的焓差。

工程上为了方便,对于航空煤油,已制定了等温燃烧焓差 H 及空气和煤油的焓值表,可以方便地查出不同温度下的焓值,代入式 (5-48) 即可求出燃烧效率。

3. 燃烧温度

由式 (5-48) 可得

$$\alpha = \frac{\eta_B H_f - (H_{03} - H_0 - \Delta h_f)}{(h_{03a} - h_{02a})L_0}$$

(5-49)

如燃气轮机总体参数给定,则燃烧室总余气系数、进口温度、空气量、燃油量和燃烧效率都给定,式 (5-49) 中 H_{03} 和 h_{03a} 未知,但这两者都取决于燃气温度且仅与燃气温度有关。由于两个未知数与温度关系复杂,相互间也没有定量关系,因而计算中要使用迭代法。求解步骤是先给定一个温度 T_{03},然后查焓值找出 H_{03},据此由式 (5-49) 计算出 h_{03a},根据求得的 h_{03a} 再从表中反查出温度 T_{03},并与初始给定的温度比较,如满足预先给定的精度,则该温度就是所要的燃气温度,否则,再取新的温度,重复上面的过程,直至获得满意的结果为止。

上面的计算过程比较复杂,有时工程上也采取一些简化方法,下面介绍一种简化的温度求解方法。

由于燃油带入的焓值很少,因而能量平衡式 (5-45a) 中可以略去此项,得

$$m_a h_{02a} + \eta_B m_f H_f = (m_a + m_f)h_{03}$$

(5-50a)

$$h_{02a} + \frac{\eta_B H_f}{\alpha L_0} = \left(1 + \frac{1}{\alpha L_0}\right) h_{03}$$

(5-50b)

在燃气轮机燃烧室,一般 $\alpha > 2$,则 $1 + \dfrac{1}{\alpha L_0} \approx 1$,则式 (5-50b) 改为

$$h_{02a} + \frac{\eta_B H_f}{\alpha L_0} = h_{03}$$

$$c_{pa}(T_{02} - T_0) + \frac{\eta_B H_f}{\alpha L_0} = c_{pg}(T_{03} - T_0) = c'_{pg}(T_{03} - T_{02}) + c''_{pg}(T_{02} - T_0)$$

(5-51)

在相同温度范围内,空气与燃气的定压比热容差不多,在此假定相等,$c_{pa} = c''_{pg}$,则式 (5-51) 变为

$$T_{03} = T_{02} + \frac{\eta_B H_f}{c'_{pg}\alpha L_0}$$

(5-52)

在式 (5-52) 中, 很难精确得到燃气的定压比热容, 工程计算中可以通过查表得到特定温度范围内的平均定压比热容。另外从该式中可以得知燃烧室出口温度与燃烧效率、比热和余气系数有关。这几个参数中, 由于燃烧效率已很高, 可调范围很小, 温度变化时比热容的变化也不大, 而余气系数的调节范围较大, 对温度影响明显, 如以前燃烧室的余气系数都在 4 左右, 目前高温升高热容燃烧室已在 2.5 左右, 燃烧室出口温度有大幅度的提高。

5.5.3 压力特性

1. 压力损失

燃烧室中的流动损失主要由以下四项组成。

(1) 扩压损失, 包括扩压器 (含突扩段) 损失和环形通道损失。扩压器损失由扩压器摩擦损失、气体流动分离损失和突然扩张损失等组成。一般情况下占燃烧室总损失的 25%~33%。扩压器进口边界层厚度对损失有较大影响, 因此通常在扩压器进口设计有很短的直环形通道, 以减少损失。同时全环燃烧室设计要避免由扩压器到内外环腔转接弯道中的扩压。扩压器损失是一种无效损失。

(2) 掺混损失, 包括旋流器损失和火焰筒各进气孔 (主燃孔、掺混孔和冷却孔等) 的损失。火焰筒中的燃油和空气, 热燃气和新鲜混气掺混越强烈, 则燃烧反应越快, 燃烧效率越高, 燃烧室出口温度分布也越均匀, 但同时总压损失增加。这是一种有效损失, 约占燃烧室总损失的一半。掺混损失与火焰筒进气孔面积有关。进气孔面积越小, 射流速度越大, 损失增加。

(3) 摩擦损失, 气体黏性引起气流和壁面以及气流相互之间的摩擦, 这种损失所占的百分比不大。

(4) 加热损失, 气体流动状态下加热所引起的损失, 与流动速度和加热比有关, 速度越高, 则加热损失越大。通常燃烧室在主燃区处的流动马赫数小于 0.05, 加热引起的压力损失约占燃烧室压力损失的 10%。

通常可以由冷吹风得出燃烧室总压损失, 再考虑加热损失以估计燃烧室的总压损失。

2. 燃烧室流阻特性

由前面论述可知, 燃烧室压力损失可以用总压损失系数和流阻系数表示。下面讨论燃烧室压力损失、流阻系数与气流速度之间的关系, 即燃烧室的流阻特性。

取燃烧室的最大截面为基准截面, 用 "ref" 表示, 进、出口截面分别以 "2" 和 "3" 表示, 于是

$$\zeta_B = \frac{p_{02} - p_{03}}{p_{02}}$$

$$\xi_B = \frac{p_{02} - p_{03}}{p_{ref}} = \frac{p_{02} - p_{03}}{\frac{1}{2}\rho_{ref}c_{ref}^2} \tag{5-53}$$

式中, p_{ref} 为参考截面动压头。

最大截面的流量即燃烧室流量为 $m_2 = \rho_{ref}A_{ref}c_{ref}$，由于燃烧室内气流的马赫数不大，可近似认为是不可压缩流，于是 $p_2 = p_{02}$ 以及 $\rho_{ref} = \rho_2 = p_2/(R_g T_2)$，代入式 (5-53) 得

$$\zeta_B = \frac{\Delta p_{02-3}}{p_{02}} = \frac{\Delta p_{02-3}}{p_{ref}} \times \frac{p_{ref}}{p_{02}} = \xi_B \frac{\rho_2 c_{ref}^2}{2p_{02}} = \xi_B \frac{R_g}{2} \left(\frac{m_2 T_2^{0.5}}{A_{ref}p_{02}} \right)^2 \tag{5-54}$$

式 (5-54) 基本上是三组参数，一个是 $\dfrac{\Delta p_{02-3}}{p_{02}}$，即总压损失系数，一个是阻力系数 ξ_B，另一个是 $\dfrac{m_2\sqrt{T_2}}{p_{02}A_{ref}}$，可以把这个参数看成基准截面的平均气流速度 c_{ref} 的衡量尺度。因为

$$\frac{m_2\sqrt{T_2}}{p_{02}A_{ref}} = \frac{m_2}{\dfrac{p_{02}}{RT_2}A_{ref}} \frac{1}{R_g\sqrt{T_2}} = \frac{c_{ref}}{R_g\sqrt{T_2}} \tag{5-55}$$

把式 (5-54) 中的 3 组参数以 ξ_B 为参变量，纵坐标为 $\dfrac{\Delta p_{02-3}}{p_{02}}$，横坐标为 $\dfrac{m_2\sqrt{T_2}}{p_{02}A_{ref}}$ 作图，3 组参数的关系如图 5-41 所示。

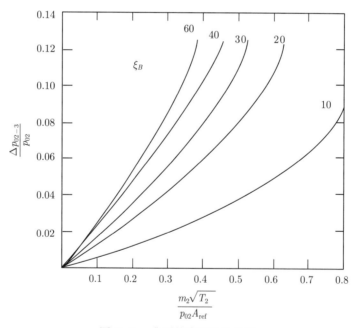

图 5-41　典型的流阻特性曲线

由图 5-41 可以看出，压力损失、流阻系数和气流速度之间是有矛盾的。从减小总压损失 $\dfrac{\Delta p_{02-3}}{p_{02}}$ 以提高燃气轮机做功和降低耗油率来说，希望有较小的 $\dfrac{m_2\sqrt{T_2}}{p_{02}A_{ref}}$ 值和较小的 ξ_B 值，但前者将使燃烧室尺寸加大，后者有可能损害燃烧和掺混过程。因此在实际设计中必须抓住燃烧室的主要矛盾，统筹考虑，选取适当的设计参数。

不同类型的燃烧室这三个参数的典型数据列于表 5-3。从表中可以看出，三类燃烧室的总压损失差不多，但环形的 ξ_B 要小些，而 $\dfrac{m_2\sqrt{T_2}}{p_{02}A_{\text{ref}}}$ 最大。这显示了环形燃烧室的优点，大的 $\dfrac{m_2\sqrt{T_2}}{p_{02}A_{\text{ref}}}$ 意味着 A_{ref} 较小，可减小燃烧室尺寸，而 c_{ref} 较大，ξ_B 反而减小，使得燃烧性能提高。

表 5-3　不同类型的燃烧室的三个参数

燃烧室类型	$\dfrac{\Delta p_{02-3}}{p_{02}}$	ξ_B	$\dfrac{m_2\sqrt{T_2}}{p_{02}A_{\text{ref}}}$
单管燃烧室	7%	37.5	0.035
环管燃烧室	6%	25	0.04
环形燃烧室	7%	18	0.05

需要说明一点，在式 (5-54) 中未包括加热引起的总压损失。

5.5.4　燃烧效率

燃烧室是把燃料化学能转化为热能的地方,这就希望燃烧室能把提供的燃料都烧完,也就是完全燃烧。衡量燃烧室的燃烧完全特性通常用燃烧效率特性表示。燃烧效率特性是指燃烧效率与燃烧室的总余气系数间的关系，即随余气系数的不同，燃烧效率变化的规律。

1. 典型燃烧效率特性

燃烧效率特性一般通过实验得出，即在进口参数一定的情况下，改变供油量得到不同的余气系数 α，随 α 的变化而测得多个 η_B，把这些 η_B 连接起来，即可得到 $\eta_B = f(\alpha_\Sigma)$ 的特性曲线。典型的燃烧效率曲线如图 5-42 所示。图中画出三条不同压力下所得的燃烧效率曲线。在气流状况一定的情况下，有个最高燃烧效率值，该点一般是发动机的巡航设计点。偏离这个点所对应的 α 值，燃烧效率都将下降，在偏富一边下降变化陡些，偏贫一边下降变化平缓些。效率下降的原因可以作如下的解释。

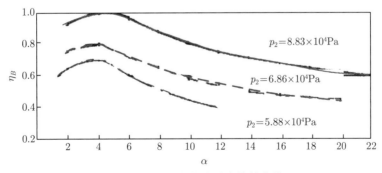

图 5-42　典型的燃烧效率特性曲线

当燃烧室在比设计状态 (最佳余气系数) 偏富的状态下工作时 (这在实验中通常靠在不改变空气量的情况下加大供油量来达到)，由于火焰筒头部的燃油增加，主燃区平均燃烧速度比设计状态时要低，燃油在头部烧掉的数量相应也少，而主燃孔补充进入的空气是根据设计状态时的需要而确定的，在比设计状态富油的情况下工作，它就显得数量不足了，这就使在设计状态下长度合适的过渡段内燃烧效率下降，发热量减少。另外，过量燃油蒸发时的吸热量也使头部混气温度降低，促使燃烧速度进一步下降，燃烧效率因而更低。当富油达到一定程度时，将导致燃烧室熄火。

当燃烧室在比设计状态贫油的情况下工作时，燃烧效率也要下降。从燃烧的角度看，就整个燃烧室而言，这主要是由供入火焰筒的空气太多所致。火焰筒头部的局部余气系数 (按从旋流器进入的空气和全部燃油计算) 一般都是很富的。但是在那里，燃油可能呈两相存在：一部分是已经气化了的燃油蒸气，其余的是正在蒸发中的燃油雾滴，属于液相。二者中只有前者才能与空气混合形成可燃混气。因此就全部燃油而言的头部余气系数虽然可能相当富 (如 $\alpha_头$=0.3~0.5，对均匀混气这已超出了可燃范围)，但实际上，就准备好了可供燃烧的那部分气相燃料而言，头部余气系数也许正好落在可以燃烧的浓度范围之内。但当大股的二次空气进入火焰筒后，将混气明显稀释，并降低了气体的温度，因此混气燃烧速率下降。从过渡段以后大股进入火焰筒的空气，对于燃油的燃烧来讲，其中有一部分是多余的，它不但不能像在富油情况下起补燃作用，而且稀释了燃烧中的混气，并导致燃烧区过冷，而使补燃过程骤然中止。所有这些因素都使燃烧效率下降。

影响燃烧效率的因素不仅仅是余气系数，其他如燃烧室的进口气流速度、温度和压力等都有不同程度的影响，低温及低压对燃烧效率都是不利的。

2. 燃烧效率相似准则——θ 参数

以上所讨论的燃烧效率特性主要是指燃烧效率与余气系数之间的函数关系。除此之外，燃烧效率还与温度、压力等工作参数及燃烧室几何尺寸有关，所以如果能够找出燃烧效率、燃烧室尺寸以及工作参数三者之间的综合关系，对燃烧室设计是有意义的。

为了获得这三者间的关系，首先给出燃烧过程的一种简单模型，这种模型基于表面燃烧理论，即认为燃料在主燃区中是穿过火焰前锋表面而被烧去，只不过这时的火焰前锋已被紊流高度皱曲。并且还认为，燃料之所以未能全部燃烧 (燃烧效率低于 100%)，是由于火焰前锋不能充满整个燃烧区，以致总有一些燃料不能穿过火焰前锋。

燃烧室的实际情况与此简化模式显然有差别，但随后即可知道，根据这一模型导出的燃烧效率相似准则 (即 θ 参数) 能够很好地归纳燃烧效率曲线，因而在燃烧室试验和设计方面都是有价值的。

燃烧室中的紊流火焰传播速度 (即燃烧速度)u_t 要比层流火焰传播速度 u_n 大得多，而且是随紊流程度的增加而增大的。u_t 的增大意味着在不变的空气和燃料流量下燃烧效率 η_B 较高：$\eta_B \propto u_t$。另外还可以认为 $\eta_B \propto \dfrac{1}{c}$，这里 c 是随意适当选定的一个燃烧室截面上的气流速度，显然，c 增大将使燃料在火焰筒中的滞留时间缩短，从而降低燃烧效率。因此可得 $\eta_c = f\left(\dfrac{u_t}{c}\right)$。

实际燃烧室中测定 u_t 和 c 是困难的，不过 u_t 随反应的初始温度增加而增加，即 $u_t \propto T_2$；另外，随着进口压力 p_{02} 增加，u_t 也增加，即 $u_t \propto p_{02}$；进一步考虑到 $c = m_a/A_{\text{ref}}$(m_a 是空气流量，A_{ref} 是燃烧室的参考截面面积，通常就取为燃烧室的最大截面积)，于是可得

$$\eta_B = f\left(\frac{p_{02}A_{\text{ref}}T_2}{m_a}\right)$$

式中，表示 η_B 的各项都是可测量的量。根据在各种不同的 p_{02}、T_2、m_a 以及不同的 A_{ref} 下确定 η_B 的大量实验数据，求出能把 η_B 和工作参数以及几何尺寸关联起来的下列关系式：

$$\eta_B = f\left(\frac{p_{02}^{1.75}A_{\text{ref}}D_{\text{ref}}e^{(T_2/300)}}{m_a}\right) \tag{5-56}$$

括号中的表达式就是效率相似准则 θ 参数，即

$$\theta = \frac{p_{02}^{1.75}A_{\text{ref}}D_{\text{ref}}e^{(T_2/300)}}{m_a} \tag{5-57}$$

另外，m_a 为燃烧室空气流量 (kg/s)；p_{02} 和 T_2 为燃烧室进口压力 (Pa) 和进口温度 (K)；D_{ref} 和 A_{ref} 为燃烧室最大直径 (m) 和最大截面积 (m^2)。

引入 θ 参数的最大优点在于它能够很好地综合不同工作状态下燃烧效率的实验数据。

对于任一特定的燃烧室，式 (5-56) 简化为

$$\eta_B = f\left(\frac{p_{02}^{1.75}e^{(T_2/300)}}{m_a}\right) \tag{5-58}$$

这样只需在不同的空气流量 m_a 或进口压力 p_{02} 下测定几个 η_B 值，便足以画出一条与其他实验条件 (如 p_{02}、T_2、c 等) 大体无关的 $\eta_B = f(\theta)$ 的单值曲线。然后就可从图中读出对应于任意 p_{02}、T_2 和 m_a(即任意飞行状态) 的 η_B 值。

图 5-43 给出某燃烧室的 $\eta_B = f(\theta)$ 曲线，可以看出，用 θ 参数来综合数据，实验点的密集程度相当好。

图 5-44 综合了许多现代燃气轮机各型燃烧室 (包括分管、环管和环形) 的燃烧效率的实验数据，图中的阴影线表明现有燃烧室的 $\eta_B = f(\theta)$ 范围的极限。这种图在设计中是有参考意义的；若新设计的燃烧室的效率特性线 $\eta_B = f(\theta)$ 落在阴影范围以内，则它的实现

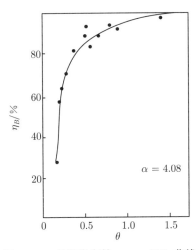

图 5-43 某燃烧室的 $\eta_B = f(\theta)$ 曲线

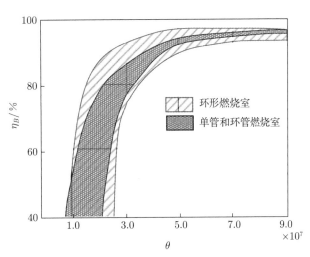

图 5-44 某些现有发动机的 $\eta_B = f(\theta)$ 曲线

在技术上已有先例，原则上应不存在困难；但是若企图使新燃烧室的 $\eta_B = f(\theta)$ 落在阴影范围的左侧 (即企图在相同的 θ 值下获得较高的 η_B 值)，则必须要在技术上采取切实有效的措施，否则将不会有成功的保证。

5.5.5 火焰稳定性能

燃烧稳定性能是指燃烧室在宽广的工作范围内平稳燃烧和火焰保持在燃着状态的能力。稳定燃烧特性曲线，表示在一定的进气条件 (p_{02}、T_2、c_2) 下，稳定燃烧的混气浓度 (α 或 f 表示) 范围，它比点火特性线范围要宽。

图 5-45 是典型的稳定燃烧特性曲线。通常这种曲线也是通过实验测得的，即在温度和压力不变的情况下，固定燃烧速度 c，改变供油量，得到一组贫富油熄火点；再改变一个 c，得到另一组熄火点。这样反复实验即可得到一条完整的稳定燃烧特性曲线。在曲线包围的范围内即认为可以进行燃烧，在范围外火焰不能存在。一般富油边界较难做出。因为富油时燃烧激烈、温度较高，而且往往伴随着振荡现象，以致燃烧室承受不了。

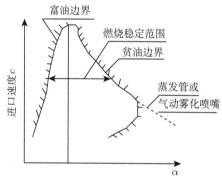

图 5-45　典型的稳定燃烧特性曲线

当固定进口气流于某状态后，在合适的 α(如 $\alpha = 1$) 情况下将燃烧室点燃，然后加大油门，开始燃烧较为炽烈，再增大供油量时，虽然燃烧仍可能炽烈，但明显看出起始着火点后移，炽烈区也后移。这主要是由于大量燃油使回流区前部缺氧，在接近主燃孔时才得到一定的新鲜空气的补充，而且大量燃油要吸热蒸发，使得回流区温度降低，化学反应速度减慢，温度更低。当燃油量进一步增大，着火点移至回流区的尾部，回流区内充满大量油珠。温度降到回流区几乎不能进行反应时，再稍一增大供油量使着火点完全脱离回流区后，火焰会突然熄灭。这主要是破坏了回流区赖以生存的能量平衡，不再起稳定火焰的作用，主流部分又完全不能稳定住火焰，导致火焰熄灭。随着气流速度加大，富油边界变陡，在 α 不大的范围外都将不能着火。如气流速度过大，燃料在回流区停留时间变短，再加上新鲜空气的冷却作用，将使回流区工作进一步恶化，以致燃烧室着不了火。

贫油一边是在减小供油量后，火焰开始向回流区收缩，火势减弱，主流区先行熄火，明显地由于燃油减少，发热量少，温度下降，化学反应速度减慢，此时热阻下降，流速有所增加，且气流的散热作用加大，均使回流区温度下降较快，加上油珠蒸发吸热占所生成热比例增大，可燃混气准备期加长、着火点向回流区后移，进一步破坏回流区的热平衡，当最后油门关至很小时，着火点移至回流区尾部，回流区产生热小于散失热，在火焰十分微弱时，略有一微小气流脉动，火焰即行熄灭。当 c 增大时，火焰稳定的 α 范围变窄。这主要是由于气流速度加大，散热作用加强，且可燃物在燃烧区内停留时间变短，回流区温度降低，火焰后移等造成的。在贫油熄火边界一侧，当 c 下降时，一般情况下边界应展宽，但当下降至某一值时，曲线回缩，边界反而变窄 (见图 5-45)，这主要是针对离心式喷嘴的情况，当 c 下降时，供油量减小，供油压力很低，此时离心式喷嘴雾化状况恶化，油珠已不是散射状喷出，而是滴流状，既不保证分散，又出现许多大油珠，此时虽然气流速度较低，但稳定性变坏。虚线是原曲线的延长段，为蒸发式供油燃烧室特性。因为它不存在喷雾恶化的问题，它的稳定边界线类似于均匀混气的火焰稳定性。

图 5-46 给出了某一真实燃烧室的稳定燃烧特性曲线，它的富油一侧近似直线。实际上它不可能做出来，仅是估计的而已。另外，曲线上端不封闭，也是受实验条件所限。

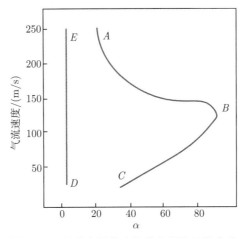

图 5-46　某真实燃烧室的稳定燃烧特性曲线

思　考　题

1. 影响空气喷嘴雾化性能的主要因素有哪些？设计时应注意哪些问题？

2. 为什么在高压燃烧室中用离心式喷嘴供油，头部辐射及冒烟问题比较严重，而采用气动雾化喷嘴或蒸发管式喷嘴时情况就好得多？

3. 在火焰筒的主燃区，气流的流动结构特点如何？它们对于稳定和强化燃烧过程有什么影响？从燃烧室设计的角度来看，应从哪些方面采取措施才能体现这些特点和要求？

4. 燃烧区中的燃料浓度场对于燃烧过程有什么影响？燃料浓度场应怎样组织才好？

5. 燃烧室一般分为几个区？说明各区的功用及气流流动特点。

6. 燃料的理论燃烧空气量 L_0 表示什么意义？航空煤油的 L_0 数值大约是多少？

7. 什么是主燃烧室的燃烧效率特性？试解释典型燃烧效率特性曲线的变化规律。

8. θ 参数的表达式是什么？试说明 θ 参数的物理意义，并说明利用 θ 参数来归纳燃烧效率特性曲线在燃烧室试验和设计中的优点。

9. 什么是燃烧室的火焰稳定特性？试说明燃烧室偏离设计点工作状态时，火焰稳定特性曲线的变化趋势。

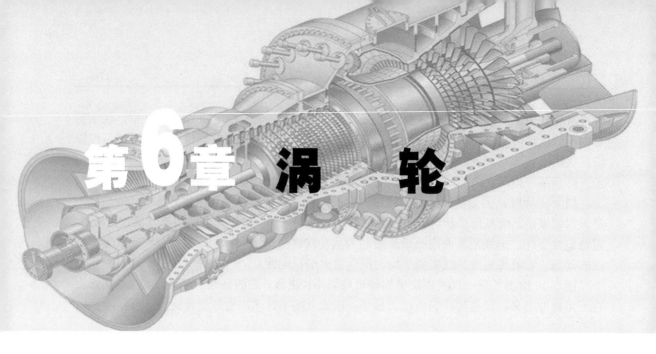

第6章 涡　　轮

涡轮和压气机都是和气流进行能量交换的叶片机械，它们之间有许多相似之处，但涡轮和压气机与气流间的能量转换在程序上相反。气流流过压气机时从工作叶片获得机械能，因而提高了焓和压力，而在涡轮中，气流则将焓转变为动能，然后一部分动能通过叶片转变为涡轮轴上的机械功。燃气在涡轮中膨胀做功，且膨胀后压力和温度是下降的。我们在讨论涡轮的工作原理时，必须着眼其与压气机相反的特点，而这一特点是由燃气在涡轮中的流动情形和膨胀做功原理反映出来的。

6.1　概　　述

按气流流动方向是否和涡轮转轴轴线方向一致，涡轮可分为轴流式和径流式 (向心式) 两类 (见图 6-1)。工业上主要采用的是轴流式涡轮，下面我们就分析轴流式涡轮的工作特点。但是所述的基本工作原理同样也适用于径流式涡轮。

与压气机类似，燃气轮机中的涡轮通常也是由多级涡轮组成。每一级则由静止的叶片环 (一般称为喷嘴环，又称导向器) 和旋转的叶片环 (称为工作轮) 组成。不过在涡轮中，静止的喷嘴环位于旋转的工作轮前面。

1. 涡轮的单级

涡轮的单级由 1 个导向器和 1 个工作叶轮组成。与轴流式压气机的单级相反，单级涡轮的导向器 (静子) 在前，叶轮 (转子) 在后，导向器的作用是使气流速度的大小和方向改变，为工作叶轮进口提供适当的气流方向 (以便通过叶轮时获得大扭速)，同时改善叶轮工作条件。

2. 流动通道

为了便于燃气膨胀，导向器和工作叶轮的两个相邻叶片之间的通道都是收敛型的；而且由于燃气逐级膨胀，气体的密度 (或比重) 逐级减小，比容逐级增大，为了使流量连续，保证燃气顺利膨胀，必须逐级增大环形通道面积，这也与压气机的通道正好相反。

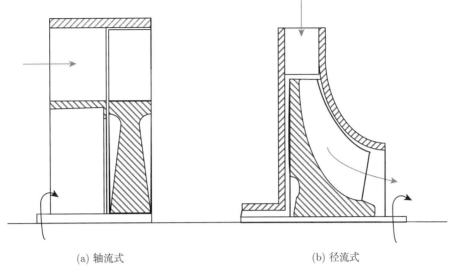

(a) 轴流式　　　　　　　　　　　　　　　(b) 径流式

图 6-1　轴流式和径流式涡轮

6.2　涡轮的基元级

6.2.1　燃气在涡轮内的流动

和压气机类似，涡轮级也是由无穷多"基元级"组成。将任意半径上的"基元级" (如图 6-2 中的 a-b) 展开，则得如图 6-3 所示的涡轮基元级叶栅，包括喷嘴环叶栅和工作轮叶栅。

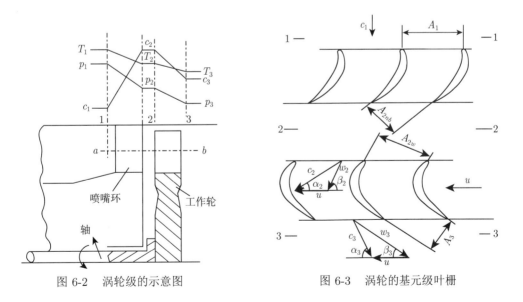

图 6-2　涡轮级的示意图　　　　　　　　　　图 6-3　涡轮的基元级叶栅

从燃烧室出来的燃气以绝对速度 c_1 轴向地流向导向器，在导向器叶栅的收敛型通道内膨胀加速，压力、温度下降，燃气的热焓减小，转变为气体动能，以绝对速度 c_2 流出导向器。

　　燃气以相对速度 $w_2(w_2 = c_2 - u)$ 流进涡轮，以相对速度 w_3 流出涡轮，涡轮叶片通道为收敛型，燃气流过时又进行膨胀，并对涡轮做功，因此燃气的温度、压力、绝对速度减小，相对速度则增大，并有 $c_3 = w_3 + u$。

　　将叶轮平均半径处的进、出口速度三角形画在一起，就成为如图 6-4 所示的涡轮基元级速度三角形。

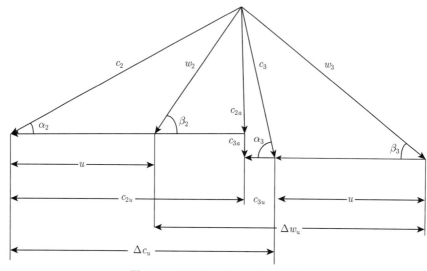

图 6-4　涡轮基元级的速度三角形

　　从图 6-3 中可以看到，喷嘴环的进口截面 A_1 大于气流出口截面 A_{2nb}；工作轮的进口截面 A_{2w} 也是比气流出口截面 A_3 大。一般来说，流出燃烧室的燃气速度是很低的，Ma 必远小于 1。但当燃气流过喷嘴环时，由于喷嘴环通道是收敛的，气体在通道中进行膨胀，压力和温度明显下降，而速度显著增加。如图 6-2 所示，由喷嘴环流出的高速燃气具有很大的动能，去冲击工作轮叶片，就可使工作轮发出很大的功率。在工作轮中，燃气继续膨胀，其出口相对速度 w_3 大于进口的相对速度 w_2（但也有不膨胀的，下面将进一步讨论）。

　　和研究压气机的基元级一样，研究涡轮基元级的起点也是研究它的速度三角形。因为从速度三角形可以清楚地看出，燃气流过喷嘴环和工作轮时的膨胀情况，根据速度三角形，我们可以计算轮缘功，以及通过涡轮的燃气流量等。

6.2.2　决定基元级速度三角形的主要参数

　　如果将工作轮进出口速度三角形叠合在一起，就可画出如图 6-4 所示的基元级速度三角形。决定压气机基元级速度三角形的主要参数有四个，与流量有关的轴向速度 c_{2a} 和预旋 c_{2u}，以及决定轮缘功 L_u 的圆周速度 u 和绝对速度在切向的变化量 Δc_u（或 Δw_u）。那么决定涡轮基元级速度三角形的主要参数是否和压气机中的相同呢？

　　参看图 6-4，可以得到如下涡轮轮缘功的计算公式：

$$L_u = u\Delta c_u = u(c_{2u} + c_{3u})$$

由于涡轮的出口紧接尾喷管，一般希望它的出口绝对速度 c_3 接近轴向，即要求 $\alpha_3 > 85°$，因此 c_{3u} 很小 (当 $\alpha_3 = 90°$ 时，$c_{3u} = 0$)，因此决定涡轮轮缘功 L_u 的主要是工作轮进口的切向分速度 c_{2u}。

而由第 4 章分析可知，压气机的轮缘功为

$$L_u = u\Delta c_u = u(c_{2u} - c_{1u})$$

可以看出，除了圆周速度 u 之外，c_{1u} 是预旋，它可以为零 (轴向进气时 $c_{1u} = 0$)，因此决定压气机轮缘功的主要是工作轮出口的切向分速度 c_{2u}。

在涡轮中，反映燃气流量的参数一般采用喷嘴环出口的气流角 α_2，而不直接采用轴向速度 c_{2a}。原因是这个角度不但能反映轴向速度 c_{2a} 的大小 ($c_{2a} = c_{2u}\tan\alpha_2$)，而且它还可以与叶片长短和效率等联系起来，这在后面还要提到。另外，在压气机中，由于一级增压比很小，可以近似认为 $c_{1a} \approx c_{2a}$。但是在涡轮中，由于一级中气体的膨胀很大，如果再认为两者相等，就会导致较大的误差。根据目前设计经验，两者的比值为 $c_{2a}/c_{3a} \approx 0.75 \sim 0.85$。

综合以上的分析，确定涡轮基元级速度三角形的主要参数有五个：c_{2u}、α_2、c_{3u}、u 和 c_{2a}/c_{3a}。设计涡轮时，确定了这五个参数之后，速度三角形就完全确定了。

6.2.3　反力度

在涡轮中也常常使用反力度的概念。由于在涡轮基元级中，燃气流过喷嘴环和工作轮都会加速膨胀，反力度就是用来衡量两者中气流加速膨胀所占的比例的。涡轮反力度的定义是燃气在工作轮中的降压膨胀 (也就是相对动能变化) 占基元级总膨胀功 (用 L_u 表示) 的百分比。按照这一定义，反力度 Ω_T 可以表示为

$$\Omega_T = \frac{\dfrac{w_3^2 - w_2^2}{2}}{L_u} \tag{6-1}$$

气体对外做功是通过旋转的工作轮，而不是静止不动的喷嘴环，所以只要写下工作轮进出口截面 2-2 和 3-3 的能量方程式就可以了，即

$$L_u = h_2 - h_3 + \frac{c_2^2 - c_3^2}{2} = h_{02} - h_{03} \tag{6-2}$$

式 (6-2) 说明，1kg 燃气所发出的轮缘功 L_u 等于工作轮进出口截面上的总焓之差，而对于旋转的工作轮 (在进出口轮缘速度 $u_2 = u_3$ 的情况下)，则又有下式成立：

$$h_2 - h_3 = \frac{w_3^2 - w_2^2}{2}$$

将它代入轮缘功的计算式中，得

$$L_u = \frac{c_2^2 - c_3^2}{2} + \frac{w_3^2 - w_2^2}{2}$$

上式说明，涡轮轮缘功 L_u 的大小取决于气体的绝对动能和相对动能的变化。在涡轮中，相对动能变化很小，一般只占 L_u 的 25%～40%，有的甚至不变化。相对动能不变化

的涡轮，称为零反力度涡轮，在这种涡轮中，气流的加速膨胀全部在喷嘴环中进行，气流在工作轮中没有膨胀 $(w_2 = w_3)$。

在上式中，用 $L_u - \dfrac{c_2^2 - c_3^2}{2}$ 代替 $\dfrac{w_3^2 - w_2^2}{2}$，并为了简化计算，假定 $c_{2a} \approx c_{3a}$，再应用式 (6-1)。最后简化得到计算反力度的公式为

$$\Omega_T = 1 - \frac{c_{2u} - c_{3u}}{2u} \tag{6-3}$$

这个反力度称为涡轮的运动反力度。因为它的大小取决于速度 c_{2u}、c_{3u} 和 u，并在 $c_{2a} \approx c_{3a}$ 的假定下简化得出的。但在叶根处反力度会进入负值范围 (即工作轮叶片在根部截面进入扩压状态，使 $p_3 > p_2$)，涡轮效率下降过多，用式 (6-3) 核算的运动反力度的数值就不够准确了。为此，在涡轮设计中常用能量反力度的概念，用它来核算根部截面的反力度，这里不细谈了。

计算涡轮轮缘功 L_u 的公式有很多，可以从热焓方程得出，也可以从动量矩方程得出，采用如下所示的涡轮轮缘功计算公式：

$$L_u = u\Delta c_u = u^2 \frac{\Delta c_u}{u} = \frac{c_{2u} + c_{3u}}{u} u^2 = \overline{H}_T u^2 \tag{6-4}$$

式中，$\overline{H}_T = \dfrac{c_{2u} + c_{3u}}{u} = \dfrac{\Delta c_u}{u}$ 称为载荷系数。这个系数大于 1，对于单级涡轮 $\overline{H}_T = 1.4 \sim 1.7$。

上面讲过，决定涡轮基元级速度三角形的主要参数是 c_{2u}、α_2、c_{3u}、u 和 c_{2a}/c_{3a}。但在涡轮设计中，还常常采用运动反力度 Ω_T 和载荷系数 $\overline{H}_T$ 这两个系数，以及进出口轴向速度的比值 c_{2a}/c_{3a} 和角度 α_2，来确定速度三角形。

当已知轮缘功的大小时，如果选定载荷系数 $\overline{H}_T$，则可求出圆周速度 u：

$$u = \sqrt{L_u/\overline{H}_T} \tag{6-5}$$

有了 u 之后，由运动反力度公式和载荷系数的定义，可以解得 c_{2u} 和 c_{3u}：

$$\begin{cases} c_{2u} = u\left[\dfrac{\overline{H}_T}{2} + (1 - \Omega_T)\right] \\ c_{3u} = u\left[\dfrac{\overline{H}_T}{2} - (1 - \Omega_T)\right] \end{cases} \tag{6-6}$$

如再选定 c_{2a}/c_{3a} 和角度 α_2，则可算得

$$\begin{cases} c_{2a} = c_{2u}\tan\alpha_2 \\ c_{3a} = \dfrac{c_{2a}}{c_{2a}/c_{3a}} \end{cases} \tag{6-7}$$

这样一来，基元级的速度三角形就完全确定了。

6.2.4　分类

根据获得涡轮功的工作原理，轴流式涡轮可分为冲击式涡轮、反动式涡轮和冲击反动式涡轮 3 种类型。

1. 冲击式涡轮

冲击式涡轮的涡轮功来自于气体在工作叶轮中速度方向的变化 (只改变方向，不改变大小，即通道面积不变)。在冲击式涡轮中气流参数的变化规律为气流通过导向器速度增大、方向改变，同时温度和压力下降；气流通过工作叶轮，只改变相对速度方向，不改变大小。如图 6-5(a) 所示。这时工作轮之所以会转动，完全靠的是由喷嘴环中流出来的高速气流对工作轮的冲击，这种涡轮做功能力强，而且由于气流在喷嘴环中膨胀程度很大，温度降低多，改善了工作轮的工作条件，因而在汽轮机中曾得到广泛应用，但在燃气轮机中应用较少，这是因为在这种涡轮的工作轮中，气流不加速膨胀，没有顺压力梯度，气流容易分离，涡轮效率较低。目前航空上常采用的是反力度不等于零的冲击反动式涡轮，平均半径处的反力度 Ω_T 在 0.25~0.40 范围内。

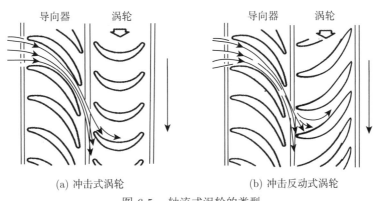

(a) 冲击式涡轮　　　　　　　　　(b) 冲击反动式涡轮

图 6-5　轴流式涡轮的类型

2. 反动式涡轮

在反动式涡轮中，驱动涡轮高速旋转的扭矩来自于气流在工作叶轮中相对速度的增加和方向的改变。在反动式涡轮中气流参数的变化规律为气流通过导向器速度方向改变，大小可以不变；气流通过工作叶轮，其相对速度的大小和方向均改变，同时温度、压力下降。

3. 冲击反动式涡轮

在冲击反动式涡轮中，驱动涡轮高速旋转的扭矩也是来自于气流在工作叶轮中相对速度的增加和方向的改变。但是无论在导向器还是工作叶轮中，气流速度的方向和大小都改变：在工作叶轮中，相对速度增大，方向改变，同时温度、压力下降；在导向器中，绝对速度增大和方向同时改变，温度、压力下降，如图 6-5(b) 所示。

6.2.5　涡轮叶栅内的流动分析

冲击反动式涡轮工作轮和喷嘴环中，气流都是加速膨胀流动的。两排叶栅中的共性很多，下面就通过一排平面叶栅来介绍基元级的流动。所介绍的叶栅既代表涡轮的喷嘴环，又代表涡轮的工作轮。

在分析涡轮叶栅流动时，常用栅后等熵马赫数 M_2 作为涡轮叶栅的工况马赫数，其定义如下：

$$M_2 = \sqrt{\frac{2}{k'-1}\left[\left(\frac{p_{01}}{p_2}\right)^{\frac{k'-1}{k'}}-1\right]} \tag{6-8}$$

式中，p_{01} 为栅前燃气总压；p_2 为栅后平均静压；k' 为燃气的比热比。

如图 6-6 所示，涡轮叶栅通道形式分为收缩–扩张型和纯收缩型两类。亚声速涡轮叶栅以及 M_2 小于 1.2 的跨声速涡轮叶栅一般采用纯收缩型，$M_2 > (1.2 \sim 1.4)$ 的叶栅则可采用收缩–扩张型。实践证明，叶栅栅距参数、叶型型线设计等对涡轮中气流的流动特性有很大影响，因而不同的叶栅有不同的流动情况。对于一个叶型和叶栅几何参数完全确定的叶栅，当进出口气动参数改变时，涡轮叶栅的流场也会发生变化。

(a) 收缩-扩张型   (b) 纯收缩型

图 6-6   涡轮叶栅通道形式

下面具体介绍一个纯收缩型通道的典型涡轮叶栅。固定进口气动参数 (如 β_1 和 p_{10})，降低叶栅后背压 p_2 时的流动情况。

(1) 在涡轮叶栅中气流是膨胀加速流动的，在背压 p_2 较高时，叶栅进口处的流动速度很低。当燃气流到叶片上时，在叶片前缘的某一点 (前驻点) 处气流分叉流向叶背和叶盆，随着涡轮叶栅通道不断收缩，气流逐渐加速，但这时叶栅前后压差不大，叶栅中降压膨胀加速并不多，全流场都是亚声速流动，M_2 很小。

(2) 随着背压 p_2 的逐渐降低，涡轮叶栅中降压膨胀加速程度加大，气流沿叶背加速，就有可能在槽道内叶背曲率最大的部位出现局部超声速区，该区以声速线开始，并大体上以正激波结尾，局部超声速区以外都是亚声速流动，如图 6-7 所示。

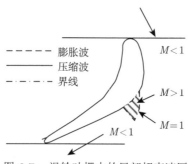

图 6-7   涡轮叶栅中的局部超声速区

我们定义叶型上某一点已达声速时的工况马赫数为临界马赫数 M_{2cr}。对一般叶栅来说，其值为 0.7~0.8。

背压继续降低时，局部超声速区逐渐扩大。其后的结尾正激波也顺流后移。

(3) 当背压降低到使工况马赫数达到某一数值时，在叶片尾缘处，由于气流急剧转弯加速，压力下降，出现另一个局部超声速区。从叶背、叶盆表面流出的气流离开尾缘后出现两道分离激波，两股气流在尾缘后某一位置会合发生折转，同时产生两组压缩波，并汇集成一对燕尾形的斜激波，其右支 (顺气流流动方向看) 伸向槽道称为内尾波，左支伸向栅后，称为外尾波，如图 6-8 所示。

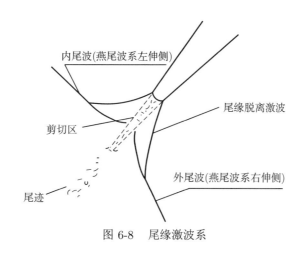

图 6-8　尾缘激波系

(4) 背压继续降低。当内尾波与叶背局部超声速区后的正激波相遇时，即表明超声速区 (声速线) 贯穿整个槽道。叶栅进入阻塞工况，此时的工况马赫数称为阻塞工况马赫数，一般约为 1.0 (或略大于 1.0)。与此同时，栅前进口马赫数 M_1 也不随 M_2 的加大而增大，达最大值 $M_{1\max}$，该值称为栅前阻塞马赫数，与之对应的叶栅流量也不再加大而达最大值。这时栅后背压与栅前总压之比 p_2/p_{01} 称为临界压力比。这时叶栅槽道内的速度分布如图 6-9 所示，正激波 (垂直激波) 和内尾波相交贯穿的位置在喉部附近。

(5) 背压继续降低，叶栅出口气流超过声速，这时叶栅是超声速工况段。

正激波沿叶背迅速推向叶栅外空间，气流绕叶盆尾缘急剧加速，在斜切口 (叶栅喉部以后的槽道区域) 内形成一组扇形膨胀波射向相邻叶片的叶背，并在叶背上形成反射膨胀波。气流穿过该组膨胀波及反射膨胀波在斜切口继续超声速膨胀，随出口马赫数的增大，内尾波逐渐变斜，射向叶背。内尾波作用在叶背壁面，与附面层相互干扰后产生反射激波。在叶背上的入射点随 M_2 增大向尾缘移动。跨声速涡轮叶栅在超声速工况下槽道中波系情况如图 6-10 所示。

如图 6-10 所示的超声速工况时槽道的波系，主要由原生膨胀波 E_1、反射膨胀波 E_2、原生激波 E_3、尾缘脱离激波 K、内尾波 K_1、内尾波在叶背上的反射波 K_2、外尾波 K_3 以及叶片尾缘后的尾迹所构成。

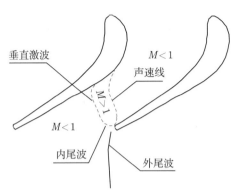

图 6-9　阻塞工况时槽道内的速度分布

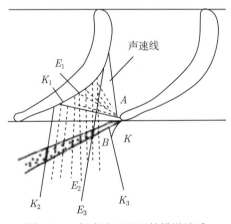

图 6-10　超声速工况下的槽道波系

(6) 当 M_2 大到某值后，内尾波在叶背上的入射点移至尾缘处，其反射波与另一叶片的外尾波重叠。膨胀波系的最后一道波也大致与叶栅出口额线相平行，这时达到了该叶栅的极限负荷工况。斜切口的膨胀能力已经得到充分利用，与额线相垂直的气流分速即气流轴向分速这时也达到了当地声速。

如果背压 p_2 比极限负荷状况对应的值还要低，并进一步下降，则气流只能在叶栅外面无制约地膨胀，并使轴向分速继续增加，但叶片表面的压强分布不再受到背压进一步下降的影响，气流作用给叶片的气动力也不会改变。因此，决定涡轮输出功的切向分速就再也不会增加了，所以当叶栅几何参数完全确定以后，叶栅的最大膨胀能力也就确定了。

上面列举了背压变化时的多种涡轮叶栅工作状况，在发动机涡轮中，亚声速涡轮叶栅大体以工况 (2)、(3)、(4) 所对应的背压或者更高一些的背压工作；跨声速涡轮叶栅大体以工况 (5) 对应的背压工作。

6.2.6　叶型损失及其工程估算

在涡轮叶栅流动过程中，由于实际流动是有黏性的，所以沿叶背和叶盆都有附面层存在，从强度方面考虑，叶片尾缘要有一定的厚度。因此，和压气机叶栅中一样，在尾缘后存在着尾流，也有叶栅后尾流与主流的掺混，并导致尾迹损失。

另外，由上面所分析的涡轮叶栅中流动情况还可以看出，总体上涡轮叶栅中是降压加速流动，进口总压高，出口静压低，沿叶型的大部分区域存在顺压力梯度，但在部分区域如叶背型面的后部，仍可能出现逆压力梯度。例如，当出现激波时，在激波和型面相交处就有陡峭的静压升高，即很大的逆压力梯度。因而形成激波附面层干扰，引起气流分离，使损失加大。

但是和压气机叶栅相比，涡轮叶栅中附面层薄，不易分离，因此损失较小而效率较高。此外，由于涡轮叶栅的顺压力梯度和进口气流 Ma 较小，以及前缘小圆半径、圆角一般比压气机叶型大等，涡轮叶栅对气流攻角不如压气机叶栅那样敏感，可以有较大的攻角变化范围而不至于使损失急剧增长。

和压气机中相似，涡轮基元级的流动损失就是叶型损失，包括以下几部分：

(1) 附面层内的摩擦损失；

(2) 尾迹损失及尾迹和主流的掺混损失；

(3) 附面层中的气流分离损失；

(4) 波阻损失。

在涡轮中也同样要求尽量减少流动损失。

1. 涡轮叶栅的出口速度计算

燃气涡轮是从蒸汽涡轮发展起来的，因而不少设计计算方法沿用了蒸汽涡轮的习惯。例如，在估计叶型损失方面至今仍采用蒸汽涡轮的速度损失系数。如图 6-11 所示，对喷嘴环来说，若流动过程是等熵的，则出口速度为

$$c_{2ad} = \sqrt{2(h_{01} - h_{2ad})} = \sqrt{2c_p(T_{01} - T_{2ad})}$$

$$= \sqrt{\frac{2k'}{k'-1}R'_g T_{01}\left(1 - \frac{T_{2ad}}{T_{01}}\right)}$$

$$= \sqrt{\frac{2k}{k-1}R'_g T_{01}\left[1 - \left(\frac{p_2}{p_{01}}\right)^{\frac{k'-1}{k'}}\right]} \tag{6-9}$$

但是在实际的膨胀过程中是有损失而不是等熵的。若以 c_2 表示出口的实际速度，则显然 $c_2 < c_{2ad}$，两者之比值称为速度损失系数 φ，即

$$c_2 = \varphi c_{2ad} \tag{6-10}$$

式中，T_{01}、p_{01} 分别为涡轮级进口的总温、总压；p_2 为喷嘴环出口的静压；k'、R'_g 分别为燃气的绝热指数、气体常数。

式 (6-10) 中，如已知压降 p_2/p_{01} 和 T_{01}，φ 在 0.96~0.98 范围内选定，就可求得 c_2。

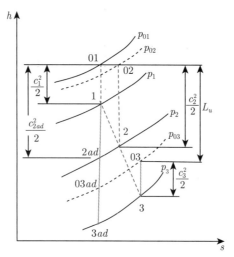

图 6-11   涡轮基元级的 h-s 图

由于 $c_2 < c_{2ad}$，所以实际过程终了时的动能比等熵过程终了时的小，两者之差就是喷嘴环中的动能损失。

$$\Delta L_{flnb} = \frac{1}{2}(c_{2ad}^2 - c_2^2) = \frac{c_2^2}{2}\left(\frac{1}{\varphi^2} - 1\right) \tag{6-11}$$

另外，在燃气涡轮设计中，还常采用总压恢复系数来表示损失的大小。喷嘴环的总压恢复系数为

$$\sigma_{np} = \frac{p_{02}}{p_{01}} = \frac{p_2/\pi(\lambda_{c2})}{p_2/\pi(\lambda_{c2ad})} = \frac{\pi(\lambda_{c2}/\varphi)}{\pi(\lambda_{c2})} \tag{6-12}$$

同样，对工作轮来说，也有类似的关系式，当气流以绝对速度 c_2 流出喷嘴环时，即以相对速度 w_2 流向工作轮。如图 6-3 所示，如果站在旋转的工作轮上观察，那么，气流在工作轮通道中的流动和喷嘴环中的流动是一样的。这时，速度由进口相对速度 w_2 膨胀到出口相对速度 w_3，如果以 "φ" 表示工作轮中的速度损失系数，以 "σ_w" 表示工作轮中的总压恢复系数，以 ΔL_{flw} 表示工作轮中的动能损失，则得到下面公式 (当 $u_2 = u_3$ 时)：

$$w_3 = \varphi\sqrt{\frac{2k'}{k'-1}R'_g T_{02w}\left[1 - \left(\frac{p_3}{p_{02w}}\right)^{\frac{k'-1}{k'}}\right]} \tag{6-13}$$

$$\sigma_w = \frac{p_{03w}}{p_{02w}} = \frac{\pi(\lambda_{w3}/\varphi)}{\pi(\lambda_{w3})} \tag{6-14}$$

$$\Delta L_{flw} = \frac{w_3^2}{2}\left(\frac{1}{\varphi^2} - 1\right) \tag{6-15}$$

式中，φ 在 $0.95 \sim 0.97$ 范围内选定；T_{02w} 为工作轮进口相对总温，当 $u_2 = u_3$ 时，$T_{02w} = T_{03w}$；p_{02w}、p_{03w} 分别为工作轮进出口的相对总压。

2. 涡轮叶栅出气角计算

上面介绍了如何计算喷嘴环和工作轮出口的气流速度 c_2 和 w_3，下面就叙述和这些速度相对应的气流流出角 α_2 和 β_3 是如何计算的。根据涡轮叶栅流场随栅后背压的变化可知，若按照叶栅中是否存在由叶背一直贯穿到叶盆的局部超声速区来区分，叶栅中的流动可以分成两种流态。当背压 p_2 和栅前总压 p_{01} 之比 p_2/p_{01} 大于临界压力比时，称为亚临界流态；小于临界压力比时，称为超临界流态。对于这两种情况下计算落后角的方法分述如下。

1) 亚临界流态

图 6-12 是喷嘴环的亚临界流态。由于栅前后压差不大，所以在喉部 AB (宽度 a) 处并未达到声速，并且也不在斜切口形成超声速膨胀。这是由于叶背曲率和附面层的影响，气流不是沿几何出口角 α_{2k} 的方向流出，而是偏转一个称为"落后角"的 δ 角，结果以 $\alpha_2 = \alpha_{2k} + \delta$ 的角度流出喷嘴环。根据大量的实验研究，发现这个落后角 δ 和出口的速度以及叶栅的喉部宽度 a 及栅距 t 有关，如图 6-13 所示。

图 6-13 中的横坐标为叶栅等熵流动时出口速度系数，纵坐标为落后角 δ，并以 $\arcsin(a/t)$ 为参变数。需要注意的是，如果知道的是实际流动的出口速度系数 λ_{c2}，则必须换算成等熵流动的 $\lambda_{c2} = \lambda/\varphi$。图 6-13 中的曲线，对工作轮同样适用，这时横坐标就是工作轮等熵流动时的出口速度系数 λ_{w3ad}。

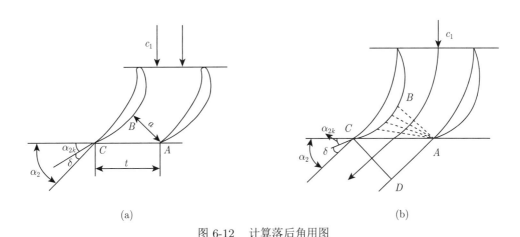

(a) (b)

图 6-12　计算落后角用图

2) 超临界流态

当喷嘴环中的压降为超临界时 (见图 6-12(b))，气流经过声速截面后继续在斜切口 ABC 部分进行膨胀。出口尾缘 A 点的压力等于出口压力 p_2，故 A 点可看作扰动源，从 A 点起发出一束膨胀波组，如图中的虚线所示，气流穿过这束膨胀波时，继续做超声速流动并向右偏转，产生一个落后角 $\delta = \alpha_2 - \alpha_{2k}$。气流之所以不向左偏转而向右偏，原因是这时的气流通道已变成一个拉瓦尔喷管，它的超声速部分 (在这里就是斜切口区域) 必须做成扩散形，所以气流只有向右偏转后才能满足这个条件，即 $CD > AB$。

下面就来分析这时落后角应如何计算。对于单位厚度的流管，可写出喉部及出口截面的流量方程如下：

$$t \cdot \sin \alpha_{2k} \frac{k' p_{0cr} q(\lambda_{cr})}{\sqrt{T_{01}}} = t \cdot \sin \alpha_2 \frac{k' p_{02} q(\lambda_{c2})}{\sqrt{T_{01}}}$$

式中，p_{0cr} 为喉部处气流总压；t 为栅距；k' 为系数。当比热比为 1.33 时，$k' = 0.0396$。

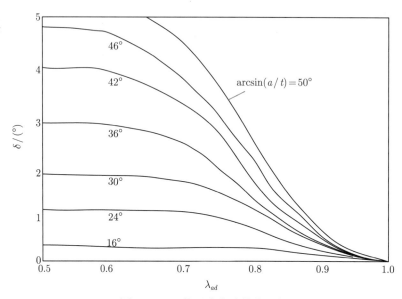

图 6-13　亚临界流态时的落后角

因为 $p_{0cr} = \sigma p_{01}$，$p_{02} = \sigma_{nb} p_{01}$，代入上式后，可解得 $\sin \alpha_2$ 为

$$\sin \alpha_2 = \frac{\sigma q(\lambda_{cr})}{\sigma_{nb} q(\lambda_{c2})} \sin \alpha_{2k} \tag{6-16}$$

式中，σ 是喉部以前的总压恢复系数；σ_{nb} 是整个喷嘴环通道的总压恢复系数。由于喉部处有附面层和损失，而且流动也不均匀，声速线位置和几何喉部截面不完全重合，所以，当式 (6-16) 考虑为一元管流时，在喉部处并不能达到 $q(\lambda_{cr}) = 1$，而只能在该处 $q(\lambda)$ 函数达到最大值。或者反过来说，如果能取得某一个 φ 值下的 $q(\lambda)$ 函数最大值，那就一定是 $q(\lambda_{cr})$。另外，要想测量 σ 的数值也很困难，但由于斜切口区域的膨胀接近于等熵过程，这区域的损失可略而不计，因而可近似认为 $\sigma \approx \sigma_{nb}$。这样，我们索性把 $\sigma q(\lambda_{cr})$ 一项改写成 $[\sigma_{nb} q(\lambda_{c2})]_{cr}$，以表示这是 $\sigma_{nb} q(\lambda_{c2})$ 的最大值。于是，有

$$\sin \alpha_2 = \frac{[\sigma_{nb} q(\lambda_{c2})]_{cr}}{\sigma_{nb} q(\lambda_{c2})} \sin \alpha_{2k} \tag{6-17}$$

叶栅出口处的 $\sigma_{nb} q(\lambda_{c2})$ 在一定的速度损失系数下，随出口的 λ_{c2} 而变的关系曲线如图 6-14 所示。曲线簇中每条曲线的最高点就表示 $[\sigma_{nb} q(\lambda_{c2})]_{cr}$ 的数值，在等熵过程中，$\varphi = 1$，$\sigma_{nb} = 1$，则 $[\sigma_{nb} q(\lambda_{c2})]_{cr} = 1$。但在实际过程中，由于 $\varphi < 1$，所以对应于每个 φ 的曲线的最高点，喉部的 $[\sigma_{nb} q(\lambda_{c2})]_{cr} < 1$。

下面举例说明如何计算落后角 δ。

如已知：$\alpha_{2k} = 20°$，$\varphi = 0.96$，$\lambda_{c2} = 1.15$。根据图 6-14，可查得 $[\sigma_{nb}q(\lambda_{c2})]_{cr} = 0.955$，$\sigma_{nb}q(\lambda_{c2}) = 0.912$。将其代入式 (6-17)，算得 $\alpha_2 = 21°$。所以落后角 $\delta = 21° - 20° = 1°$。

图 6-14 的曲线也适用于计算工作轮超临界流态时出口处的气流角。这时，λ_{c2} 代之以 λ_{w3}，则式 (6-17) 变为

$$\sin \beta_3 = \frac{[\sigma_w q(\lambda_{w3})]_{cr}}{\sigma_w q(\lambda_{w3})} \sin \beta_{3k} \tag{6-18}$$

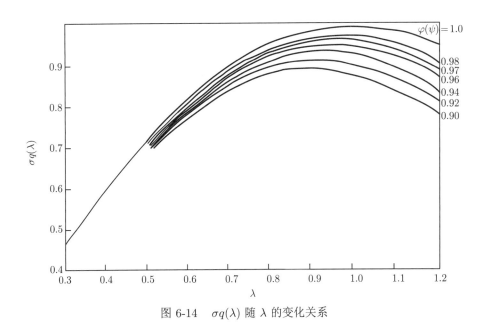

图 6-14　$\sigma q(\lambda)$ 随 λ 的变化关系

6.3　涡　轮　级

涡轮的工作原理和燃气在涡轮中的流动过程，可以说基本上在基元级的工作过程中已得到反映。把沿叶高不同半径上的"基元级"叠合起来就形成了涡轮级。不同半径上的基元级的工作特点各不相同，因此现在的问题就是要找出各基元级间的相互关系，从而确定整级的工作，从气动上看，就是寻找级空间气流参数沿径向的分布规律。下面就先从这个问题谈起，接着再讨论级的流动损失和气动计算的有关问题。

6.3.1　级空间的气流组织

这里的内容和压气机中有很多地方是相类似的，因此不作过多的重复。和分析压气机中的气流一样，假定轴向方向上流体沿圆柱表面流动，并认为喷嘴环进口的气流参数沿径向是均匀的，那么，气流必须满足如下简化径向平衡方程：

$$\frac{\mathrm{d}p}{\mathrm{d}r} = \rho \frac{c_u^2}{r} \tag{6-19}$$

已知轮缘功的微分形式:

$$\frac{\mathrm{d}L_u}{\mathrm{d}r} = \frac{1}{\rho}\frac{\mathrm{d}p}{\mathrm{d}r} + \frac{\mathrm{d}c^2}{2\mathrm{d}r}$$

利用微分运算式:

$$\frac{c_u^2}{r} + \frac{\mathrm{d}c_u^2}{2\mathrm{d}r} = \frac{1}{2r^2}\frac{\mathrm{d}(c_u r)^2}{\mathrm{d}r}$$

可以得出轮缘功 L_u、轴向速度 c_a 和切向分速 c_u 沿径向分布的微分方程式,即

$$\frac{\mathrm{d}L_u}{\mathrm{d}r} = \frac{1}{2}\left[\frac{1}{r^2}\frac{\mathrm{d}(c_u r)^2}{\mathrm{d}r} + \frac{\mathrm{d}c_a^2}{\mathrm{d}r}\right] \tag{6-20}$$

从式 (6-20) 可以看出,L_u、c_a 和 c_u 三者之中只能任意规定两个沿径向的变化规律,而第三个则要按式 (6-20) 所确定的关系变化。下面简单介绍几种在涡轮叶片设计中常用的变化规律。

1. 等环量叶片

和压气机中一样,所谓等环量分布规律也是规定气流的切向分速度 c_u 沿叶高的变化与半径成反比,即满足 $c_u r =$ 常数,并假设 L_u 沿叶高不变,则 L_u、c_u 和 c_a 沿径向的变化满足以下条件:

$$\begin{cases} c_u r = \text{常数} \\ c_a = \text{常数} \\ L_u = \text{常数} \end{cases} \tag{6-21}$$

由速度三角形可得

$$\begin{cases} \tan\alpha_2 = \dfrac{c_{2a}}{c_{2u}} \\[2mm] \beta_2 = \arctan\dfrac{c_{2a}}{c_{2u} - u} \\[2mm] \beta_3 = \arctan\dfrac{c_{3a}}{c_{3u} + u} \end{cases} \tag{6-22}$$

联立求解式 (6-20) 和式 (6-21),可以得出 α_2、β_2 和 β_3 沿径向的变化关系。由于 c_{2u} 和 c_{3u} 沿径向减小,c_{2a} 和 c_{3a} 沿径向不变,所以 α_2 和 β_2 沿径向增大,而在压气机中等环量分布时,β_1 沿径向是减小的。图 6-15 就是等环量涡轮叶片叶尖、中径和叶根三个截面上的基元级速度三角形以及喷嘴环和工作轮叶片的扭转示意图。

等环量叶片的优点是流动是无旋的,c_a 分布均匀,所以效率较高,而且计算简便,与实测数据比较一致。

等环量叶片 c_{2u} 沿径向 (叶高) 变化急剧,由式 (6-19) 可知,必然导致 p_2 沿径向变化急剧,在工作轮出口气流接近轴向流出的情况下,p_3 沿径向变化不大,因此,反力度沿径向变化急剧,对于轮毂比 d 较小的长叶片而言,根部可能出现负反力度,这会导致涡轮根部基元级效率急剧下降,这种情况在涡轮设计中一般是不允许的。

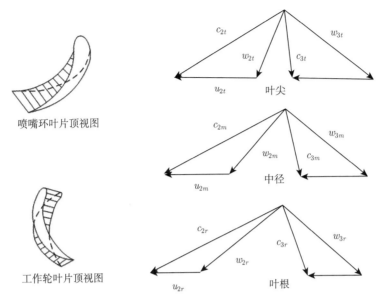

喷嘴环叶片顶视图

工作轮叶片顶视图

图 6-15 等环量叶片的速度三角形及其对应的叶片

分析角度 α_2、β_2 和 β_3 沿径向的变化,也得到同样的结果。等环量叶片的 α_2 和 β_2 沿径向的变化都较急剧,叶片越长越突出,特别是 β_3 和 β_2 的变化规律并不一致,所以极易在根部基元级中出现 $\beta_3 > \beta_2$。这时叶片通道就不是均匀收敛,而是出现了局部扩压通道,从而使损失增加,这是不利的。因此,等环量叶片适用于叶片较短的前面级。

2. 等 α_2 叶片

除了等环量叶片外,在涡轮中还采用 $\alpha_2 = $ 常数的叶片,这种叶片的特点在于沿叶高满足如下条件:

$$\begin{cases} \alpha_2 = \text{常数} \\ L_u = \text{常数} \end{cases} \tag{6-23}$$

将式 (6-23) 代入式 (6-20),并积分,则可得出喷嘴环出口处 c_{2u}、c_{2a} 的分布规律:

$$\begin{cases} c_{2u} r^{\cos^2 \alpha_2} = \text{常数} \\ c_{2a} r^{\cos^2 \alpha_2} = \text{常数} \end{cases} \tag{6-24}$$

由式 (6-24) 可知,c_{2u} 和 c_{2a} 均随半径增大而减小,c_{2u} 沿径向的变化比在等环量规律下的变化缓和,和等环量叶片相比,这两因素都能改善反力度和喷嘴环出口马赫数 M_2 等参数沿叶高变化急剧的缺点。尤其对于避免根部负反力度,采用等 α_2 扭向规律比等环量规律有明显改善,因而对 α_2 较小的长叶片较为适用。

工作轮出口参数可根据 $L_u = u(c_{2u} + c_{3u})$ 沿半径不变的条件,积分式 (6-20) 得到。这里不详述。

等 α_2 叶片优点是,喷嘴环是直叶片,便于加工,而且便于做成空心叶片,进行内部冷却,在有的发动机结构设计中,还通过这种不扭的喷嘴环叶片,安装承力支杆。

3. 通用扭向规律

和压气机中一样，对于涡轮叶片的多种扭向规律也可以由一个通式表示，这个通式可写成

$$
\begin{cases}
c_{2u}r^m = \text{常数} \\
L_u = \text{常数}
\end{cases}
\tag{6-25}
$$

式中，m 为常数。

当 $m = 1$ 时，就得到等环量扭向规律；当 $m = \cos^2\alpha_2$ 时，就得到等 α_2 扭向规律，因此只要我们根据具体设计要求，在 $\cos^2\alpha_2 \leqslant m \leqslant 1$ 之间选定一值，就可得到介于等环量与等 α_2 之间的扭向规律，这种规律也称为中间规律。对于轮毂比 d 很小的长叶片，若采用等 α_2 规律，工作轮叶片根部仍不能避免出现负反力度时，还可在小于 $\cos^2\alpha_2$ 大于零的范围内选取 m 值。实践证明，选取这样低的 m 值可以使根部截面反力度增加。

4. 可控涡设计概念

20 世纪 60 年代中期开始采用完全径向平衡方程计算涡轮流场，并采用可控涡设计，这样的设计能保证涡轮具有较大的做功能力，而且在根部截面不出现负反力度。下面我们只简单介绍一下可控涡设计的概念。

所谓可控涡设计方法，指的是规定环量 (或称控制旋涡) 沿叶片高度按一定规律变化，以便获得反力度沿叶高缓慢变化的长叶片设计方法。显然，采用"可控涡"的基础是运用能够反映变功、变流线曲率等因素对流场影响的三元流场计算方法，涡轮流场计算所遵循的基本方程组和蒸汽机中的完全一样。

通过控制环量 $c_u r$、流线曲率 $1/R_m$ 和流线斜率 $\tan\phi$ 等，就可以控制气流压力沿径向的分布，即控制反力度沿叶高的变化，甚至做到使反力度沿叶高变化不大。

可控涡设计方法有以下几方面的好处。

(1) 由于反力度沿叶高分布较均匀，提高了根部反力度，降低了顶部反力度，从而改善工作轮根部的流动状态并减小顶部径向间隙的漏气量。

(2) 由于提高了根部反力度和降低了顶部反力度，所以可使喷嘴环根部出口 Ma 和工作轮顶部出口 Ma 相应减小。这样，如果在这两处原为超声速流动，则可使它们变为亚声速流动，从而使流动的能量损失减小。如果在这两处按常规方法设计得到了亚声速流动，则采用可控涡设计可使级的焓降提高，增加单级做功能力。

(3) 反力度均匀化的结果使喷嘴环叶片表面附面层内的潜移现象减弱，从而避免了过多的附面层在根部的堆积，这对降低叶栅根部的能量损失也是有好处的。

6.3.2 级的流动损失

涡轮级中所遇到的流动损失有如下几种：

(1) 叶型损失，即基元级中的流动损失；

(2) 环面附面层引起的摩擦损失和对涡损失；

(3) 潜流损失，如图 6-16 所示，以上几种损失情况和压气机中的相类似；

(4) 漏气损失，这是和压气机中的情况不同的。因为涡轮工作轮进口压力高于出口压力，气流可从径向间隙流过 (见图 6-17)，这部分气流没有产生轮缘功。

在涡轮中，除了上述第一项叶型损失外，其余各项损失统称为"二次损失"。而且和压气机中一样，把它平均分配到半径上的各基元级中，在涡轮气动设计中大多用二次损失系数 δ_{se} 来考虑二次损失的大小。δ_{se} 一般在 0.97~0.98 范围内。在扣除了二次损失以后，每 kg 燃气由涡轮轴实际输出的功称为涡轮功，用 L_T 表示。

$$L_T = \delta_{se} L_u$$

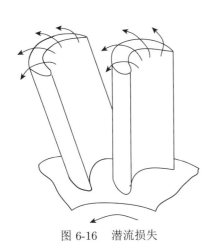

图 6-16　潜流损失

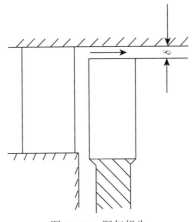

图 6-17　漏气损失

6.3.3　涡轮效率和涡轮功率

为了表达涡轮一级中的损失大小。在涡轮气动设计中多采用"等熵滞止效率"。它是涡轮功 L_T 和等熵滞止功 L_{ad}^* 之比。

$$\eta_T^* = \frac{L_T}{L_{ad}^*} = \frac{\delta_{se} L_u}{L_{ad}^*} \tag{6-26}$$

根据目前气动设计和工艺水平。单级涡轮的效率在 $\eta_T^* = 0.88 \sim 0.91$。

为了提高涡轮效率，也就是提高每 kg 燃气所做的轮缘功，就必须设法减少叶型损失和二次损失，在减少二次损失方面，目前采取的措施有如下两方面：

(1) 安装轮毂以减少潜流损失，如图 6-18 所示；

(2) 安装封严装置 (又称迷宫) 以减少漏气损失，如图 6-19 所示。

对于涡轮，不但要知道每 kg 燃气所做的涡轮功 L_T，还要知道它的轴上所发出的总功率是多少。由式 (6-26) 可得

$$L_T = \delta_{se} L_u = \eta_T^* L_{ad}^*$$

由于

$$L_{ad}^* = \frac{k'}{k'-1} R' T_{03} \left(1 - \frac{1}{\pi_T^{*(k'-1)/k'}} \right)$$

式中，$\pi_T^* = \dfrac{p_{03}}{p_{04}}$ 为涡轮的落压比或膨胀比；T_{03}、p_{03} 分别为涡轮进口的总温、总压；p_{04} 为涡轮出口总压。

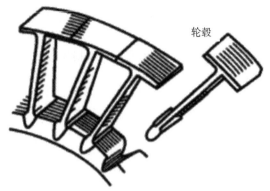

轮毂

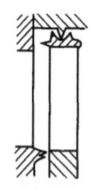

图 6-18　装有轮毂的工作轮叶片　　　　图 6-19　装有迷宫装置的工作轮

如果这时流过涡轮的燃气流量为 m_g，那么涡轮在它的转轴上发出的总功率就可按下面公式求得：

$$N_T = m_g L_T \tag{6-27}$$

$$N_T = m_g \frac{k'}{k'-1} R' T_{03} \left(1 - \frac{1}{\pi_T^{*(k'-1)/k'}}\right) \eta_T^* \tag{6-28}$$

6.3.4　单级涡轮气动设计简介

涡轮气动设计的内容与压气机气动设计相仿，包括流程计算、级的详细计算和叶片造型，也同样要求在出力大 (涡轮功大) 的同时，保证质量轻、尺寸小、效率高及工作可靠。当然涡轮也有自己的特点，由于在涡轮中气流是膨胀的，附面层不易分离，每 kg 燃气通过一级涡轮时可发出高达 300 kJ 的功，所以涡轮级数往往很少。压气机增压比在 4.5~6 以下时，单级涡轮就可以胜任。涡轮的另一个在气动设计中必须加以考虑的特点，就是它的工作条件十分恶劣，转速高，一个叶片维持旋转所需的向心力可达本身质量的几万倍，而且还要在高温下工作，所以对强度问题必须重视。

1. 参数选择

与涡轮的功率、效率、强度、质量、尺寸直接有关的参数主要有载荷系数 H_T、反力度 Ω_T、喷嘴环出口气流角 α_2 及轴向速度比 c_{2a}/c_{3a}，这些也就是我们在前面提到的决定基元级速度三角形的参数，此外，流程形式对涡轮性能有一定的影响。这些参数如何影响涡轮性能的情况及目前使用的数值范围简述如下。

1) 载荷系数 H_T

$$L_u = \overline{H}_T u^2$$

所以载荷系数越大，单级涡轮做功能力也越强。

由式 (6-6) 得知

$$c_{3u} = u \left[\frac{\overline{H}_T}{2} - (1 - \Omega_T)\right]$$

考虑到

$$c_{3u} = c_{3a} c \tan \alpha_3$$

若令 $\bar{c}_{3a} = \dfrac{c_{3a}}{u}$，则上式改写为

$$\bar{c}_{3a}c\tan\alpha_3 = \left[\frac{\overline{H_T}}{2}\left(1-\Omega_T\right)\right]$$

由此可见，当 c_{3a} 及 Ω_T 一定时，H_T 上升，使 α_3 下降，即使气流偏离轴向方向，这对单级涡轮和多级涡轮的末级都是不希望的，它将导致动能损失增大。所以 H_T 不能过大，目前亚声速涡轮平均半径上的 H_T 在 1.4~1.7 范围内选用。

2) 反力度 Ω_T

中径上反力度的选择与许多因素有关。反力度选得小一点，使涡轮工作轮的工作温度可以下降。但 Ω_T 太小，在叶根处可能出现扩压；Ω_T 还与 α_3 有关，所以必须进行综合考虑。计算表明，在其他各种参数适当配合下，Ω_T 在 0.2~0.3 范围内可以得到能接受的 α_3 角。

3) 喷嘴环气流出口角 α_2

α_2 的大小直接影响叶片的长短。α_2 小则叶片长，因为叶片长度主要取决于流程的环形面积，由流量方程：

$$A_2 = \frac{m_g\sqrt{T_{02}}}{\sigma_{nb}p_{02}K'q(\lambda_{c2})\sin\alpha_2} \tag{6-29}$$

可见，α_2 角越小，则环形面积越大；反之，α_2 角越大，则环形面积越小。面积大则叶片长，反之叶片就短。所以，对于小流量及高压比的发动机，α_2 应取得小一些，使叶片长一些，以减少二次损失。反之，流量较大时，α_2 宜适当取大，使叶片短一些，容易保证叶片强度。当然，这只是一个因素。α_2 的大小还直接与涡轮的出力有关，从而可影响涡轮所需要的级数。目前 α_2 的范围在 $22° \sim 35°$。

4) 轴向速度比 c_{2a}/c_{3a}

c_{2a}/c_{3a} 的大小也直接影响叶片的长度及通道的扩张角。所以在气动计算时，往往用改变这一数值来达到调整叶片长短、改善强度条件的目的。因为它的变动对全局计算影响较小，c_{2a} 也不能过大。对于涡轮喷气发动机来说，一般不要使 λ_{2a} 超过 0.5~0.7，否则将不能依靠降低涡轮后背压来增加涡轮的落压比，影响涡轮功储备。目前，一般 c_{2a}/c_{3a} 在 0.7~0.85 范围内选取。

5) 流程形式

这与压气机类似，有等内径、等外径、等中径之分。等外径通道的优点，除 u 较大外，这种通道的叶片径向间隙不会因转子热膨胀而改变，对发动机安全运转有好处。其他通道可作类似分析。目前大多数涡轮采用接近等中径的流程。

2. 单级涡轮气动计算的步骤

涡轮气动计算的方法很多，下面介绍其中的一种。

单级涡轮气动计算时，已知参数为涡轮应发出功率 N_T(kW)、流量 m_g(kg/s)、涡轮前总压 p_{01}(N/m^2)、涡轮前总温 T_{01}(K)、涡轮转速 n(r/min)、涡轮效率 η_T^*。在这些条件下，单级涡轮气动计算大致可分以下几步进行。

1) 决定涡轮的轮缘功：

$$L_u = N_T / (m_g \delta_{se})$$

2) 求中径上的速度三角形

选定中径上的载荷系数 H_T 和反力度 Ω_T，按式 (6-6) 计算 c_{2u}、c_{3u}，再选定一个 c_{2a}/c_{3a} 及一系列 α_2，即可作出工作轮进出口处的速度三角形，从而可得有关的气流速度和气流角度。

3) 求工作轮进口尺寸

由流量方程：

$$m_g = \frac{A_2 \sigma_{nb} p_{02} K' q(\lambda_{c2}) \sin \alpha_2}{\sqrt{T_{02}}}$$

可求得 A_2。式中，$\sigma_{nb} = \dfrac{\pi(\lambda_{c2}/\varphi)}{\pi(\lambda_{c2})}$；$\varphi$ 为喷嘴环速度损失系数。

中径：

$$D_m = \frac{60 u_m}{\pi n}$$

所以，叶尖直径：

$$D_t = \sqrt{\frac{2A_2}{\pi} + D_m^2}$$

叶根直径：

$$D_r = \sqrt{D_m^2 - \frac{2A_2}{\pi}}$$

工作轮进口叶片高：

$$l_1 = \frac{D_t - D_r}{2}$$

为了满足强度要求，一般 D_m/l_1 应大于 4.5~5.5。

4) 求涡轮落压比及验算效率

$$p_2 = p_{02w}\pi(\lambda_{w2}) = p_{02}\pi(\lambda_{c2})$$

所以

$$p_{02w} = p_{02}\frac{\pi(\lambda_{c2})}{\pi(\lambda_{w2})}$$

而

$$p_{03w} = p_{02w}\sigma_w$$

式中，$\sigma_w = \dfrac{\pi(\lambda_{w3}/\phi)}{\pi(\lambda_{w3})}$；$\phi$ 为工作轮速度损失系数。

同样，由于

$$p_3 = p_{03w}\pi(\lambda_{w3}) = p_{03}\pi(\lambda_{c3})$$

所以

$$p_{03} = p_{03w} \frac{\pi\left(\lambda_{w3}\right)}{\pi\left(\lambda_{c3}\right)}$$

即可得落压比:

$$\pi_T^* = \frac{p_{02}}{p_{03}}$$

验算效率:

$$L_{ad}^* = \frac{k'}{k'-1} R' T_{03} \left(1 - \frac{1}{\pi_T^{*(k'-1)/k'}}\right)$$

$$\eta_T^* = \frac{N_T}{m_g L_{ad}^*}$$

对单级涡轮 η_T^* 值应达到 $0.88 \sim 0.91$。

5) 求工作轮出口尺寸

由流量方程:

$$m_g = \frac{A_3 p_{03} k' q(\lambda_{c3}) \sin \alpha_3}{\sqrt{T_{03}}}$$

即可求得 A_3。根据选定的通道形式,可求出工作轮出口处内、外径,从而求出工作叶片出口处的高度 l_2。

作出工作轮的通道图 (见图 6-20),测量通道的扩张角 γ_t 和 γ_r,为了避免气流分离,这两个角度一般应在 $15° \sim 18°$。

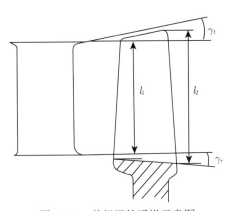

图 6-20   单级涡轮通道示意图

6.4 多 级 涡 轮

当压气机的增压比在 6 以下时,一般用单级涡轮带动压气机已经足够。随着高增压比 (目前已达 30 甚至更高) 和大流量燃气轮机的出现,涡轮已逐渐向多级发展,例如,美国的

JT3D-3B 涡轮风扇发动机共有四级涡轮，其中第一级高压涡轮带动七级高压压气机；余下的三级涡轮则带动二级风扇和六级低压压气机。

一般来说，如果一级涡轮能够完成带动压气机和附件所需的功率，应该尽量采用单级，因为级多就有可能使燃气轮机结构复杂。

6.4.1 采用多级的原则

采用多级涡轮的情况可能有如下几种。

(1) 单级功率不够。

(2) 轴流式压气机由于受到 $M_{w2} < 1$ 的限制，圆周速度一般较低。如果为了采用单级涡轮而过分加大圆周速度，则势必造成涡轮的直径比压气机的超过很多，使整机的迎风面积增大，这时就应考虑采用多级涡轮，降低圆周速度，从而使涡轮的外径减小。

(3) 有时涡轮的最大尺寸受到限制或者需要保证一定的效率，也不宜采用单级。

6.4.2 主要参数在各级中的分配

多级涡轮是单级涡轮的组合，对于航空燃气轮机来说，除了考虑到各级之间的相互联系外，还要考虑涡轮与紧接在它后面的尾喷管的协调工作等。例如，在已知总涡轮功 (即总焓降) 的情况下，如何在多级中分配焓降就必须从效率、叶片长短和尾喷管的配合等方面来考虑。一般来说，采用膨胀功 (即焓降) 逐级下降为佳，因为它有如下的优点。

(1) 末级功小，易使末级出口气流接近轴向，能量损失较小。对于带加力燃烧室的航空燃气轮机，可以减少进口扩压段的整流损失。

(2) 第一级功大则焓降大，反力度一定时，第一级喷嘴环中气流的膨胀功就大，气流在喷嘴环中的温度降低就多，第一级工作叶片以及后面多级工作叶片温度就低，对强度有利。

当然，这种分配方法也有缺点，第一级的轴向速度一般较低，α_2 较小，若分配的功大，则气流的转折角大，流动损失大。但由于涡轮再生热的特点，第一级损失的能量在后面级还可以部分利用，所以这种分配膨胀功的方式常被采用。

关于 α_2 的大小，一般是前小 (18° ~ 25°) 后大 (30° ~ 35°)，这就使得前面级的叶片不致过短 (二次损失较小) 和后面级的叶片不致过长 (容易保证强度)，流道的扩张变化也较和缓。

中径上的反力度也是前小后大，在焓降前大后小的分配方案下，第一级的 Ω_T 小就可以降低工作轮前的温度。这里叶片又短，所以 Ω_T 可以小一些，后面几级 Ω_T 要选得大，则是为了避免叶根出现负的反力度。

关于流程形式，已在 6.4.1 节提到，有等内径、等外径、等中径之分，如图 6-21 所示。

除了这三种基本形式外，还有较为广泛采用的是折中方案 (内径、中径、外径都不是常数) 和组合方案 (如前几级用等中径、后几级用等外径)。

在选择流程形式时，还要考虑它对质量和扩张角的影响。显然，等外径流程的扩张角就大，等内径次之，等中径最小。

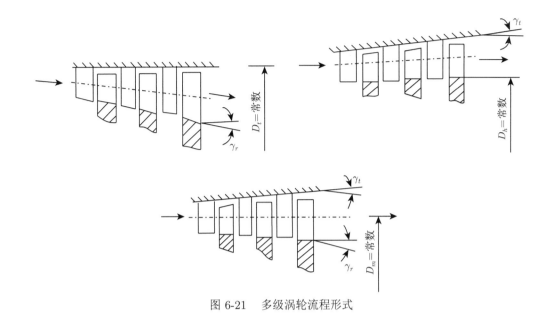

图 6-21 多级涡轮流程形式

6.5 涡 轮 特 性

6.5.1 涡轮的非设计工作状态

涡轮的气动设计计算都是针对涡轮的设计工作状态进行的,在这种设计工作状态下,流过涡轮的燃气,相对于叶片来说,是没有撞击和分离的,而且气体在通道中一般也没有局部扩压流动,因而效率也较高。涡轮的这种设计工作状态,一般相当于燃气轮机的最大工作状态,或者额定工作状态。

但是,涡轮常常是在与上述设计状态不同的工作状态下工作,称为非设计工作状态。涡轮工作状态的改变,可以由改变涡轮转速 n、涡轮前燃气总温 T_{03}、总压 p_{03} 和涡轮后背压 p_4 所引起,n、T_{03}、p_{03} 和 p_4 就是决定涡轮工作状态的参数。

为了更好地了解和使用涡轮,就必须知道涡轮在非设计工作状态下,表征涡轮性能的基本参数 (如涡轮功 L_T、燃气流量 m_g、涡轮效率 η_T^*) 与决定涡轮工作状态的参数间的关系,也就是要知道涡轮的特性。

下面先来研究涡轮在各种状态下的工作特点。

例如,燃气轮机在启动过程中,转速低于设计值,落压比也低,流量也小。流量小了必然使喷嘴环出口气流速度 c_2 减小,当 c_2 减小与转速 n 的降低成比例时,这时速度三角形保持相似 (图 6-22)。叶片前气流流向叶片时无撞击和分离,但大多数情况下,c_2 与 u 的变化不一定是呈比例变化的,因而气流进入叶栅的进口角,如 β_2 就会偏离设计方向。我们知道决定涡轮工作状态的参数,n、T_{03}、p_{03} 和 p_4 的变化是多样的。然而若从气流和叶片这一对矛盾来分析,可分为三种情况。

(1) u/c_2 等于设计值 (图 6-22)。这时进口速度三角形与设计时的速度三角形相似,因而叶栅中不发生撞击和分离。

(2) u/c_2 大于设计值 (图 6-23)，这时叶栅进口攻角减小，为负值。当负值过大时，气流在叶盆面发生分离。实验表明，气流负攻角低于 $-25° \sim -20°$ 以后才导致涡轮效率明显下降。

(3) u/c_2 小于设计值 (图 6-24)，这时叶栅进口攻角增加，为正值。当正值过大时，气流便在叶背面发生分离。实验表明，气流在叶背分离时对涡轮效率影响大，当气流正攻角大于 $12° \sim 15°$ 时，便导致涡轮效率明显下降。

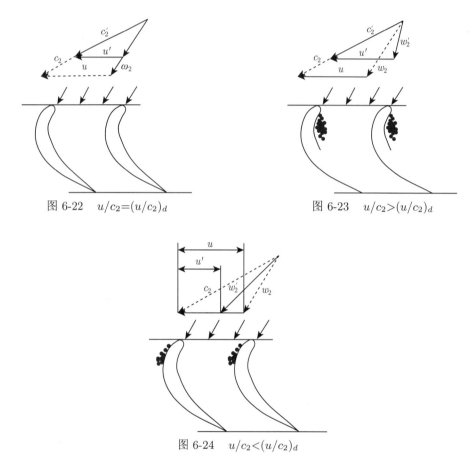

图 6-22 $u/c_2 = (u/c_2)_d$ 图 6-23 $u/c_2 > (u/c_2)_d$

图 6-24 $u/c_2 < (u/c_2)_d$

为了在数量上估计涡轮在非设计状态工作时性能参数 (L_T、m_g、η_T^* 等) 的变化，最好和压气机中一样，用各种坐标将涡轮特性绘制成曲线形式，使用起来比较方便。如果上述的特性线，也能够用相似准则绘制出来，那么这种特性线便是涡轮通用特性线。

6.5.2 涡轮的相似工作条件

决定涡轮工作状态的独立变量至少有四个，如 n、T_{03}、p_{03} 和 p_4。和压气机中一样，用相似参数绘制的涡轮特性具有通用性，可以不关注单个 n、T_{03}、p_{03} 和 p_4 的绝对数值如何。同样，在涡轮中流动相似时，应满足几何相似、运动相似和动力相似，这些问题的讨论也和压气机中相类似，这里不作讨论了。

涡轮中关于动力相似，主要是要求对应的 Ma 和 Re 为定数。关于 Ma 相等，也分为 M_a 和 M_u 要对应相等。而 M_a 对应于 $m_g \sqrt{T_{03}}/p_{03}$ (流量相似参数)，M_u 对应于 $n/\sqrt{T_{03}}$

(转速相似参数)。

1. 亚临界流动相似

对于几何相似的涡轮，当喷嘴环处于亚临界工作情况下，当其流动达到自模状态，即雷诺数 $Re > (3.5 \sim 4.0) \times 10^4$ 时，只要 $n/\sqrt{T_{03}}$、$m_g\sqrt{T_{03}}/p_{03}$ 分别相等，其流动就相似。

当涡轮中流动状态相似时，对应位置上的对应物理量应成正比，所以无因次参数落压比 $\pi_T^* = p_{03}/p_{04}$ 和效率 η_T^* 也应分别相等。可见落压比和效率是转速相似参数和流量相似参数的函数。

涡轮功公式：

$$L_T = \frac{k'}{k'-1}R'T_{03}\left(1 - \frac{1}{\pi_T^{*(k'-1)/k'}}\right)\eta_T^*$$

由于 π_T^* 和 η_T^* 都是 $n/\sqrt{T_{03}}, m_g\sqrt{T_{03}}/p_{03}$ 的函数，所以

$$\frac{L_T}{T_{03}} = f_3(n/\sqrt{T_{03}}, m_g\sqrt{T_{03}}/p_{03})$$

即 L_T/T_{03} 也是 $n/\sqrt{T_{03}}, m_g\sqrt{T_{03}}/p_{03}$ 的函数。L_T/T_{03} 称为涡轮功相似参数。显然，当涡轮中的流动相似时，涡轮功相似参数也为定值。

2. 超临界流动相似

当涡轮中的喷嘴环叶栅处于临界或超临界工作时，喷嘴环喉部形成了所谓阻塞状态。在这种情况下，喷嘴环进口 Ma 虽然保持不变，而出口 Ma 的大小和方向都会因涡轮后背压 p_4 改变而变化。这就是说。即使在 M_a 和 M_u 均不变的前提下，由于喷嘴环出口 Ma 的变化，造成工作轮进口相似条件无法保持，整个涡轮的相似工作状态遭到破坏。因此，在这种情况下，$M_a(m_g\sqrt{T_{03}}/p_{03})$ 失去了相似准则意义，有必要采用另外一个相似条件来代替 M_a，以保证整个涡轮的流动相似。

根据涡轮后背压 p_4 对流场的影响分析，可以用落压比 p_{03}/p_4 (或 $\pi_T^* = p_{03}/p_{04}$) 来代替 M_a 作为相似准则。这时的涡轮相似参数为 π_T^* 和 $n/\sqrt{T_{03}}$，而流量相似参数 $m_g\sqrt{T_{03}}/p_{03}$、L_T/T_{03} 和 η_T^* 就是 $n/\sqrt{T_{03}}$ 和 π_T^* 的函数，即

$$m_g\sqrt{T_{03}}/p_{03} = f_4(n/\sqrt{T_{03}}, \pi_T^*)$$

$$\frac{L_T}{T_{03}} = f_5(n/\sqrt{T_{03}}, \pi_T^*)$$

$$\eta_T^* = f_6(n/\sqrt{T_{03}}, \pi_T^*)$$

对于喷嘴环为亚临界流动的状态，上述式子也适用，所以上述关系式就是用相似参数表示的涡轮通用特性，按这种函数关系画成的曲线就是涡轮特性线。

6.5.3 单级涡轮的特性

图 6-25 给出了一个单级涡轮的特性线。

先看当 $n/\sqrt{T_{03}}$ 值不变 (如为设计值) 时, π_T^* 对涡轮性能参数的影响。随着级的落压比增大, 喷嘴环中的压降也相应增大。p_{03}/p_4 增大引起了喷嘴环出口流速增大, 所以 $m_g\sqrt{T_{03}}/p_{03}$ 增大。但这只能继续到喷嘴环的压降接近临界 (喷嘴环阻塞), 或者位于其后的工作轮叶片通道的流动达到声速 (工作轮阻塞) 为止。接着进一步增加 π_T^* 对 $m_g\sqrt{T_{03}}/p_{03}$ 就不会有影响了。

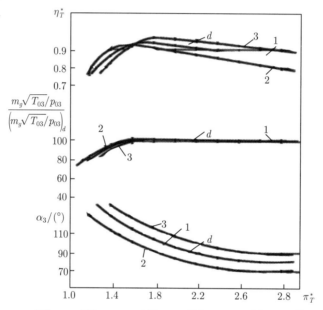

$1-n/\sqrt{T_{03}}=(n/\sqrt{T_{03}})_d$; $2-n/\sqrt{T_{03}}<(n/\sqrt{T_{03}})_d$; $3-n/\sqrt{T_{03}}>(n/\sqrt{T_{03}})_d$

图 6-25　单级涡轮特性 (d 为设计点)

π_T^* 变化时, η_T^* 的改变主要是由于速度三角形和攻角变化。例如, π_T^* 降低时, 燃气流速减小, 当 $n/\sqrt{T_{03}}$ 不变时, 意味着 u/c_2 增大, 而 $\alpha_2 \approx$ 常数, 所以 β_2 角增大攻角 i 减小。反之, 当 π_T^* 增大时, β_2 角减小攻角 i 增大。在某一 u/c_2 值 (设计值) 下, $i \approx 0$。这相应于 $(u/c_2)_d$ 点。在设计点附近。η_T^* 随 π_T^* 的变化不大。

涡轮功相似参数 L_T/T_3^* 随 π_T^* 的增大而增大 (图 6-25 上未画出), 因为

$$\frac{L_{0T}}{T_{03}} = \frac{k'}{k'-1}R'\left(1-\frac{1}{\pi_T^{*(k'-1)/k'}}\right)\eta_T^* \tag{6-30}$$

主要取决于涡轮落压比 π_T^*, 效率 η_T^* 的影响不大。

在图 6-25 中也画出了 α_3 的变化。π_T^* 增大引起工作轮中压降增大, 因而使流速 w_3 增大。而其方向实际很少变化 ($\beta_3 \approx$ 常数)。从工作轮出口速度三角形得出 α_3 减小。

下面再看 $n/\sqrt{T_{03}}$ 偏离设计值时, 会有什么变化。

(1) 当 $n/\sqrt{T_{03}}$ 减小时, 和设计 u/c_2 相适应的 λ_{c_2} 相应减小, 所以 $\eta_T^* = f(\pi_T^*)$ 曲线向左移, 最高效率值也有些降低。

(2) 当喷嘴环临界时, $n/\sqrt{T_{03}}$ 的变化对 $m_g\sqrt{T_{03}}/p_{03}$ 无影响, 但当喷嘴环中的气流是亚临界流动时, $n/\sqrt{T_{03}}$ 的下降, 使 $m_g\sqrt{T_{03}}/p_{03}$ 增大。这是由于当 $\pi_T^* = $ 常数时, 降低 $n/\sqrt{T_{03}}$ 意味着 u/c_2 下降, 即角度 β_2 减小。因为 $\beta_3 \approx$ 常数, β_2 减小就使工作轮中的收敛度 $\mathrm{Sin}\beta_2/\mathrm{Sin}\beta_3$ 也减小, 相应地使工作轮的压降减小 (反力度降低)。由于级的 π_T^* 不变, 所以喷嘴环中的压降增大, 使 $m_g\sqrt{T_{03}}/p_{03}$ 增大。但是上述反力度的变化通常是不大的, 所以 $n/\sqrt{T_{03}}$ 对级的流量相似参数 $m_g\sqrt{T_{03}}/p_{03}$ 的影响实际上是很小的。

(3) 当 $\pi_T^* = $ 常数时, 降低 $n/\sqrt{T_{03}}$, 使 α_3 减小, 这可从分析速度三角形得出。

(4) 增大 $n/\sqrt{T_{03}}$ 对涡轮级主要性能参数的影响。显然与上述相反, 如图 6-25 中的曲线所示。

涡轮级可能的工作范围是有限制的, 如图 6-25 中曲线的右端所示, 极限的 π_T^* 值, 相应于涡轮出口气流的轴流分速达到声速, 即工作轮叶栅斜切口达到极限的膨胀能力。

6.5.4　多级涡轮的特性

多级涡轮的特性和单级涡轮的相似, 但因多级共同工作而另有一些特点。为了弄清这些特点, 我们先来分析多级涡轮在非设计工作状态情况下, 多级落压比的分配和多级间做功量将会按怎样的比例变化, 这对于分析双轴 (以及多轴的) 燃气轮机的特性或了解燃气轮机工作情况均很重要。

下面以一个四级涡轮为例 (图 6-26) 来说明。

(1) 多级涡轮喷嘴环中气流都是亚临界流动时, 当总落压比 π_T^* (或 p_{03}/p_4) 减小时, 多级落压比的变化将是怎样呢?

根据图 6-26, 我们列出涡轮前的截面 3-3 和涡轮后的截面 4-4 的流量方程:

$$c_{3a}A_3\rho_3 = c_{4a}A_4\rho_4$$

$$\frac{\rho_3}{\rho_4} = \left(\frac{p_3}{p_4}\right)^{1/n}$$

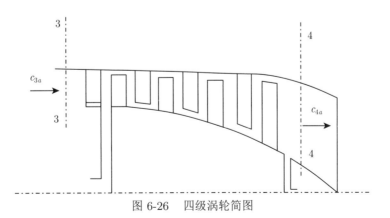

图 6-26　四级涡轮简图

所以有

$$\frac{c_{4a}}{c_{3a}} = \frac{A_3}{A_4}\frac{\rho_3}{\rho_4} = \frac{A_3}{A_4}\left(\frac{p_3}{p_4}\right)^{1/n} \tag{6-31}$$

式 (6-31) 说明，涡轮在非设计状态工作时，落压比小于设计状态的落压比时，由于面积比 (A_3/A_4) 为定值，所以轴向速度比 (c_{4a}/c_{3a}) 要减小，才能保证流动连续。且落压比下降得越多，(c_{4a}/c_{3a}) 减小得也越多。从物理意义上说，因为在设计状态时，落压比较大，膨胀做功后密度降低也多，为了通过设计流量，涡轮出口圆环面积 A_4 要大于进口面积 A_3，才能保证流动连续。在上述非设计状态，落压比小了，密度比也小了，这时气流要通过原来的出口面积，就必须减小轴向速度 c_{4a}，才能保持连续流动。在多级涡轮中愈是后面的级，其轴向速度减小得更多，加之喷嘴环出气角 α_2 在非设计状态下变化不大，因此喷嘴环出口速度必将减小得更多，这就使后面级涡轮做功能力和落压比降低很多，而前面级的轴向速度减小最少，这一特点对双轴燃气轮机的工作有好处。

当落压比增加，超过设计状态时，由式 (6-30) 可以看出。只有轴向速度比 (c_{4a}/c_{3a}) 增加才能保持连续流动，其原因是密度比的降低将比设计状态时大，因而出口环形面积显得小了，这样必然使 c_{4a} 的增加比 c_{3a} 的增加快些才行。所以后面级的涡轮落压比的增加较前面级更多些。

因此，当多级喷嘴环为亚临界流动，总落压比 (p_3/p_4) 偏离设计状态时，对前面级，尤其是对第一级涡轮影响小，而对后面级涡轮影响大。同理，对单级涡轮而言，对喷嘴环影响较小，而对工作轮影响较大。

(2) 随着涡轮的总落压比不断增加，如果多级涡轮喷嘴环出口都达到临界，同时发动机的尾喷管出口也达到临界，那么落压比就不再继续增加了，且保持各级落压比不变。

综上两种情况，多级涡轮的落压比在很宽广的范围内变化时，第一级 (或头几级) 的压降实际上几乎不发生变化。

6.6 涡轮冷却技术

提高涡轮进口温度是提高燃气轮机性能的有效措施。因此，采用更高的涡轮进口温度是燃气轮机设计的一个重要指标，但这受到涡轮部件结构 (特别是叶片) 强度的限制。大约在 1960 年引入气冷涡轮后，涡轮进口温度提高的幅度就显著增加了，平均每年提高约 10℃。目前的航空燃气轮机的涡轮进口温度有的已达 1500~1650 K，而一些实验燃气轮机则正以接近化学恰当比下燃烧的温度工作 (在 2000~2500 K 范围内)。因此，为了适应这一要求，各种新的冷却方案及冷却结构不断出现，也对材料、工艺等提出了更高的要求。

涡轮冷却设计的原则在于，叶片上的热平衡须保证叶片温度不超过给定材料的温度极限。目前在航空燃气轮机中广泛采用的是开式冷却系统，即从压气机引出冷却空气，冷却涡轮后排入涡轮通道的燃气中。这一方案比较简单，结构上容易实现，缺点是引走了部分经过压气机压缩的空气，消耗能量，而且随着增压比和飞行速度的增加，冷却空气本身温度增高，冷却效果变差。

下面简要介绍几种典型的冷却方式。

图 6-27 中给出一种气冷涡轮的简图。从压气机引出的空气通过叶根进入叶片，涡轮盘和机匣同时也被冷却，冷却空气可以用各种不同的方法使用，如对前缘内壁面的冲击冷却(实质上也是对流冷却的一种)，如图 6-27 中 (1)；叶片内表面的对流冷却，如图 6-27 中 (2)；冷却空气从小孔或缝隙流出，在叶片表面形成一层空气薄层，称为气膜冷却，如图 6-27 中 (3)；还有一种是发散冷却，被冷却的叶片竖面是用多孔材料制成的，冷却空气通过多孔壁均匀地从叶片各处排出，在叶片外表面形成气膜 (图 6-28)。气膜冷却和发散冷却的目的是通过气膜隔热，减少燃气对叶片表面的热交换，而对流冷却则用换热到内部冷却空气的办法，使叶片温度低于燃气温度。

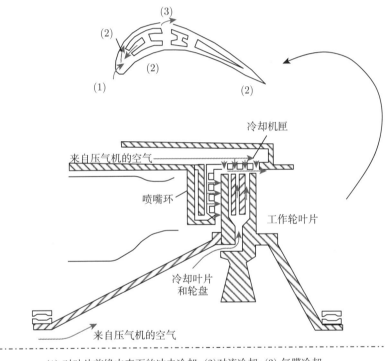

(1) 对叶片前缘内表面的冲击冷却; (2)对流冷却; (3) 气膜冷却

图 6-27　气冷涡轮简图

冷却气流可能从三个方面影响涡轮效率，使涡轮效率降低：

(1) 从叶片流出的冷却空气会改变叶片的阻力特性，可能增加阻力；

(2) 冷却空气在流过冷却通道时有压力损失，因此当它进入下游混合时，其滞止压力较低，使混合后的燃气压力下降，混合时还有附加损失；

(3) 因为从热的主流到冷却空气之间有热交换，燃气的膨胀功减小。

冷却空气可以从叶片的不同部位排出，它们对涡轮性能的影响不同。从前缘排出的方式，冷却空气可冷却叶片最热的地方，并在前缘附近形成一层空气薄层，保护了叶片表面，其冷却效果最好，但影响了主流的进气方向，改变了攻角；从尾缘排出的方式，可吹除叶片后的尾迹，使尾部附近附面层有减薄的趋势，但布置气孔可能增加尾缘厚度，这又加大了尾迹。冷却空气量 m_{co1} 占流过压气机的空气量 m_a 的百分数增加时，涡轮效率下降。但采用尾缘排出冷却空气的方法使涡轮效率降低得最少，这说明尾缘排出冷却空气对吹除尾迹、旋涡和附面层的作用最大。某些实验指出，当尾缘厚度不变，从尾缘排出的冷却空气量达到一定值时 (有一定的范围)，甚至可以使效率有某些回升。排出部位放在叶型的高速区时，容易造成主流的燃气流动紊乱，使效率降低最多。

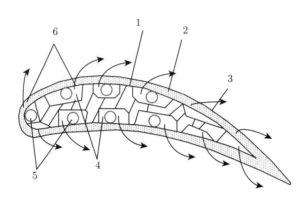

1-承力骨架；2-气膜(整个叶片表面的典型情况)；3-多孔丝网；
4-径向气流进入内腔；5-定量供气孔；6-发散冷却
图 6-28　发散冷却的涡轮叶片

图 6-29 给出从工作轮叶片的叶尖排出冷却空气的方法，它在叶片中间沿半径方向有一组大小不同、型式不同的小孔，使冷却空气流过以冷却叶片。冷却空气的排出除靠冷却空气本身的压力外，还可借离心力甩出，增加了流动速度，改善冷却效果；此外这些被甩出的空气以较大的速度垂直地冲向机匣内壁，形成一层好像防止沿径向间隙漏气的封严层一样，起了阻止主流的漏气和潜流的作用，所以这种冷却方式对不带冠的叶片减小二次损失有好处。

发散冷却的冷却空气是均匀地从叶片多处流出的，对主流流动虽无本质的影响，但主流的燃气与叶片不能直接接触，好像燃气是经过 "气体叶栅" 流动，燃气流经这样的叶栅当然与流经金属叶栅时的流阻不同，所以流动损失更增加一些。

在计算冷却涡轮的效率时，要考虑以上所有因素是十分困难的，这就是为什么直到目前为止在教科书中还没有关于确定冷却涡轮效率的统一方法。根据现有冷却涡轮损失的统计数据，可以认为由于冷却中附加的能量消耗，涡轮效率要降低 1.5%～3.0% 或更多些，取决于 $(m_{a冷}/m_a)$ 值。因此在冷却涡轮气动计算中应该采用比不冷却涡轮效率 η_T^* 较小的效率 $\eta_{T冷}^*$。在初步计算中可应用如图 6-30 所示的经验曲线来估算冷却涡轮的效率 $\eta_{T冷}^*$。

图 6-29 从叶尖排出冷却空气

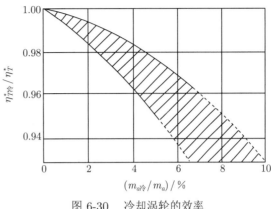

图 6-30 冷却涡轮的效率

思 考 题

1. 在涡轮中为什么要把喷嘴环安置在工作轮前面?

2. 试用热焓方程和伯努利方程分析喷嘴环和工作轮中的能量转换过程。

3. 试将压气机和涡轮作一比较,找出它们的共性和特性。

4. 决定涡轮基元级速度三角形的主要参数有哪些?

5. 涡轮的"反力度"概念和压气机的"反力度"概念是否一样? 如何计算涡轮的运动反力度?

6. 涡轮叶栅流场是怎样随栅后背压变化的?

7. 涡轮喷嘴环和工作轮出口的气流速度如何计算?

8. 涡轮基元级的流动损失由哪几部分组成?

9. 当喷嘴环和工作轮处于亚临界和超临界时如何计算气流的流出角 α_2 和 β_3?

10. 试分析影响涡轮功率的因素。

11. 试分析喷嘴环气流出口角 α_2 的大小与叶片长短的关系。

12. 在什么情况下采用多级涡轮?

13. 在多级涡轮中,各级轮缘功应如何分配?

14. 怎样表示涡轮的特性?

15. 试分析说明单级涡轮特性的变化。

16. 涡轮冷却气流对涡轮效率有什么影响?

练 习 题

1. 已知燃气流过涡轮叶栅时, $\alpha_2 = 25°$, $c_2 = 560$ m/s。$T_2 = 920$ K,$T_3 = 860$ K,$u = 340$ m/s,$c_{2a} = c_{3a}$。并已知燃气 $K' = c_p/c_v = 1.3$,$R' = 287$ J/(kg·K)。试求:

(1) 喷嘴环中总焓的大小及其变化;

(2) 工作轮中的相对总焓的大小及其变化;

(3) 工作轮出口的相对速度 W_2;

(4) 工作轮进出口的绝对总焓变化;

(5) 喷嘴环进口至工作轮出口的绝对总焓变化;

(6) 轮缘功 L_u;

(7) 运动反力度。

2. 某台发动机转速 $n = 11150$ r/min,第一级涡轮平均直径 $D_m = 543$ mm。在叶中径处,动叶叶栅进口绝对速度 $c_2 = 491$ m/s,$\alpha_2 = 25°$。求动叶叶栅进口相对速度 W_2 的大小和方向。

3. 某涡轮级的轮缘功 $L_u = 250$ kJ/kg,且中径处的下列参数为已知:$\alpha_2 = 28°$,且 $H_T = 1.5$,$\Omega_T = 0.3$,$c_{2a}/c_{3a} = 1$,试画出该中径上的速度三角形。

4. 若通过某涡轮的燃气流量为 $m_g = 50$ kg/s,中径处 $c_2 = 500$ m/s,$c_3 = 300$ m/s,运动反力度 $\Omega_T = 0.5$,试求该涡轮的功率 $(\delta_{se} = 0.97)$。

5. 一个单级涡轮,进口总温 $T_3^* = 1200$ K,出口总温 $T_4^* = 935$ K,涡轮效率 $\eta_T^* = 0.89$,$\delta_{se} = 0.97$,进口总压 $P_3^* = 5.4 \times 10^3$Pa,求:

(1) 涡轮功 L_T;

(2) 涡轮出口总压。

第 7 章 进排气装置及辅机

燃气轮机的进排气装置是指组织压气机进气、涡轮或加力燃烧室以后排气的构件。进排气装置的组成和结构方案取决于燃气轮机的类别和用途。根据应用领域，本章主要介绍地面燃气轮机和航空燃气轮机这两类典型的进排气装置及结构特点。

7.1 地面燃气轮机的进排气装置

7.1.1 地面燃机进排气系统组成

燃气轮机进气和排气系统关系到机组的高效、可靠性运行。

进气系统通过对进口空气过滤、除尘、消音，引导气流顺利进入压气机进口导叶。其主要作用是改善压气机进口空气质量，防止大颗粒尘埃或杂物被吸入而损伤压气机叶片，除此之外还可降低噪声污染。一个良好的进气系统应能满足在各种温度、湿度和污染环境中，改善空气质量，确保机组高效可靠运行。

排气系统通过对排出空气的导向、消音、引导气流进入余热锅炉对余热有效利用或经过冷却，减排后排入大气。还要考虑排气管道的热膨胀问题。目前采取的蒸汽法减排氮化物，减少燃气中各种有害物质对环境的污染。

进排气系统的气流通道在设计上均以气流均匀，并减小气流压力损失为目的，以提高机组的性能。

燃气轮机进排气道的常见形式如图 7-1 所示。图 7-1(a) 为竖井式进气、烟囱排气的系统示意图。图 7-1(b) 为径向进气、轴向排气的形式。

1. 进气系统

进气系统由一个封闭的进气室和进气蜗壳等组成。

1) 进气室

按照空气流动次序，进气室内按照空气流动需要依次布置进气百叶窗、水分离装置、进气消声器、进气道竖井、防护隔网和隔板。

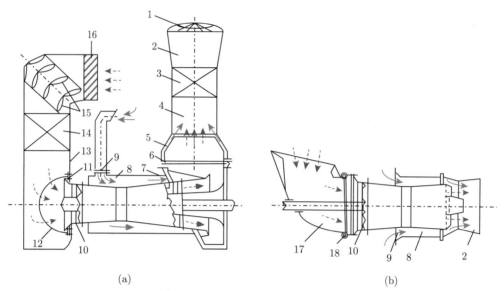

(a)   (b)

图 7-1   燃气轮机进排气系统的组成

虚线箭头线：空气；实线箭头线：被引射的冷却空气。1-烟道格栅；2-烟囱扩压器；3-排气消声器；4-气道连接管；5-排气引射器喷嘴；6-补偿器；7-蜗壳状排气管；8-燃气轮机罩壳；9-冷却空气进口；10-压气机进口部分；11-隔板；12-防护网罩；13-进气道竖井；14-进气消声器；15-水分离装置的叶片；16-进气百叶窗；17-进气连接管；18-补偿器

    其中进气百叶窗安装在模块的空气进气面，防止雨水的直接进入；水分离器通过使用脉动栅栏系统，可防止雨水被空气带入。另外，防护隔网和隔板还能防止像小鸟、树枝、纸片之类的物件进入机组。

    消声器是将进气室和压气机连接起来的管道部分，经由声学处理的 90° 弯头的过渡段。消声器由若干块竖直平行布置的隔板组成，隔板由多孔吸音板做成，里面装有低密度的吸音材料。消音器使用的是多孔板，加衬里的管道是用镀锌钢板做成，不需要维护。

    2) 进气蜗壳

    目前的工业型燃气轮机，除一部分机组的压气机进气或涡轮排气采用轴向流动外，大多数的机组，空气由垂直于机组中心线的管道流入，之后转弯 90° 变成环状轴向流动至压气机进口导叶。而涡轮排气需将环状轴向气流收集起来，并转弯 90° 后流入排气管道中。完成这种功能的部件称为蜗壳，前者称进气蜗壳 (进气缸)，后者称排气蜗壳 (排气缸)。

    图 7-2 为某带进气蜗壳及排气蜗壳的燃气轮机结构。空气流入进气蜗壳后，中间的直接进入环状收敛器的上部，其余的则沿蜗壳两侧的圆周方向流道流动，逐步地流入收敛器的其他部分。故越往图中的下部流动，在蜗壳圆周方向流道中的气流量越少，到了底部，全部流入收敛器中。在收敛器中，气流膨胀加速至进口导叶所需的速度。

    2. 排气系统

    排气系统由排气室、排气管道和辅助设备组成。

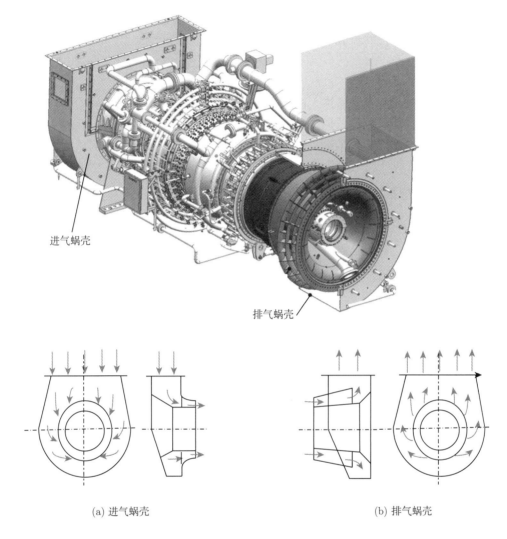

（a）进气蜗壳　　　　　　　　　　　　　　　　（b）排气蜗壳

图 7-2　进气蜗壳及排气蜗壳中的气流状况

1) 排气室

排气室焊在机组底座的伸长部分上，包括排气引射器和烟囱扩压器。通过折叠板式膨胀接头和排气框架连接起来，排气室打开的侧面和顶部罩有外壳，目的是加大排气室的容积，引导气流。装在支架上的底座支撑外壳重量，膨胀接头用螺栓连接到排气室和排气管道上，以补偿排气系统的热膨胀，减小热应力。

2) 排气管道

排气管道的作用是引导热气流从排气缸流到余热锅炉，流道以降低流速并减少压损为目的，以保持燃气轮机的高性能。排气管道是多节加衬的钢制管道，从排气室侧面的膨胀接头一直接到过渡管道。

典型的排气蜗壳结构如图 7-2(b) 所示。排气蜗壳的流道与进气蜗壳的类同，也由环状流道和周向流道组成，只是流动状况正好相反。其环状流道为扩压器，气流在其中完成所需的扩压要求，之后流入周向流道被汇集起来由图中上部排气口排出。显然，周向流道越往图中上部，气流量越大，对它的要求是各处都能均匀地收集扩压器中流来的气体，使扩压器中各处气流均匀，以获得好的扩压效率。

3) 辅助设备

除了上述设备，排气系统还包括过渡管道、排气消声器、弯头管道和烟囱等辅助设备。过渡管道位于排气管道和消音管道之间，是排气管道过渡到消音器管道的部分。排气消音器从声学角度上设计成吸收排放燃气时所产生的低频噪声。位于消声器之后的是联合循环装置的热回收蒸汽发生器装置 (或称余热锅炉)。烟囱的设计利于烟气中的颗粒散开，把燃气排放到大气中。在烟囱里装有收集和采集排气样品的仪器或设备，监控排气。

7.1.2 进气系统性能指标

进气系统的技术要求是流道中具有尽可能小的流动阻力损失和尽可能均匀的出口 (也就是压气机进口) 流场。相应地进气道技术指标也有两个，通常采用如下形式。

1. 进气道总压损失 Δp_{in}

它可以由式 (7-1) 估计：

$$\Delta p_{\text{in}} = \sum \left(\xi_i \frac{\rho_i c_i^2}{2} \right) = \sum \xi \frac{\rho_0 c_0^2}{2} \tag{7-1}$$

式中，ρ_0、c_0 为压气机进口截面 (即为进气导叶前的截面) 上的空气密度和流速；ρ_i、c_i 为进气道某一分段中的空气密度和流速；ξ_i 为某一分段中的阻力系数；$\sum \xi$ 为以压气机进口截面上气流动能表示的进气道总阻力损失系数，可以表示为

$$\sum \xi = \frac{\Delta p_{\text{in}}}{\frac{\rho_0 c_0^2}{2}} = \frac{\sum \left(\xi_i \frac{\rho_i c_i^2}{2} \right)}{\frac{\rho_0 c_0^2}{2}} = \sum \left[\xi_i \left(\frac{A_0}{A_i} \right)^2 \right] \tag{7-2}$$

A_0 和 A_1 为压气机进口环形截面积和进气道某一分段的流通截面积。

从式 (7-1) 和式 (7-2) 可以清楚地看到，为了减小进气道总压损失 Δp_{in} 值，可以同时设法减小各分段的阻力系数 ξ_i (这由各分段的合理的气动与结构设计来保证) 以及其中的流速 c_i (也就是在给定空气体积流量 Q 下增大各分段的通流面积 A_i)。显然，这里存在着降低进气道总压损失与增大进气道重量尺寸之间的合理协调问题。通常，进气道中气体流速值是随压气机进口截面速度 c 值大小而选择的。例如，对于空气流量大于 50 kg/s、压气机进口速度为 130~150 m/s 的船用燃气轮机，进气系统入口速度不宜超过 15~18 m/s，进气总管内流速可取为 20~30 m/s。固定式燃气轮机由于质量、尺寸指标的要求不如船用的那样严格，进气管道中的流速还可选取得再低一些，如 15 m/s，因而总压损失值相应地减小。

2. 进口气流压力畸变参数 $p(\theta)_{cr}$

其定义为

$$p(\theta)_{cr} = \frac{\bar{p}_{\text{min}} - \bar{p}}{\frac{\rho_0 c_0^2}{2}} \tag{7-3}$$

式中，$(\theta)_{cr}$ 为临界圆周畸变角，指的是压气机喘振裕度开始随周向畸变角 (即为沿周向低压区所占的弧度) 的增大而减小时的周向畸变角；$\bar{p}_{\min}$ 为临界畸变角 $(\theta)_{cr}$ 内低压区的总压最小值；$\bar{p}$ 为整个进口截面上的总压平均值；$\overline{\dfrac{\rho_0 c_0^2}{2}}$ 为整个进口截面上气流动能的平均值。

进口流场也可用速度场的平均不均匀度 $\bar{\delta}$ 来说明，它的定义如下：

$$\bar{\delta} = \frac{1}{A_0} \int_{A_0} |\delta_i| \, \mathrm{d}A \tag{7-4}$$

式中，A 为进口环形截面积；δ_i 为局部区域的速度场不均匀度，即

$$\delta_i = \frac{\bar{c}_{i\,\max} - \bar{c}_{i\,\min}}{\bar{c}_{im}} \tag{7-5}$$

其中，$\bar{c}_{im}$ 为局部区域的面积平均速度；$\bar{c}_{i\,\max}$ 为大于平均速度之区域的面积平均速度；$\bar{c}_{i\,\min}$ 为小于平均速度之区域的面积平均速度。

燃气轮机设计者必须重视：动力装置设计给定的、实际制造后能够达到的进气道总压损失 Δp_{in} 和进气压力畸变系数 $p(60°)$(通常取 $60°$ 的临界畸变角) 或者进口速度场平均不均匀度 $\bar{\delta}$ 这两个进气道技术指标。过大的进气总压损失 Δp_{in} 必定使燃气轮机设计功率难以得到保证，或者说必定导致燃气轮机空气流量和质量、尺寸的增加。通常，整个进气系统 (见图 7-1) 的总压损失 Δp_{in} 的典型值不大于 980.64 Pa。过大的进气压力畸变系数 $p(60°)$ 或者速度场平均不均匀度过大会严重减少压气机的喘振裕度，甚至根本无法稳定工作。

3. 进口流道截面积以及导流罩与进口锥的计算

压气机进口通流面积 A 是由空气流量 G 和进口气流速度 (轴向)c_a (详见第 4 章) 所确定的。为了使进气导叶进口截面上沿径向具有均匀的轴向速度，一般在进气导叶前设置一段等直径的环面流道 (见图 7-3)。

导流罩的型线可以从多种曲线中去选择，其中以双纽线 $r = d\sqrt{\cos(2\theta)}$ (见图 7-3(b))，极距 $d = 0.6D_0$ 最为适宜。这时常采取一个象限中的双纽线平滑连接进气管外径 D_0 的平直段 (见图 7-3(a))。极距 d 值越小，导流罩外径就越小，但进口总压损失却越大。有时为了加工方便，导流罩型线也可由直径大小不同的圆弧构成，甚至也可以采取单圆弧型线。当然，这时的进口段总压损失将有所增加。

进口中心锥体 (炮弹头) 的型线的选择原则是在保证进气道面积均匀地收敛的要求下，尽量简化加工工艺。

4. 进口防护网罩及稳压室压降

为了防止通过进气系统将有些硬质颗粒吸入压气机通流部分，通常在压气机进口装设防护网罩，如图 7-1(a) 中 12。防护网罩的网眼尺寸随燃气轮机型式的不同而变化，一般可取为 5~8 mm。一般防护网罩可采用球面形并固定在球面管状构架上，其目的是减小防护网罩的总压损失，并使防护网罩可用来自压气机中间某级的热空气 (通过管状构架) 来加热进口空气，以达到防冰的目的。

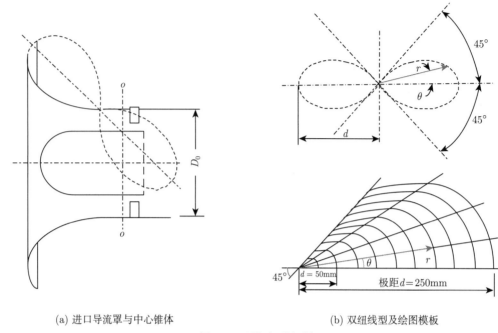

(a) 进口导流罩与中心锥体   (b) 双纽线型及绘图模板

图 7-3   压气机进气道

进气稳压室类型和主要尺寸以及进气口的位置，对进气道的总压损失和出口流场有很大的影响。

7.1.3   排气系统性能指标

排气管的气动性能指标与进气管相类似，可以分为表示其中能量 (压头) 损失的损失系数或效率，以及表示出口流场均匀性的不均匀系数。下面以箱形蜗壳式排气管为例，分别予以讨论。

1. 扩压器压降

根据界限尺寸不同，在排气管中的环形扩压器可以采用轴向式、径向式及轴–径向式。

采用轴向式扩压器的排气管，它的流动损失最小，因为气流在轴向式扩压器中不改变流动方向而均匀扩压 (减速)，在进入蜗壳前，流速已大幅度降低，因而使蜗壳中流动损失减小。

如图 7-4 所示的轴–径流式环形扩压器轴向纵剖面型线，一般需设计几个方案，接着分别对各扩压器型线的流动损失进行计算 (包括扩压器扩张损失及摩擦损失的计算)，然后选损失较小的方案与蜗壳组合成排气道，通过数值计算或通过排气道的模拟气动性能实验来最后确定设计方案。

2. 排气管的损失系数 ξ_{ex} 或效率 η_{ex}

如图 7-5(a) 所示，箱状蜗壳式排气管有三个流动特征截面，它们是排气管 (扩压器) 进口 (即动力涡轮末级出口) 截面 $i\text{–}i$，轴–径向式扩压器出口 (即蜗壳出口) 截面 $d\text{–}d$ 以及排气管 (蜗壳) 出口截面 $v\text{–}v$。相应的在 $h\text{–}s$ 图上的工作过程示于图 7-5(b) 上。

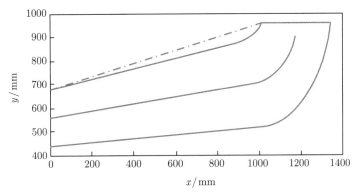

图 7-4　轴–径流式环形扩压器轴向纵剖面型线

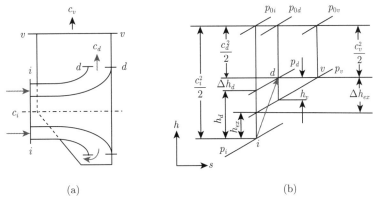

(a)　　　　　　　　　　　　　(b)

图 7-5　排气管流动特征截面和流动过程在 h-s 图上的表示

图中所示 Δh_d 是扩压器中的静压力能的损失值，而 $\Delta p_{dv} = p_d - p_v$ 表示蜗壳中的静压力能损失值，对整个排气管的压力损失，可通过对排气管进出口列出能量方程：

$$p_i + \frac{\rho_1 c_i^2}{2} = p_v + \frac{\rho_2 c_v^2}{2} + \Delta_v \tag{7-6}$$

式中，Δ_v 为整个排气管的压力损失。实际排气管的出口动能 $\dfrac{\rho_2 c_v^2}{2}$ 也是一项损失，因为它没有在排气缸内转变成压力能，因此排气缸内的总能量损失为 $\Delta = \dfrac{\rho_2 c_v^2}{2} + \Delta_v$。

所以式 (7-6) 可以写为

$$p_i + \frac{\rho_1 c_i^2}{2} = p_v + \Delta \tag{7-7}$$

一般排气管的进口动能与损失的比值表示排气管的质量性能好坏，为此可将式 (7-7) 写为

$$\frac{p_v - p_i}{\dfrac{\rho_1 c_i^2}{2}} + \frac{\Delta}{\dfrac{\rho_1 c_i^2}{2}} = 1 \tag{7-8}$$

或

$$\eta_{ex} + \xi_{ex} = 1 \tag{7-9}$$

式中，η_{ex} 为静压恢复系数，其值为 $\eta_{ex} = \dfrac{p_v - p_i}{\dfrac{\rho_1 c_i^2}{2}}$，它表示排气缸中有多少份额的排气动

能转换为压力能，其值越大越好；ξ_{ex} 为动能损失系数，其值为 $\xi_{ex} = \dfrac{\Delta}{\dfrac{\rho_1 c_i^2}{2}}$，它表示排气

缸中有损失的能量占进口动能的份额是多少，其值越小越好。

扩压器效率 η_d 的计算公式为

$$\eta_d = \dfrac{p_d - p_i}{\dfrac{\rho_1 c_i^2}{2}} \tag{7-10}$$

相应的扩压器损失系数 ξ_d 为

$$\xi_d = 1 - \eta_d \tag{7-11}$$

3. 排气管出口流场的不均匀度 δ

如进气管那样，δ 可以表示为

$$\delta = \dfrac{\bar{c}_{v\,\max} - \bar{c}_{v\,\min}}{\bar{c}_{vm}} \tag{7-12}$$

式中，$\bar{c}_{vm} = \dfrac{Q}{A_{2T}}$ 为按排气管中容积流量 Q 和出口截面 A_{2T} 计算得出的平均流速；$\bar{c}_{v\,\max}$ 为出口截面 A_{2T} 上大于平均速度 $\bar{c}_{vm}$ 区域中的流速的面积平均值；$\bar{c}_{v\,\min}$ 为出口截面 A_{2T} 上小于平均速度 $\bar{c}_{vm}$ 区域中的流速的面积平均值。

7.2 航空燃气轮机的进排气装置

由飞机上的进口 (或发动机短舱进口) 至发动机进口所经过的一段管道称为航空燃气涡轮发动机的进气道，用于从外界吸入空气，将空气供给发动机并在较高的飞行马赫数下减速增压。对进气道的基本要求是进气道必须以尽可能小的总压损失完成从高速的自由流至发动机进口所要求的减速增压任务；在所有飞行条件和发动机工作状态下，进气道的增压过程应避免过大的空间和时间上的气流不均匀性，以减少风扇或压气机喘振和叶片振动的危险；进气道的外阻力应尽可能小。

在飞行中，发动机前方的空气经进气道流入压气机。进气道前方未受扰动的气流速度，与飞行速度的大小相等，方向相反。空气流出进气道时的速度 c_1 就是压气机进口气流速度。在飞行速度 V 大于压气机进口气流速度 c_1 的情况下，空气流过进气道时，流速减小，压力和温度升高，也就是空气受到了压缩。空气由于本身速度降低而受到的压缩，称为冲压压缩。冲压压缩过程是气流绝热流动的一种具体情况。而气流速度不同，冲压压缩的情形也有所差异。

下面分别说明亚声速飞行和超声速飞行时气流的冲压压缩过程。

7.2.1　进气道的主要特性参数

进气道的主要特性参数有总压恢复系数 σ_i、流量系数 φ_i、阻力系数 C_{Xi}、畸变指数和稳定裕度等。

1. 总压恢复系数

进气道出口气流的总压 p_{t2} 与未受扰动气流的总压 p_{0t} 之比,称为进气道总压恢复系数。

$$\sigma_i = \frac{p_{t2}}{p_{0t}} \tag{7-13}$$

总压恢复系数是进气道内流损失程度的度量,总压恢复系数越大,则在一定的飞行马赫数下,气流在进气道中的增压比 π_i 越高,即

$$\pi_i = \frac{p_{t2}}{p_0} = \sigma_i \left(1 + \frac{k-1}{2} Ma_0^2\right)^{\frac{k}{k-1}} \tag{7-14}$$

总压恢复系数 σ_i 增加,π_i 增加,使发动机内所有特征截面气流的总压升高。这就使通过发动机的空气质量流量与 σ_i 成比例地增加;尾喷管进口的气流总压及其可用膨胀比与 σ_i 成比例地增加。结果是发动机推力增加,而 SFC 降低。若进气道总压恢复系数 σ_i 降低 1%,会使推力降低 1.5%~2%,SFC 提高 0.3%~0.5%。

发动机进口处的气流马赫数一般为 0.6~0.7。因此在低飞行速度,特别是零飞行速度时,气流经进气道速度增加而压力减小;在接近声速飞行时,进气道出口静压 p_2 与自由流静压 p_0 的比值也不过为 1.7 左右。也就是说,这时进气道利用速度头转变为压力升高的作用不明显。但在超声速飞行时,进气道的增压作用却是十分显著的,当飞行马赫数 $Ma_0 = 3.0$ 时,进气道出口静压 p_2 与自由流静压 p_0 的比值约为 30;当 $Ma_0 = 3.5$ 时,该压力比约为 60。战斗机的飞行马赫数范围为 0~3.0,在如此大的飞行范围内,为了得到满意的进气道性能,进气道必须设计成几何可调节的,因而需要控制装置。

2. 流量系数

进入进气道的实际空气质量流量与以自由流参数流过捕获面积的空气质量流量之比,称为进气道的流量系数,用 φ_i 表示,表达式为

$$\varphi_i = \frac{\rho_0 c_0 A_0}{\rho_0 c_0 A_c} = \frac{A_0}{A_c} \tag{7-15}$$

式中,A_0 为通过进气道进口的流量所对应的自由流流管面积;c_0 为飞行速度;ρ_0 为大气密度;A_c 为进气道的捕获面积。如图 7-6 所示为流量系数定义示意图。

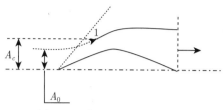

图 7-6   流量系数定义示意图

3. 阻力系数

进气道阻力除以自由流动压头与参考面积乘积，称为进气道的阻力系数，用符号 C_{Xi} 表示，表达式为

$$C_{Xi} = \frac{X_i}{0.5\rho_0 c_0^2 A_{\max}} \tag{7-16}$$

式中，X_i 为进气道阻力，包括附加阻力、进气道外罩压差阻力和摩擦阻力；$A_{\max}$ 为参考面积 (一般为进气道最大横截面面积)；ρ_0、c_0 分别为自由流的密度和速度。

进气道阻力等于附加阻力与外罩阻力之和。附加阻力的定义是，进气道进口前外流作用于内流管上的压力差在 0 截面至 1 截面的积分的轴向分量 (见图 7-7)，用 X_d 表示，即

$$X_d = \int_{A_0}^{A_1} (p - p_0)\mathrm{d}A \tag{7-17}$$

外罩压差阻力的定义是，作用于进气道外罩上的压力差在 1 截面至 M 截面的积分的轴向分量，用 X_p 表示，即

$$X_p = \int_{A_1}^{A_M} (p - p_0)\mathrm{d}A \tag{7-18}$$

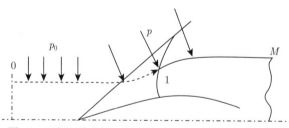

图 7-7   进气道附加阻力和外罩压差阻力的定义示意图

7.2.2 进气道形状

1. 亚声速进气道

亚声速进气道是在亚声速和低超声速 $(Ma < 1.5)$ 飞行范围内使用的进气道。它一般为扩张型管道。

亚声速飞行时，迎面气流受到冲压压缩并通过扩散型流管实现增压。亚声速气流流过扩散型管时，流速降低，温度、压力提高。这是由于在冲压压缩过程中，气体总能量不变，气体动能减小而转换为焓的结果。显然，在飞行速度小于压气机进口气流速度的情况下 (如地面开车或起飞时)，空气流过进气道时，一般都受到冲压压缩。目前飞机平飞时的飞行速度一般都大于压气机进口气流速度。所以，在飞行中，空气流过进气道时，一般都受到冲压压缩。

由于亚声速进气道具有构造简单、不需要调节、总压恢复系数较高以及易于维护等优点，因此不仅用于亚声速飞机上，低超声速飞机上也几乎都采用亚声速进气道。

1) 亚声速进气道在设计状态的工作

亚声速飞机的进气道一般选取飞机的巡航状态为设计状态，典型的亚声速进气道是扩张形通道，如图 7-8 所示。

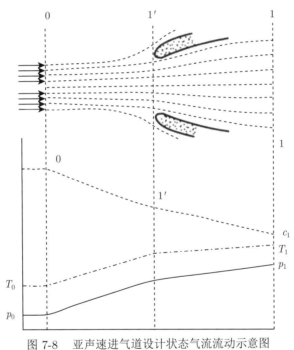

图 7-8　亚声速进气道设计状态气流流动示意图

在设计状态下，气流经进气道减速增压。假定 0 截面是未受扰动的自由流截面，A_0 是流入进气道的气流所对应的自由流管面积，A_1 是进气道进口流通面积。通常根据进气道设计点上发动机所需要的空气质量流量并使 $c_1 \approx 0.5c_0$ 来确定 A_1。这样气流在进气道的进口外已经减速增压，外压缩由于不存在气流与物面的摩擦损失，而且进入进气道的气流速度较低，可以减小内通道的流动损失。但如果过分地利用外压缩，则气流流过进气道前缘时可能分离，使外阻力增加。进气道的内管道一般是一段平滑扩张的管道，为了保证气流不分离，扩张角不应超过 $8° \sim 12°$。在接近发动机的进口处，管道略有收缩，以使进入发动机的气流比较均匀。气流流过进气道的总压损失主要取决于气流速度和通道的扩张角，当扩张角小于 $10°$，进口气流马赫数 $Ma_1 < 0.5$ 时，亚声速进气道设计状态的总压恢复系数

$\sigma_i = 0.96 \sim 0.98$。

2) 亚声速进气道在非设计状态的工作

超声速飞行时，无论进入进气道的迎面气流 Ma 多大，流出进气道进入压气机气流的 Ma 都应是小于 1 的。进气道对超声速气流的冲压压缩作用的特点是通过激波把超声速气流降低到亚声速。

超声速飞行时，进气道前方必定产生一道弓形激波，弓形激波的中间部分接近于正激波，如图 7-9(b) 所示。激波的位置决定于飞行马赫数和发动机的工作状态。若激波处于进气道进口截面处，通过正激波后的亚声速气流在进气道的扩张段内减速增压，如图 7-9(a) 所示。于是在进气道出口处的流量相似参数：

$$\frac{W_{a2}\sqrt{T_{t2}}}{p_{t2}} = \frac{W_{a1}\sqrt{T_{t1}}}{\sigma_s \sigma_i p_{0t}} = \frac{KA_0 q(\lambda_0)}{\sigma_s \sigma_i} \tag{7-19}$$

式中，σ_s 为气流通过正激波的总压恢复系数；σ_i 为亚声速气流在进气道内的总压恢复系数；λ_0 为飞行速度系数。

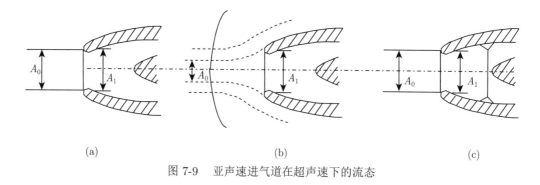

(a)   (b)   (c)

图 7-9   亚声速进气道在超声速下的流态

此时，实际流入进气道的空气质量流量为

$$W_{a2} = \rho_0 c_0 A_0 = \rho_0 c_0 A_1 \tag{7-20}$$

若发动机需要的空气质量流量小于 $\rho_0 c_0 A_1$，则进气道进口前产生弓形激波，如图 7-9(b) 所示。通过弓形激波，气流变为亚声速，气流的方向发生转折，多余的气流溢出进气道，实际流入进气道的空气质量流量为 $\rho_0 c_0 A_0$，$A_0 < A_1$，流量系数 $\varphi_i < 1$。发动机所需要的空气质量流量越小，弓形激波的位置越向前移，流量系数和流入进气道的空气质量流量也越小。

当发动机需要的空气质量流量大于 $\rho_0 c_0 A_1$ 时，流入进气道的空气质量流量最大值为 $\rho_0 c_0 A_1$，不可能再增大。这时，激波将被"吞入"进气道的扩张通道内，如图 7-9(c) 所示。超声速气流在扩张通道内加速，然后产生一道更强的正激波，使进气道的总压恢复系数下降，从而减小了发动机所需要的空气质量流量，或者说提高了发动机进口的空气质量流量相似参数，如式 (7-20) 所示。在这种流动状态下，实际流进发动机的空气质量流量并未增大，而发动机进口总压却下降了，故使发动机的推力减小。

2. 超声速进气道

当飞行速度 $Ma > 1.5$ 时，如果仍然使用亚声速进气道，就会存在较强的正激波，产生较大的激波损失，使总压恢复系数降低，为了满足发动机的要求，必须采用超声速进气道。图 7-7 为超声速进气道示意图。超声速进气道的工作特点是必须适用从亚声速到超声速飞行都能有满意的特性并能和发动机匹配工作。

超声速进气道能使气流滞止而满足发动机对气流流入速度的要求，其原理就是用多波系来代替一道正激波，将超声速气流转变为亚声速气流，从而减少损失，提高总压恢复系数。图 7-10 中的 (a)、(b)、(c) 表示对超声速气流的不同减速方法。其中图 7-10(a) 表示的是一种常用的混合式超声速进气道原理图。气流经过两道斜激波后进入进气道，超声速气流在收敛的管道中继续扩压减速，在喉道处达到声速，然后加速，再通过一道正激波后气流降为亚声速。这种进气道只有在飞行速度为较高 Ma 且基本上为定 Ma 飞行的飞机上使用时，才充分显示其优越性。美国的 SR-71 高空高速侦察机和 XB-70 轰炸机上发动机使用了这类进气道。

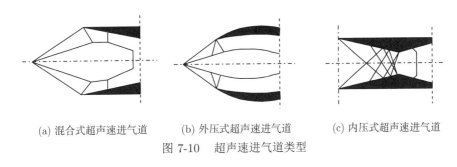

(a) 混合式超声速进气道　　　(b) 外压式超声速进气道　　　(c) 内压式超声速进气道

图 7-10　超声速进气道类型

如图 7-10(b) 所示为外压式超声速进气道。与前面介绍的混合式超声速进气道的区别在于，最后的这道正激波贴在进气道出口处，超声速气流经激波系列降至亚声速气流后才进入进气道。

如图 7-10 (c) 所示为内压式超声速进气道。超声速气流从超声速转变为亚声速的全过程都在进气道内完成。

显然，混合式超声速进气道是集合了内压式和外压式的优点。其优点归纳如下：

(1) 外形比较平直，可以减少进气道的外阻；

(2) 最后一道正激波可以根据发动机工作状态和外界条件的变化自动调整位置和强度，所以工作性能稳定；

(3) 相对于内压式而言，启动比较容易。

所以混合式进气道在当前被广泛采用。总之，由上面介绍的进气道工作情况，说明进气道工作性能与发动机工作状态和飞行速度的 Ma 有密切联系。

7.2.3　航空燃气轮机的排气装置

在航空涡喷发动机和涡扇发动机上，尾喷管的主要作用是使燃气发生器排出的燃气继续膨胀，将燃气的可用功转变为动能，燃气以高速向后喷出，发动机产生反作用推力。此外，尾喷管喉道面积的调整可改变气流在涡轮和尾喷管中膨胀比的分配，即改变压气机和涡轮的共同工作点，实现对整个发动机工作状态的控制。因此，尾喷管的喉道面积可以作为发动机的一个调节量。现代飞机还要求尾喷管具有推力换向、反向和抑制噪声的能力以提高飞机机动性和起飞、着陆性能 (见图 7-11)。尾喷管的设计还应考虑尽量减小红外线辐射、噪声和雷达信号反射强度等。

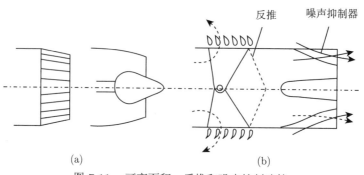

图 7-11   可变面积、反推和噪声抑制喷管

发动机净推力 (净推力 $F_N = F_g - W_a c_0$) 对尾喷管性能的敏感程度高，因此为获得尽可能高的尾喷管性能，对尾喷管的成本、质量、复杂程度、可靠性等进行周密考虑是极为重要的。

尾喷管可分为两大类：

(1) 收敛尾喷管，包括锥形尾喷管和分开排气涡扇发动机的尾喷管；

(2) 收敛扩张尾喷管，包括轴对称收敛-扩张尾喷管、塞式尾喷管以及各类不同形状的非轴对称尾喷管。

不可调节的锥形尾喷管最简单，以收敛通道排出气流，主要用在第一、二代涡喷发动机以及亚声速飞机的混合排气涡扇发动机上，亚声速飞机所用的分开排气涡扇发动机一般也采用收敛尾喷管。现代高超声速飞机用高性能的加力式涡喷发动机、混合排气涡扇发动机都采用收敛-扩张尾喷管，否则发动机排气流就不能有效地膨胀，结果会导致发动机净推力显著损失。从非加力到全加力工作状态，这类尾喷管的最小截面面积可能增大 50% ~150% 。属于这种类型的尾喷管主要包括轴对称收敛-扩张尾喷管、二元矩形收敛-扩张尾喷管、塞式尾喷管、引射式尾喷管以及其他各种非轴对称尾喷管。

1. 收敛尾喷管

由于收敛尾喷管的结构简单、质量轻，并且在可用压力比小于 5.0 的范围内都具有较好的性能，所以在亚声速飞行或只作短暂超声速飞行的多用途飞机的发动机上仍然有广泛的应用。

锥形收缩尾喷管有两种基本形式：一种为固定式，它无活动构件；另一种为可调式，配有作动系统和活动鱼鳞片，使尾喷管出口面积能在一定范围内变化。图 7-12 是这种收敛尾喷管的示意图。

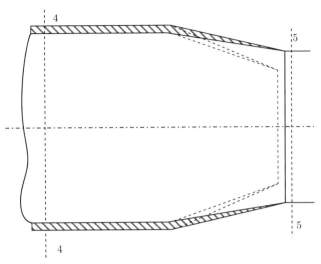

图 7-12　收敛尾喷管

当尾喷管进口气流总压 p_{04} 或出口反压 p_a 变化时，尾喷管出口的流动状态会发生相应的变化，并由此引起尾喷管射流流谱的变化。收敛尾喷管有 3 种工作状态，其特点说明如下：

1) 亚临界状态

其特点是：$p_5 = p_a$，$Ma_5 < 1.0$。

当尾喷管可用压力比 p_{04}/p_a 较低时，p_{04} 是喷管进口总压，p_a 是喷管出口环境压力，所以气流是完全膨胀且马赫数小于 1.0 的。图 7-13 为亚临界状态下气流在收敛尾喷管内的流动示意图。

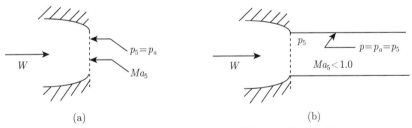

(a)　　　　　　　　　　　　　　　　　　(b)

图 7-13　亚临界状态下收敛尾喷管内气流的流动示意

2) 临界状态

随着可用压比的增加，出口气流速度增加并趋近于声速，当达到 $Ma_5 = 1.0$ 时，称为临界状态。

其特点是 $p_5 = p_a$，$Ma_5 = 1.0$。

在临界状态下，显然有

$$\left(\frac{p_{04}}{p_a}\right) = \left(\frac{p_{04}}{p_a}\right)_{cr} = \left(\frac{k+1}{2}\right)^{\frac{k}{k-1}} \tag{7-21}$$

对于实际喷管显然有

$$\left(\frac{p_{04}}{p_a}\right) = \left(\frac{p_{04}}{p_a}\right)_{cr} = \frac{1}{\left[1 - \frac{1}{\eta_i}\left(\frac{k-1}{k+1}\right)\right]^{\frac{k}{k-1}}}$$

式中，$\left(\dfrac{p_{04}}{p_0}\right)_{cr}$ 为临界压力比，以符号 π_{cr} 表示。

3) 超临界状态

如果临界状态可用压比继续增加，由于收敛尾喷管出口气流马赫数不能大于 1.0，所以，此时仍然是 $Ma_5 = 1.0$，而 $p_5 > p_a$，称为超临界状态。

其特点是 $p_5 > p_a$，$Ma_5 = 1.0$。

根据 3 种工作状态的特点，由压力比 p_{04}/p_0 的值与临界压力比 $\left(\dfrac{p_{04}}{p_0}\right)_{cr}$ 的值进行比较就可判断尾喷管属于何种工作状态。

当 $\dfrac{p_{04}}{p_a} < \left(\dfrac{p_{04}}{p_a}\right)_{cr}$ 时，为亚临界状态，$p_5 = p_a$，$Ma_5 < 1.0$;

当 $\dfrac{p_{04}}{p_a} = \left(\dfrac{p_{04}}{p_a}\right)_{cr}$ 时，为临界状态，$p_5 = p_a$，$Ma_5 = 1.0$;

当 $\dfrac{p_{04}}{p_a} > \left(\dfrac{p_{04}}{p_a}\right)_{cr}$ 时，超亚临界状态，$p_5 > p_a$，$Ma_5 = 1.0$。此时，气流在尾喷管出口截面上达到声速，并在出口外的自由射流中膨胀到超声速。如不考虑黏性衰减，尾喷管出口后气流的流动状态如图 7-14 所示，膨胀波-反射膨胀波、压缩波-反射压缩波的超声速射流柱的形状是 AA_1BB_1 基本形状的重复变化。

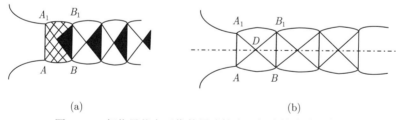

(a)　　　　　　　　　　　　　　　　(b)

图 7-14　超临界状态下收敛尾喷管出口气流的流动示意图

在等熵流动条件下，尾喷管出口流速可根据尾喷管进口气流的滞止参数 (p_{t4}，T_{t4}) 和出口静压 p_5，运用等熵绝热流动方程求出。其表达式为

$$c_{5i} = \sqrt{\frac{2k}{k-1}RT_{04}\left[1 - (p_5/p_{04})^{\frac{k-1}{k}}\right]} \tag{7-22}$$

式中，k、R 分别为尾喷管中燃气的比热比和气体常数 (为了书写简单，在不致混淆情况下略去表示燃气的注脚)。

根据连续方程，如果是理想流动，从尾喷管流出的燃气质量流量为

$$W_{gi} = K\frac{p_{04}A_5 q\left(\lambda_{5i}\right)}{\sqrt{T_{04}}} \tag{7-23}$$

当尾喷管的可用压力比 p_{04}/p_a 大于或等于临界降压比 π_{cr} 时，$\lambda_{5i} = 1.0$，于是从收敛尾喷管流出气流的理想最大质量流量为

$$W_{\max} = K\frac{p_{04}A_5}{\sqrt{T_{04}}} \tag{7-24}$$

在尾喷管的实际流动中，膨胀过程不是等熵的，气体的流动有总压损失，尾喷管出口实际流速比理想流速低。通常以速度系数 φ_e 来衡量速度的降低程度，即

$$\varphi_e = c_5/c_{5i} \tag{7-25}$$

或以总压恢复系数 σ_e 来衡量气流流经尾喷管时的总压损失，即

$$\sigma_e = \frac{p_{05}}{p_{04}} \tag{7-26}$$

式中，p_{05} 为尾喷管出口截面气流的总压。

速度系数 φ_e 与总压恢复系数 σ_e 间存在一定关系，即

$$\sigma_e = \left(\frac{1 - \dfrac{k-1}{k+1}\lambda_{5i}^2}{1 - \dfrac{k-1}{k+1}\lambda_{5i}^2\varphi_e^2}\right)^{\frac{k}{k-1}} \tag{7-27}$$

式 (7-27) 所表示的关系对于收敛尾喷管和收敛-扩张尾喷管都是适用的，曲线如图 7-15 所示。

2. 轴对称收敛-扩张尾喷管

轴对称收敛-扩张尾喷管主要由 3 部分组成: 亚声速收缩段、喉部、超声速扩张段。在给定的设计压力比 p_{04}/p_a 下，气流经尾喷管的亚声速收缩段加速到喉部的声速，而后在尾喷管扩张段内进一步加速到超声速，出口压力等于外界环境压力 p_a。在等熵流动条件下，通过尾喷管的气流质量流量为

$$W_{gi} = k\frac{p_{04}A_{喉}}{\sqrt{T_{04}}} \tag{7-28}$$

此时尾喷管出口截面与其喉道截面之比为

$$\left(\frac{A_5}{A_{喉}}\right) = \frac{1}{Ma_{5i}}\left[\left(\frac{2}{k+1}\right)\left(1 + \frac{k-1}{2}Ma_{5i}^2\right)\right]^{(k+1)/[2(k-1)]} \tag{7-29}$$

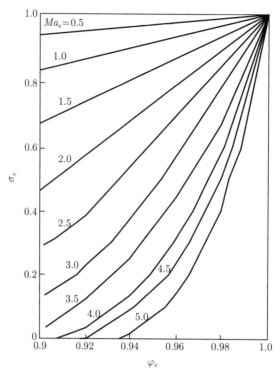

图 7-15　总压恢复系数与速度系数的关系

式中，理想出口马赫数由式 (7-30) 确定：

$$\pi\left(Ma_{5i}\right) = \frac{p_{04}}{p_a} \tag{7-30}$$

在给定的设计压力比下，只有式 (7-30) 决定的面积比，才能使理想气流从尾喷管进口总压膨胀到出口时等于外界压力，尾喷管的这种工作状态称为 "最佳状态" 或 "完全膨胀"。

设计时，若尾喷管面积比小于或大于由式 (7-29) 计算的值，气流将发生过度膨胀或不完全膨胀，引起推力损失。可以证明，当燃气流在尾喷管中完全膨胀时，发动机产生的推力最大。

若尾喷管的面积比已按设计压力比给定，则当尾喷管的工作状态发生变化时，尾喷管的面积比就不适应变化后的喷管压力比，造成尾喷管的不完全膨胀或过度膨胀，尾喷管出口外的射流状态与收敛尾喷管在超临界压力比下的射流状态几乎是相同的。对于过度膨胀，尾喷管内气流可膨胀到低于外界环境压力，然后经过一系列激波气流压力提高到外界压力。图 7-16 表示在过度膨胀情况下尾喷管内气流的流动状态。若尾喷管进口总压不变，而外界环境压力大于设计状态下尾喷管出口压力，则反压的增加会通过射流周围的附面层向上游传播，同时使附面层增厚。如果 p_a 比设计状态下的值大得不多，则在尾喷管出口截面处形成斜激波 (见图 7-17)，尾喷管壁面上压力从出口的 p_5 增加到 p_a；若反压进一步升高，激波便会向尾喷管内移动，并可能在尾喷管扩张段内出现气流分离 (见图 7-18)，气流经激波被压缩到反压 p_a，出现分离时的气流静压称为分离压力 p_s，实验结果证明分离压力 p_s 近似等于 $0.4p_a$。

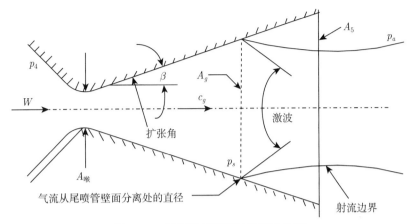

图 7-16　深度过度膨胀时气流的分离

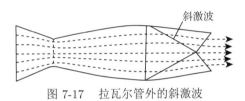

图 7-17　拉瓦尔管外的斜激波

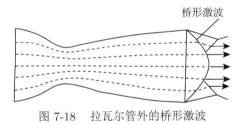

图 7-18　拉瓦尔管外的桥形激波

思　考　题

1. 地面燃气轮机进气装置的设计要点。
2. 航空燃气轮机进气装置与地面燃气轮机进气装置的不同之处。
3. 两种常见的喷管装置设计特点。

练　习　题

1. 空气由输气管送来，管端接一出口截面积为 $A_2 = 10 \text{ cm}^2$ 的渐缩喷管，进入喷管前空气压力 $p_1 = 2.5 \text{ MPa}$，温度 $T_1 = 353 \text{ K}$，速度 $c_{f1} = 40 \text{ m/s}$。已知喷管出口处背压 $p_b = 1.5 \text{ MPa}$，若空气作为理想气体，比热容取定值，且 $c_p = 1.004 \text{ kJ/(kg·K)}$，试确定空气经喷管射出的速度、流量及出口截面积上空气的比体积 v_2 和温度 T_2。

第8章 燃气轮机性能预测与变工况特性

8.1 燃气轮机的性能预测

由第 3 章循环计算可知,对于给定的最高循环温度,最大循环总效率所对应的压比是确定的,对应于所需功率下的质量流量也能确定。当完成了这些总体的计算后,就可以根据应用目标选择最佳设计参数,然后设计燃气轮机的各个部件,使整个燃气轮机装置在设计点工况下运行,也就是当燃气轮机在给定部件的设计速度、压比和流量下工作时应达到所需要的性能。但是,仅知道在设计点的性能是不够的,还需要知道在整个速度和功率输出的工作范围内燃气轮机的性能变化。

单个部件的性能特征可以根据以前的经验或实际实验结果来进行预估,当部件与整个燃气轮机整合在一起时,每个部件能正常工作的范围显著减小了,需要计算出当燃气轮机在一个稳定转速下运行时,每个部件所对应的工作点,或通常所说的共同工作点。在一系列转速下的平衡工作点可以画在压气机性能图上,并形成共同工作线 (或区域,取决于燃气轮机的类型和载荷),所有这些构成燃气轮机的通用特性。一旦工作条件确定后,要获得功率输出、推力性能或单位油耗就相对简单了。

通用特性图也表示工作线或工作区域距离压气机喘振边界有多远。如果共同工作线与喘振边界相交,若不对燃气轮机采取什么补救措施,它将不能实现全转速工况下工作,这就是所谓的"工作稳定性"问题。通用特性图还可以显示燃气轮机是否在压气机效率较高的区域内工作,理想情况下,工作线或区域应位于靠近最高压气机效率点处。

当燃气轮机需要在低功率下较长时间运行时,单位油耗随功率的减小而变化的性能,也就是"部分载荷性能"非常重要,是所有工业用燃气轮机都关注的参数,在部分载荷时油耗性能差大概是燃气轮机在工业应用中最大的缺点。而对于航空发动机,在发生大面积延误时,无论在起飞还是降落过程,功率减小时的燃油消耗率也很重要。

确定非设计点性能,可以预估出部分载荷对油耗的影响,及环境条件对最大功率输出的影响,环境温度和气压参数的变化都必须考虑。地面工作的燃气轮机工作范围可从 $-60°C$

的北极圈至 50℃ 的赤道区域，高度可以从海平面到海拔 3000m，而航空发动机的工作进口温度和压力则要比这宽得多。显然对用户来说，最大功率随环境条件的变化是最重要的，制造商必须确保燃气轮机在任何工作条件下的性能都良好。

　　本章主要讨论确定简单燃气轮机非设计点共同工作性能的基本方法，所讨论的燃气轮机类型包括：① 输出轴功率的单轴装置；② 带自由涡轮的燃气轮机，其燃气发生器涡轮驱动压气机而动力涡轮带动载荷；③ 简单喷气发动机，其有用功的输出是通过喷管喷出的高速射流获得的。这些结构示意图如图 8-1 所示。可以明显看到带自由涡轮的燃气轮机和喷气发动机的燃气发生器功能完全相同，自由涡轮的流动特征和喷管是相似的，它们对燃气发生器的工作都加上了相同的限制，因此带自由涡轮燃气发生器和喷气发动机在热力学上是相似的，不同的仅是输出功的方式。

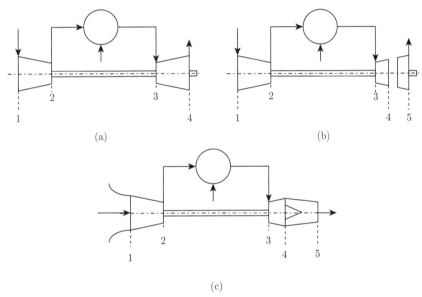

图 8-1　简单燃气轮机装置

　　所有偏离设计点的计算要满足不同部件之间质量流量、功和转速之间兼容的必要条件，首先处理理想单轴燃气轮机，然后加上动力涡轮，燃气涡轮和动力涡轮的流量需要满足兼容的复杂条件，最后我们再来处理带有更复杂的飞行速度和高度影响的涡喷发动机。

8.1.1　部件特性

　　由前面内容的例子可知，流量、压比和功率随压气机和涡轮转速的变化可以从压气机和涡轮的特性中得到。图 8-2 给出了效率随等速线的变化，而等速线又以质量流量和压比为变量画出。随着高性能轴流式压气机的出现，当进口发生壅塞时等速线几乎垂直于以质量流量为横坐标的轴，这种情况下就必须再给出效率随压比的关系。涡轮特性可以表示成图 8-3 的形式，然而在实际中经常发现，在随无量纲速度变化的流动中，涡轮经常看不出明显变化，大多数情况下涡轮是严格受限于下游的其他部件的，因此在进行非设计点的涡轮计算时，可以先假定质量流量函数可以由图 8-3 中的简单曲线来表示，在 8.1.3 节中再进行不同转速特性的修正。

为计算正确，需要考虑在进气道、燃烧室和排气喷管中的压力损失，但是这些影响不是最主要的，非设计点计算的引入将首先忽略进、排气损失，燃烧室压力损失是压气机出口压力的一个固定百分比值。如果要引入变化的压力损失，那么就需要采用数值计算来进行详细计算，详细的讨论读者可以参考其他文献。

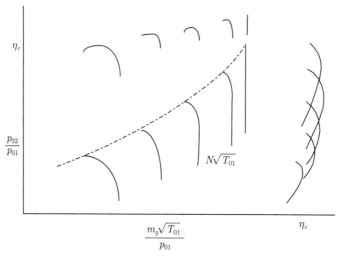

图 8-2　压气机特性

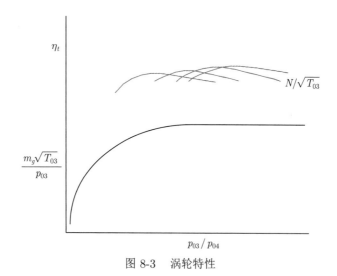

图 8-3　涡轮特性

8.1.2　单轴燃气轮机的非设计点工作

参考图 8-1(a) 的单轴燃气轮机来计算其非设计点性能。首先，当忽略进、排气压力损失时，流过涡轮的压比是由压气机压比和燃烧室的压力损失决定的；其次，虽然有少量的气体从压气机后放出，但又补充进了燃油流量，因此认为通过涡轮的质量流量与压气机流出的流量相等。一般来说，获得一个平衡工况点的计算过程是这样的：

(1) 在压气机特性线 (图 8-2) 上选择一根等速线，然后在这根线上任选一个点，这样 $m\sqrt{T_{01}}/p_{01}$，p_{02}/p_{01}，η_c 和 $N/\sqrt{T_{01}}$ 的值就确定了；

(2) 利用转速和流量相同的条件在涡轮特性线 (图 8-3) 上获得对应的点；

(3) 匹配了涡轮和压气机的特性后，再来确定输出功是否与所选工作点一致，这个工作点是与所驱动的载荷相匹配的，这需要了解功率随转速的变化，这个变化取决于使用功率的方式。

由于压气机和涡轮是直接相接的，因此满足转速匹配要求：

$$\frac{N}{\sqrt{T_{03}}} = \frac{N}{\sqrt{T_{01}}} \times \sqrt{\frac{T_{01}}{T_{03}}} \tag{8-1}$$

压气机和涡轮间的流量匹配可以表示成无量纲流量等式：

$$\frac{m_3\sqrt{T_{03}}}{p_{03}} = \frac{m_1\sqrt{T_{01}}}{p_{01}} \times \frac{p_{01}}{p_{02}} \times \frac{p_{02}}{p_{03}} \times \sqrt{\frac{T_{03}}{T_{01}}} \times \frac{m_3}{m_1}$$

压比 p_{03}/p_{02} 可以直接从燃烧室的压力损失获得，即 $p_{03}/p_{02} = 1 - (\Delta p_b/p_{02})$，通常假定 $m_1 = m_3 = m$，但如果在发动机中各点流量有变化，也可以很容易考虑进去。用 m 重写以上的方程，有

$$\frac{m\sqrt{T_{03}}}{p_{03}} = \frac{m\sqrt{T_{01}}}{p_{01}} \times \frac{p_{01}}{p_{02}} \times \frac{p_{02}}{p_{03}} \times \sqrt{\frac{T_{03}}{T_{01}}} \tag{8-2}$$

式中，$m\sqrt{T_{01}}/p_{01}$ 和 p_{02}/p_{01} 由在压气机特性线上选择的点确定；p_{03}/p_{02} 假定是常数；$m\sqrt{T_{03}}/p_{03}$ 是落压比 p_{03}/p_{04} 的函数。忽略进排气压力损失：$p_a = p_{01} = p_{04}$，因此落压比可以由下式计算出：

$$p_{03}/p_{04} = (p_{03}/p_{02})(p_{02}/p_{01})$$

这样，式 (8-2) 中所有项，除了 $\sqrt{T_{03}/T_{01}}$ 都可以从压气机和涡轮特性上获得。因此当环境温度 T_{01} 被规定后，涡轮进口温度 T_{03} 可以由式 (8-2) 计算得到。

确定了涡轮进口温度后，涡轮的无量纲转速 $N/\sqrt{T_{03}}$ 可以由式 (8-1) 得到，利用已知的 $N/\sqrt{T_{03}}$ 和 p_{03}/p_{04} 可以从涡轮特性线上得到涡轮效率，并且涡轮温降可以由式 (8-3) 计算：

$$\Delta T_{034} = \eta_t T_{03} \left[1 - \left(\frac{1}{p_{03}/p_{04}} \right)^{(k-1)/k} \right] \tag{8-3}$$

在压气机特性线上所选点的压气机温升也可以同样计算出：

$$\Delta T_{012} = \frac{T_{01}}{\eta_c} \left[\left(\frac{p_{02}}{p_{01}} \right)^{\frac{k-1}{k}} - 1 \right] \tag{8-4}$$

对应于所选点的净功率输出则可用式 (8-5) 算出：

$$净功率输出 = mc_{pg}\Delta T_{034} - \frac{1}{\eta_m}mc_{pa}\Delta T_{012} \tag{8-5}$$

式中，η_m 是压气机涡轮组合的机械效率，对于规定的环境条件，m 由 $(m/\sqrt{T_{01}}/p_{01})$ $(p_a/\sqrt{T_a})$ 给出。

最后分析载荷特性，以确定所选择的压气机工作点是否代表一个有效解。假如发动机在带有液压或电子功率计的实验台上运行，载荷可以与速度独立设置，那么就有可能在压气机特性线上的任意一点工作并使温度也在安全限制范围内。但是，如果是带一个叶轮机载荷，其消耗的功率是叶轮机转速的三次方，当已知传动效率和齿轮齿数比时，可以画出涡轮载荷特性随涡轮转速的变化图 (见图 8-4)，问题就变成对于压气机特性线上的每根转速线上找到一点可以在这个速度下给出所需要的净功率，这只能通过试凑法获得。在压气机特性线上取几个工作点，对每个点计算功率输出，如果针对任何压气机特性线上的点计算的功率输出不等于所选速度下所需要的功率，那么发动机将不平衡，要么加速要么减速，取决于有多余功率还是功率不足。对一系列等速线重复该过程，可以获得一系列点，连接这些点可以形成图 8-5 所示的平衡工作线。

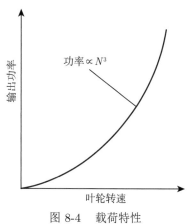

图 8-4　载荷特性

用于单轴燃气轮机最常用的发电机载荷型式，是在定转速下运行而载荷随电力变化，因此燃气发生器装置的平衡工作线将对应于一根定无量纲速度线，如图 8-5 所示。在这条线上的每一点都将代表一个不同的涡轮进口温度和输出功率值。通过不断试凑，在每一个速度下都可能发现对应于净功输出为 0 的压气机工作点，燃气发生器的无载荷工作线也显示在图 8-5 上。

由平衡工作线可知，带一个叶轮机载荷就意味着压气机应在一个宽范围输出功率下高效率工作，而实际上当载荷减少时压气机效率会快速下降。平衡工作线相对于喘振线的位置，意味着发动机是否能达到全功率工况而不引起任何不良后果。平衡工作线贴近喘振线，甚至还会与喘振线相交，那么在这种情况下发动机不可能加速到全功率，这时可以通过在压气机后部安装一个放气阀门来解决。从图 8-5 还可以看到，无载荷的共同工作线离喘振线较远，燃气发生器可以在加载前加速到全速而不会遇到任何喘振问题。

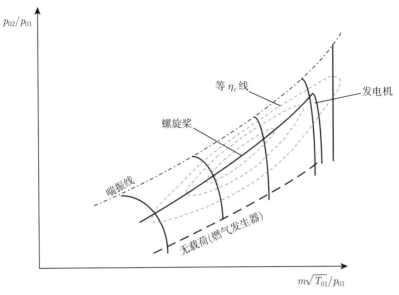

图 8-5 共同工作线

如上所述，通过计算，可以确定在工作范围内任一点的完整性能计算所需的所有参数值：T_{03} 已知，T_{02} 可以由 $\Delta T_{012} + T_{01}$ 计算而得，因此燃烧温升已知，并可以从图 3-7 中获得油气比 f 和一个假定的燃烧效率值。燃油流量由 m_f 给出，从燃油流量和每个工况点的功率输出可以确定随载荷变化的单位油耗 (或热效率)。虽然以上计算是假定在 $T_{01}(= T_a)$ 和 $p_{01}(= p_a)$ 的条件下得到的，但可以在一系列可能遇到的环境温度和压力范围内重复该过程。

下面举例说明单轴燃气轮机的计算。

例 8.1 单轴燃气轮机在设计转速下的压气机和涡轮特性参考数据如表 8-1 所示。

表 8-1 设计转速下的压气机及涡轮特性参数

压气机特性			涡轮特性	
p_{02}/p_{01}	$m\sqrt{T_{01}}/p_{01}$	η_c	$m\sqrt{T_{03}}/p_{03}$	η_t
5.0	329.0	0.84	139.0	0.87
4.5	339.0	0.79	(两者在所考虑压比范围内都是常数)	
4.0	342.0	0.75		

假定环境条件为 1.013 bar 和 288 K，机械效率 98%，忽略所有压力损失，计算在输出功率 3800 kW 时的涡轮进口温度，无量纲流动参数由 kg/s、K 和 bar 表示。

解 对于给定压气机特性线上的每个点，由式 (8-2) 计算涡轮进口温度，由式 (8-4) 计算压气机温升和由式 (8-3) 计算涡轮温降，有了这些结果后，就可以由式 (8-5) 得到输出功率，然后就可以画出涡轮进口温度随输出功率的变化，以找出输出功率为 3800 kW 时所需要的温度。

已知压气机工作点的压比为 5.0，由式 (8-2) 得到

$$\sqrt{\frac{T_{03}}{T_{01}}} = \frac{\left(m\sqrt{T_{03}}/p_{03}\right)\left(p_{03}/p_{01}\right)}{m\sqrt{T_{01}}/p_{01}}$$

忽略压力损失，有 $p_{03} = p_{02}$，因此有

$$\sqrt{\frac{T_{03}}{T_{01}}} = \frac{139.0 \times 5.0}{329.0} = 2.11$$

得到 $T_{03} = 1285$ K。

由式 (8-4)，压气机温升为

$$\Delta T_{012} = \frac{288}{0.84}\left(5.0^{1/3.5} - 1\right) = 200.5 \text{ (K)}$$

由式 (8-3)，涡轮温降为

$$\Delta T_{034} = 0.87 \times 1285\left(1 - \frac{1}{5.0^{1/4}}\right) = 370.0 \text{ (K)}$$

空气流量由进入压气机的无量纲流量获得：

$$m = 329 \times \frac{1.013}{\sqrt{288}} = 19.64 \text{ (kg/s)}$$

输出功率为

$$输出功率 = 19.64 \times 1.148 \times 370.0 - \frac{19.64 \times 1.005 \times 200.5}{0.98}$$
$$= 8340 - 4035$$
$$= 4305 \text{ (kW)}$$

因此，对于输出功率为 4305 kW 的涡轮进口温度为 1285 K。

重复对压气机特性上的三个点进行以上计算，得到结果如表 8-2 所示。

表 8-2 给定状态点的输出特性结果

p_{02}/p_{01}	T_{03}/K	ΔT_{012}/K	ΔT_{034}/K	m/(kg/s)	输出功率/kW
5.0	1285	200.5	370.0	19.64	4305
4.5	982	196.1	267.0	20.25	2130
4.0	761	186.7	194.0	20.4	635

画出 T_{03} 随输出功率的变化曲线，从曲线上可查得输出功率 3800 kW 需要的涡轮进口温度是 1215 K。

8.1.3　燃气轮机的平衡工作

带自由涡轮的燃气轮机和喷气发动机中的燃气发生器功能是相同的，都是产生高温高压的连续流动燃气，在涡轮中膨胀到低压力，以产生轴功或高速喷气射流。在考虑任一种燃气轮机型式之前，应首先讨论燃气发生器的性能。

由于其转速和流量匹配与之前描述的单轴发动机相同，因此式 (8-1) 和式 (8-2) 也适用。但是，经过涡轮的压比不知道，必须由涡轮功与压气机功相等的条件来确定，需要通过计算涡轮温度降连同涡轮进口温度和效率来确定落压比。压气机所需要的功可通过下式求出：

$$\eta_m c_{pg}\Delta T_{034} = c_{pa}\Delta T_{012}$$

重新以无量纲参数表示：

$$\frac{\Delta T_{034}}{T_{03}} = \frac{\Delta T_{012}}{T_{01}} \times \frac{T_{01}}{T_{03}} \times \frac{c_{pa}}{c_{pg}\eta_m} \tag{8-6}$$

式 (8-1)、式 (8-2) 和式 (8-6) 都是由温度比 T_{03}/T_{01} 联系起来的，必须通过试凑法来确定在压气机特性线上任意一点工作时所需的涡轮进口温度，过程如下：

(1) 在压气机特性线上选取一个点，读取该点的 $N/\sqrt{T_{01}}, p_{02}/p_{01}, m\sqrt{T_{01}}/p_{01}$ 和 η_c 值，$\Delta T_{012}/T_1$ 可以由式 (8-4) 计算出来；

(2) 如果已知 p_{03}/p_{04} 值，那么可以从涡轮特性中获得 $m\sqrt{T_{03}}/p_{03}$ 值，就可以由流量匹配式 (8-2) 计算得到温度比 T_{03}/T_{01}；

(3) 由 T_{03}/T_{01} 值通过式 (8-1) 来计算 $N/\sqrt{T_{03}}$；

(4) 已知 $N/\sqrt{T_{03}}$ 和 p_{03}/p_{04}，涡轮效率可以从涡轮特性线上得到；

(5) 无量纲温度降 $\Delta T_{034}/T_{03}$ 可以由式 (8-3) 求得，然后用式 (8-6) 计算得到另一个 T_{03}/T_{01} 值；

(6) 通常第二个 T_{03}/T_{01} 值不会和第一个由式 (8-2) 求得的值相等，这说明一开始假设的 p_{03}/p_{04} 值对一个平衡工作点无用。

(7) 现在再假设一个新的 p_{03}/p_{04} 值，重复以上计算过程直到由式 (8-2) 和式 (8-6) 得到的 T_{03}/T_{01} 值相等为止，此时说明涡轮工作点与原来选择的压气机工作点相匹配。

该过程总结在图 8-6(a) 所示的流程图中。有可能要对压气机特性图上的许多工况点进行这样的计算，通过在压气机特性图上连接 T_{03}/T_{01} 点，并表示成图 8-7 中的等 T_{03}/T_{01} 线 (虚线)。实际中，燃气发生器下游部件无论和动力涡轮还是推进喷管匹配，进一步的流动匹配要求都严格限制着压气机特性上的工作区域。在前述过程中只包含了对整体计算的一个部分，而且还只是针对整机相对很少的几个点，因此整个非设计性能计算过程会很繁杂，下面将介绍简化计算方法。首先讨论带自由涡轮的燃气轮机非设计点性能计算。

需要强调下，上述匹配计算的程序只是概括性的，且是基于涡轮无量纲流量独立于无量纲转速，仅是压比的一个函数的假设上的。如果涡轮特性显示出如图 8-7 所示那样 $m\sqrt{T_{03}}/p_{03}$ 随 $N/\sqrt{T_{03}}$ 而变化时，程序就必须修正。对于任何落在质量流量堵塞点上的涡轮工作点没有变化，但对于过程中的其他步骤要作如下修正：在步骤 (1) 后需要立即假设一个 T_{03}/T_{01} 值，这样可以由式 (8-1) 计算 $N/\sqrt{T_{03}}$ 和由式 (8-2) 计算 $m\sqrt{T_{03}}/p_{03}$，然后可以从涡轮特性中获得 p_{03}/p_{04} 和 η_t，再由式 (8-3) 计算得到 $\Delta T_{034}/T_{03}$，功率匹配式 (8-6) 可以用来计算 T_{03}/T_{01} 值，并与开始假设的值进行比较，从而迭代确定 T_{03}/T_{01}。为了避免混淆，将不再进一步讨论多条涡轮流量特性线的情况。

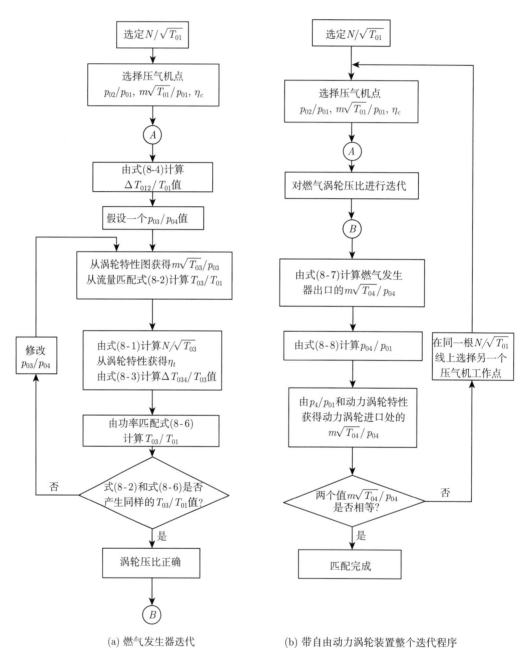

(a) 燃气发生器迭代　　　　　　(b) 带自由动力涡轮装置整个迭代程序

图 8-6　非设计点工作特性计算过程

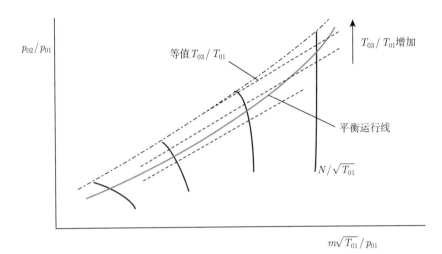

图 8-7　带自由涡轮的共同工作线

8.1.4　带自由涡轮发动机的非设计点工作

1. 燃气发生器和自由涡轮的匹配

燃气发生器与涡轮的匹配，要求流出燃气发生器的流量必须等于进入动力涡轮的流量，另一个约束是动力涡轮可用的压比由压气机和燃气涡轮的落压比确定，动力涡轮的特性与图 8-3 的相似，但是参数是 $m\sqrt{T_{04}}/p_{04}$、p_{04}/p_a、$N_p/\sqrt{T_{04}}$ 和 η_{tp}。

之前的部分描述了如何在压气机特性图上确定任一点的燃气发生器工作条件，来自燃气发生器出口的 $m\sqrt{T_{04}}/p_{04}$ 值可以用式 (8-7) 计算：

$$\frac{m\sqrt{T_{04}}}{p_{04}} = \frac{m\sqrt{T_{03}}}{p_{03}} \times \frac{p_{03}}{p_{04}} \times \sqrt{\frac{T_{04}}{T_{03}}} \tag{8-7}$$

式中

$$\sqrt{\frac{T_{04}}{T_{03}}} = \sqrt{1 - \frac{\Delta T_{034}}{T_{03}}}, \quad \text{且} \ \frac{\Delta T_{034}}{T_{03}} = \eta_t \left[1 - \left(\frac{1}{p_{03}/p_{04}} \right)^{(k-1)/k} \right]$$

对应的经过动力涡轮的压比也可以得到

$$\frac{p_{04}}{p_a} = \frac{p_{02}}{p_{01}} \times \frac{p_{03}}{p_{02}} \times \frac{p_{04}}{p_{03}} \tag{8-8}$$

注意：对静止的燃气轮机忽略进出口管路的损失时，$p_{01} = p_a$，且动力涡轮出口压力也等于 p_a。

算出经过动力涡轮的压比后，可以从动力涡轮特性线上获得 $m\sqrt{T_{04}}/p_{04}$，并与式 (8-7) 计算得到的值比较。如果两者不相符，那就要在相同的压气机等速线上另外选择一点并重复此过程，直至满足两个涡轮间的流量匹配要求。带动力涡轮燃机的整体计算程序，包括对燃气发生器的迭代过程，总结在流程图 8-6(b) 中。

对于在压气机特性图上的每根定 $N/\sqrt{T_{01}}$ 线，只有一点可以满足燃气发生器的功率要求和与动力涡轮的流量匹配要求，如果对每个定转速线进行上述计算，获得的点连接起来可以形成如图 8-7 所示的共同工作线。对于带自由动力涡轮的燃机，其共同工作线是独立于载荷并由动力涡轮的捕获能力决定的。这与单轴燃气轮机的性能不同，其工作线是依赖于载荷特性的 (见图 8-4)。

下一步计算共同工作点的功率输出和油耗。然而在计算之前，先要提一下为简化前述计算而做的一个有用的近似，这是从两个串联的涡轮特性中得出的，该近似可以为下面要讨论的部分中的一些现象提供更好的物理解释。

2. 两个串联涡轮的匹配

如果考虑到两个串联涡轮的特性，那么可以显著简化匹配燃气发生器和自由涡轮的迭代计算过程，这个方法对分析更复杂的燃气轮机也有价值。前面内容说过，通过使用式 (8-7)，燃气发生器涡轮出口的 $m\sqrt{T_{04}}/p_{04}$ 值可以从任何燃气发生器工作点获得，而且它还是 $m\sqrt{T_{03}}/p_{03}$, p_{03}/p_{04} 和 η_t 的函数。η_t 的值可以从涡轮特性线上读出，因为 $N/\sqrt{T_{03}}$ 已经在燃气发生器的计算中由工作点确定，实际中在任何给定压比下，尤其在严格限制的燃气涡轮工作范围内，η_t 变化都不大 (见图 8-3)。而且 η_t 这样的变化对 $\sqrt{T_{03}/T_{04}}$ 的改变很小，因而对 $m\sqrt{T_{04}}/p_{04}$ 几乎没影响。对任何给定的压比取一个平均的 η_t 值通常就足够准确了，因此 $m\sqrt{T_{04}}/p_{04}$ 就变成仅是 $m\sqrt{T_{03}}/p_{03}$ 和 p_{03}/p_{04} 的函数，如果这样处理，那么就可以通过应用式 (8-7) 获得一个简单的代表了涡轮出口流量特性的曲线，这是一个关于进口流量特性的简单曲线，结果如图 8-8 的虚线所示。

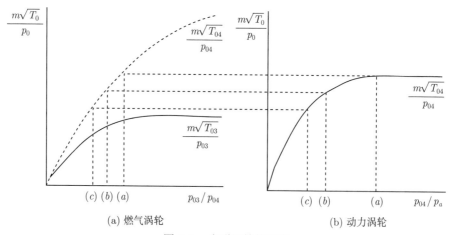

(a) 燃气涡轮   (b) 动力涡轮

图 8-8 串联涡轮的工作

图 8-8 也表示了两个串联涡轮的工作影响，可以看出主要是两个涡轮间的流量匹配要求限制了燃气涡轮的工作。只要动力涡轮堵塞了，如在图中 (a) 点的压比下，燃气涡轮将在一个固定的无量纲化点上工作。如果动力涡轮没有堵塞，如 (b) 和 (c)，对每一个动力涡轮的压比，燃气发生器将被限制在一个对应的确定压比下工作。因此燃气涡轮的压比始终都由动力涡轮的流量捕获吞咽能力控制，且动力涡轮的堵塞点限制了燃气涡轮的最大压比。

　　利用下面的恒等式，可以进一步通过在落压比间的固定关系来画出燃气发生器压比 p_{03}/p_{04} 随压气机压比的变化：

$$\frac{p_{03}}{p_{04}} = \frac{p_{03}}{p_{02}} \times \frac{p_{02}}{p_{01}} \times \frac{p_a}{p_{04}} \tag{8-9}$$

式中，p_{03}/p_{02} 由假定的燃烧室压力损失确定；p_{04}/p_a 是在任何 p_{03}/p_{04} 值下由图 8-8 获得的，这样得到的曲线如图 8-9 所示。从图中可知，对任意压气机压比值，燃气 (发生器) 涡轮的压比都可以确定，因此可以依次确定式 (8-2) 和式 (8-6) 所需要的 $m\sqrt{T_{03}}/p_{03}$ 值和 $\Delta T_{034}/T_{03}$ 值，这样就不再需要进行迭代计算来获得燃气涡轮的压比了，而且对每一个定转速线，仅需一轮迭代就可以计算出正确的平衡工作点。

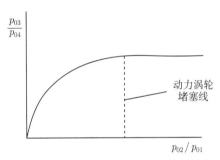

图 8-9　燃气落压比随压气机压比的变化

3. 输出功率和 SFC 随输出转速的变化

带动力涡轮的燃气轮机净功率输出只是简单地随动力涡轮输出功变化，即

$$输出功率 = m c_p \Delta T_{045} \tag{8-10}$$

式中

$$\Delta T_{045} = \eta_{tp} T_{04} \left[1 - \left(\frac{1}{p_{04}/p_a} \right)^{(k-1)/k} \right]$$

　　对于每一个确立的平衡工作点 (每根压气机转速线上有一点)，p_{04}/p_a 可以知道，T_{04} 可以计算出：

$$T_{04} = T_{03} - \Delta T_{034} \tag{8-11}$$

　　假定 p_a 和 T_a 的值后，从 $m\sqrt{T_{01}}/p_{01}$ 获得质量流量，动力涡轮效率从动力涡轮特性上获得，但它不仅依赖于压比 p_{04}/p_a，还依赖于 $N_p/\sqrt{T_{04}}$，即依赖于动力涡轮转速 N_p。带动力涡轮的燃气轮机用来驱动一系列载荷，如泵、叶片和发电机，每个部件随转速变化都有不同的功率。因此，通常对每个平衡工作点 (即对每一个压气机转速) 计算在一定动力涡轮转速范围内的功率输出，其结果可以画成图 8-10。对应于给定压气机转速的任何曲线在有用的输出轴转速的上半部分都相当平坦，此处的 η_{tp} 随 $N_p/\sqrt{T_{04}}$ 变化不太大 (图 8-3)。

　　还可以计算出每个平衡工作点的 SFC，这与 8.1.2 小节所述的单轴燃气轮机的计算方法相同。因为 SFC 仅依赖于燃气发生器参数，对于每一个压气机转速仅有一个值。然而当结合输出功率数据来给出 SFC 时，和输出功率一样，SFC 将是压气机转速和动力涡轮转速的函数。通过画出 SFC 在几个动力涡轮转速下随输出功率变化的图，可以很方便地表示非设计点性能，如图 8-11 所示。这可以让使用者估计出在规定载荷上叠加一定的载荷特性时性能。图 8-11 中的虚线指加上载荷后的功率和速度的特殊变化，并且与 N_p 曲线的交点给出了在自由涡轮驱动那个载荷时，SFC 随功率输出曲线的变化。图 8-11 是在环境条件下工作，如果 p_a 和 T_a 是特殊值，通常需要重复计算性能。

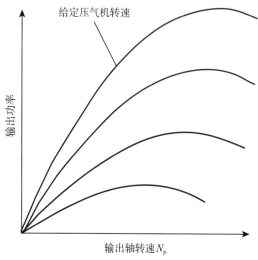

图 8-10   输出功率随动力涡轮输出轴转速的变化

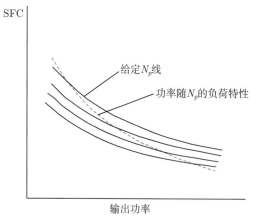

图 8-11   SFC 随载荷的变化

虽然选压气机转速作为独立变量的计算很方便，但在实际中还是更习惯用燃油流量作为独立变量，选择一个燃油流量值 (对应 T_{03} 值) 来确定压气机转速和最大输出功率。图 8-11 的 SFC 曲线显示，随输出功率减少 SFC 增加，而输出功率的减少是因为燃油流量的减少导致压气机转速和燃气涡轮进口温度的降低。由第 2 章分析知道，随涡轮进口温度降低实际循环的效率降低，在部分载荷下的经济性不好是单轴燃气轮机的主要缺点。还可以从图 8-11 中看到，在任何给定输出功率下，SFC 随 N_p 的变化不明显，因为 N_p 变化时，燃气发生器参数仅有轻微改变。

下面举例说明带动力涡轮的燃气轮机性能计算方法。

例 8.2　一个带有动力涡轮的燃气轮机按以下条件设计：

质量流量：30kg/s

压气机压比：6.0

压气机等熵效率：0.84

涡轮进口温度：1200K

涡轮等熵效率：0.87

燃烧室压力损失：0.20bar

机械效率：0.99

(适用于燃气发生器轴和载荷输出轴)

环境条件：1.01bar，288K

计算在设计点的输出功率、涡轮无量纲流量：$m\sqrt{T_{03}}/p_{03}$ 和 $m\sqrt{T_{04}}/p_{04}$。

如果发动机在环境温度 268K 下以相同的机械转速运行，计算涡轮进口温度、压比和功率输出，假定以下条件：

(1) 燃烧压力损失仍为定值 0.20bar；

(2) 两个涡轮都堵塞，值 $m\sqrt{T_{03}}/p_{03}$ 和 $m\sqrt{T_{04}}/p_{04}$ 如上述计算，涡轮效率不变；

(3) 在 268 K 和相同转速 N 下，在压气机特性图上的 $N/\sqrt{T_0}$ 线是一条垂直线，其无量纲流量比设计值高 5%；

(4) 在相关的 $N/\sqrt{T_{01}}$ 值下的压气机效率随压比的变化如下：

p_{02}/p_{01}	6.0	6.2	6.4	6.6
η_c	0.837	0.843	0.845	0.840

这个例子的设计点参数值计算很简单，直接给出结果如下。

燃气发生器涡轮：

压比：2.373

进口压力：5.86bar

温降：203K

动力涡轮：

压比：2.442

进口压力：2.47bar

温降：173.5K

进口温度：997K

输出功率是 $30 \times 1.148 \times 173.5 \times 0.99$ kW，即 5910 kW。

设计点的 $m\sqrt{T_{03}}/p_{03}$ 和 $m\sqrt{T_{04}}/p_{04}$ 分别是

$$\frac{30 \times \sqrt{1200}}{5.86} = 177.4 \quad 和 \quad \frac{30 \times \sqrt{997}}{2.47} = 383.5$$

在 268K 时的无量纲值 $m\sqrt{T_{01}}/p_{01}$ 是

$$1.05 \times \left(\frac{30 \times \sqrt{288}}{1.01} \right) = 529.5$$

如果动力涡轮保持堵塞，燃气涡轮将被限制在一个固定的无量纲化点上，即 p_{03}/p_{04} 不变的工况下，因此和设计工况相同，$\Delta T_{034}/T_{03}$ 不变，$\Delta T_{034}/T_{03} = 203/1200 = 0.169$。

由功率匹配，可得

$$\frac{\Delta T_{012}}{T_{01}} = \frac{\Delta T_{034}}{T_{03}} \times \frac{T_{03}}{T_{01}} \left(\frac{c_{pg}\eta_m}{c_{pa}} \right) = \frac{0.169 \times 1.148 \times 0.99}{1.005} \times \frac{T_{03}}{T_{01}}$$

因此，有

$$\frac{T_{03}}{T_{01}} = 5.23 \frac{\Delta T_{012}}{T_{01}} \tag{A}$$

由流量匹配，可得

$$\frac{m\sqrt{T_{03}}}{p_{03}} = \frac{m\sqrt{T_{01}}}{p_{01}} \times \frac{p_{01}}{p_{03}} \times \sqrt{\frac{T_{03}}{T_{01}}}$$

$$177.4 = 529.5 \times \frac{p_{01}}{p_{03}} \times \sqrt{\frac{T_{03}}{T_{01}}}$$

$$\sqrt{\frac{T_{03}}{T_{01}}} = 0.335 \frac{p_{03}}{p_{01}} \tag{B}$$

问题就变成要找到对方程 (A) 和 (B) 能给出 T_{03}/T_{01} 值相同的压气机工作点。根据压气机效率的变化可以很容易地由式 (8-4) 计算出 $\Delta T_{012}/T_{01}$ 的值，且根据燃烧压力损失是常数，p_{03} 值也能算出。以表格的形式给出这个题的解 (表 8-3)。

表 8-3　不同工作点的输出特性

$\dfrac{p_{02}}{p_{01}}$	$\left[\left(\dfrac{p_{02}}{p_{01}} \right)^{\gamma-1/\gamma} - 1 \right]$	η_c	$\dfrac{\Delta T_{012}}{T_{01}}$	$\left(\dfrac{T_{03}}{T_{01}} \right)_A$	p_{02}	p_{03}	$\dfrac{p_{03}}{p_{01}}$	$\sqrt{\dfrac{T_{03}}{T_{01}}}$	$\left(\dfrac{T_{03}}{T_{01}} \right)_B$
6.0	0.669	0.837	0.799	4.18	6.06	5.86	5.80	1.943	3.78
6.2	0.684	0.843	0.812	4.25	6.26	6.06	6.00	2.010	4.05
6.4	0.700	0.845	0.828	4.33	6.46	6.26	6.20	2.078	4.32
6.6	0.715	0.840	0.851	4.45	6.66	6.46	6.40	2.144	4.60

从表 8-3 上求得所需压比下的解是 6.41，其对应的 T_{03}/T_{01} 值是 4.34，对应的涡轮进口温度是 $4.34 \times 268 - 1163$ (K)。

已经算出了压气机压比和涡轮进口温度，那么计算得到功率就很容易了。注意：燃气涡轮仍然在同一个无量纲化点 ($\Delta T_{034}/T_{03} = 0.169, p_{03}/p_{04} = 2.373$) 下工作，动力涡轮进口条件和温度降可以计算出来，计算得到温度降结果是 179.6K，从无量纲流量和环境条件计算得到的质量流量是

$$\frac{m\sqrt{T_{01}}}{p_{01}} = 529.5$$

因此

$$m = \frac{529.5 \times 1.01}{\sqrt{268}} = 32.7 \text{ (kg/s)}$$

$$\text{输出功率} = 32.7 \times 1.148 \times 179.6 \times 0.99 = 6680 \text{ (kW)}$$

从这个例子中可以看出在冷天环境中，在设计机械转速下工作时，即使由于 $N/\sqrt{T_{01}}$ 的提高，T_{03}/T_{01} 值从 4.17 提高到了 4.34，最高循环温度还是从 1200 K 降到了 1163 K，而功率则从 5910 kW 提高到了 6680 kW，可以看出功率的提高是由于同时提高了空气流量和整体压比换来的。低环境温度对燃气轮机工作的益处是显而易见的，相反高环境温度会导致明显的性能下降。

用于生产某个区域电力的工业燃气轮机在高温下工作时，还会遇上由大量空调负载而带来的高峰值用电需求，可以通过降低压气机进口空气温度提高功率。在湿度相对低的区域，用一个蒸发式冷凝器即可以达到冷却目的：来流空气先通过一个湿的过滤器，蒸发水需要热量从而使进口温度降低。然而在湿度相对高的区域这个方法就不适用了。另一个在 20 世纪 90 年代中期成功引入的方法是 "储能冰矿"。在非高峰用电时间 (主要是晚上)，电用来驱动制冷机组生产并储存大量的冰，当在白天最热、需要最大功率时，冰融化，冷却水在热交换器中用来降低进口温度。这种方法已经证明是经济的，功率有较大提高而且每千瓦功的成本较低。

8.1.5 涡喷发动机的非设计点工作

1. 推进喷管特性

涡喷发动机推进喷管的面积是由设计点计算而确定的，而一旦喷管面积固定，那么对非设计点的工作就有很大影响。以无量纲流量 $\dfrac{m\sqrt{T_{04}}}{p_{04}}$ 和压比 p_{04}/p_{05} 表示的喷管特性可以按如下方法计算：

$$\frac{m\sqrt{T_{04}}}{p_{04}} = c_5 A_5 \rho_5 \frac{\sqrt{T_{04}}}{p_{04}} = \frac{c_5}{\sqrt{T_{04}}} \times \frac{A_5}{R} \times \frac{p_5}{p_{04}} \times \frac{T_{04}}{T_5} \tag{8-12}$$

式中，A_5 是有效喷管面积；$c_5/\sqrt{T_{04}}$ 可以从式 (8-13) 求出：

$$\frac{c_5^2}{T_{04}} = 2c_p\eta_j\left[1 - \left(\frac{1}{p_{04}/p_5}\right)^{(k-1)/k}\right] \tag{8-13}$$

可从式 (8-14) 求 T_5/T_{04}：

$$\frac{T_5}{T_{04}} = 1 - \frac{T_{04} - T_5}{T_{04}} = 1 - \eta_j\left[1 - \left(\frac{1}{p_{04}/p_5}\right)^{(k-1)/k}\right] \tag{8-14}$$

对于给定面积和效率的喷管，$\dfrac{m\sqrt{T_{04}}}{p_{04}}$ 可以用关于压比 p_{04}/p_5 的函数计算，但式 (8-13) 和式 (8-14) 只在压比小于临界值以下时有效，直到 $p_5 = p_c$，都可以使用式 (8-13) 和式 (8-14)。

临界落压比计算式为

$$\frac{p_{04}}{p_c} = 1 / \left[1 - \frac{1}{\eta_j} \left(\frac{k-1}{k+1} \right) \right]^{k/(k-1)} \tag{8-15}$$

当压比 p_{04}/p_a 大于临界值时，$\dfrac{m\sqrt{T_{04}}}{p_{04}}$ 在最大值 (堵塞) 状态下保持常数，即此时独立于 p_{04}/p_a ($p_5 = p_c > p_a$)。因此 $\dfrac{m\sqrt{T_{04}}}{p_{04}}$ 随喷管压比 p_{04}/p_a 变化的关系如图 8-12 所示。喷管流量特性很明显与涡轮的相似。

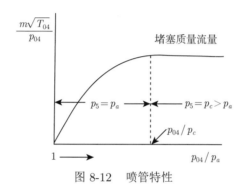

图 8-12　喷管特性

在堵塞发生之前，T_5/T_{04} 是由式 (8-14) 给出的，而当喷管堵塞后，T_5/T_{04} 由式 (8-16) 给出，即

$$\frac{T_c}{T_{04}} = \frac{2}{k+1} \tag{8-16}$$

同样，在喷管未堵塞时，$c_5/\sqrt{T_{04}}$ 由式 (8-13) 给出，而当喷管堵塞后，c_5 是声速，M_5 是 1。

由 $c = M\sqrt{kRT}$ 和 $T_0 = T\left[1 + (k-1)M^2/2\right]$，可以写出一般关系式：

$$\frac{c}{\sqrt{T_0}} = \frac{M\sqrt{kR}}{\sqrt{\left(1 + \dfrac{k-1}{2}M^2\right)}} \tag{8-17}$$

因此，当喷管堵塞后 (即 $M_5 = 1$)，则有

$$\frac{c_5^2}{T_{04}} = \frac{c_5^2}{T_{05}} = \frac{2kR}{k+1} \tag{8-18}$$

当讨论推力计算时，将要用到式 (8-15) ～ 式 (8-18)。

2. 燃气发生器和喷管的匹配

喷管和涡轮有相似的流量特性，意味着喷管将对燃气发生器发挥和自由动力涡轮相同的限制作用。因此考虑静止条件下的涡喷发动机工作，和带动力涡轮的燃气轮机装置没什

么区别。共同工作线可以按流程图 8-6(b) 确定，只是用喷管特性代替其中的动力涡轮特性而已，那么图 8-7 也可以代表在静止条件下的涡喷发动机典型共同工作线。

但涡喷发动机是要在高速下飞行的，因此必须考虑飞行速度对共同工作线的影响。在计算中用马赫数表示飞行速度是最方便的，可以很容易转换成速度计算动量阻力和推力。

飞行速度产生冲压压比，这是一个关于飞行马赫数和进气效率的函数。冲压作用将使压气机出口压力增加，然后导致喷管前的压力变高，因而提高了喷管的压比。但是一旦喷管堵塞，喷管的无量纲流量将达到最大值，并独立于喷管的压比和飞行速度。因为涡轮和喷管之间的流量匹配要求，这就意味着涡轮的工作点也不变了。因此只要喷管是堵塞的，共同工作线将只由固定的涡轮工作点唯一确定，不受飞行速度的影响。

在目前的循环压比水平下，基本上所有涡喷发动机在起飞、爬升和巡航中喷管都是堵塞的，只有在推力明显减小后喷管才不堵塞，因此喷管只有在准备降落或滑行时才是不堵塞的。而在这些状态下考虑飞行速度对工作线的影响也是很重要的，因为在低转速下工作线离喘振边界相当近。

喷管压比 p_{04}/p_a 与冲压比的联系可由以下恒等式给出：

$$\frac{p_{04}}{p_a} = \frac{p_{04}}{p_{03}} \times \frac{p_{03}}{p_{02}} \times \frac{p_{02}}{p_{01}} \times \frac{p_{01}}{p_a} \tag{8-19}$$

这和对应于带动力涡轮燃机的式 (8-8) 不同之处在于多了一项冲压压比 p_{01}/p_a，用进气效率和飞行马赫数表达的冲压压比可以表示为

$$\frac{p_{01}}{p_a} = \left[1 + \eta_i \left(\frac{k-1}{2}\right) Ma^2\right]^{k/(k-1)} \tag{8-20}$$

对于给定的进气效率，由式 (8-19) 和式 (8-20) 可知，p_{04}/p_a 是燃气发生器参数和飞行马赫数的函数，根据图 8-6(b) 的程序来计算如下：用式 (8-19) 替代式 (8-8)，但为覆盖所需飞行速度范围，对于每个压气机速度线，计算要重复若干个 Ma 值，结果是一个关于 Ma 的扇形共同工作线，如图 8-13 所示，在高压气机转速下且喷管堵塞时，不同 Ma 下的共同工作线合并到一条线上。

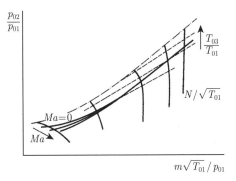

图 8-13　涡喷发动机工作线

可以看出，在低压气机转速下，提高马赫数，共同工作线向离开喘振边界的方向移动，理论上讲，这是因为冲压压头提高后，压气机可以用一个更低的压比来推动流量流过喷管。

3. 推力随转速、飞行速度和高度的变化

当从 p_{04} 到 p_a 的膨胀都发生在喷管中时，喷气发动机的净推力就仅是工质的总动量变化率，即 $F = m(c_5 - c_a)$，其中 c_a 是飞行速度。另外，当有一部分膨胀是发生在喷管之外的，当喷管堵塞了，p_5 大于 p_a，就有一个额外的压力推力，在这种情况下净推力由以下更普通的表达式给出：

$$F = m(c_5 - c_a) + (p_5 - p_a)A_5 \tag{8-21}$$

为了获得能表示在全范围的进口压力和温度、飞行速度和转速下涡喷发动机发出的推力曲线，可以用这些点获得的信息来建立共同工作线。在这个图上的每个工作点的所有热力参数变量，如 $\frac{p_{01}}{p_a}$、$\frac{m\sqrt{T_{01}}}{p_{01}}$、$\frac{p_{02}}{p_{01}}$、$\frac{T_{03}}{T_{01}}$、$\frac{T_{04}}{T_{03}}$、$\frac{p_{03}}{p_{04}}$ 和 $\frac{p_{04}}{p_a}$，对在一定的 $N/\sqrt{T_{01}}$ 和 Ma 下都是可以确定的 (在喷管堵塞时只有 $N/\sqrt{T_{01}}$)。推力最多可表达成这些无量纲变量，因此式 (8-21) 可以写成

$$\frac{F}{p_a} = \frac{m\sqrt{T_{01}}}{p_{01}}\frac{p_{01}}{p_a}\left[\frac{c_5}{\sqrt{T_{04}}}\sqrt{\left(\frac{T_{04}}{T_{03}}\times\frac{T_{03}}{T_{01}}\right)} - \frac{c_a}{\sqrt{T_{01}}}\right] + \left(\frac{p_5}{p_a}-1\right)A_5 \tag{8-22}$$

量纲检查显示真正的无量纲推力是 $F/(p_aD^2)$，对于固定几何的发动机，特性尺寸可以忽略，利用式 (8-17)：

$$\frac{c_a}{\sqrt{T_{01}}} = \frac{c_a}{\sqrt{T_{0a}}} = \frac{Ma\sqrt{kR}}{\sqrt{\left(1+\frac{k-1}{2}Ma^2\right)}}$$

当喷管不堵塞时，可以由式 (8-13) 求出 $\frac{c_5}{\sqrt{T_{04}}}$，其中 p_{04}/p_5 等于 p_{04}/p_a，因为 $p_5/p_a = 1$，压力推力为 0。

当喷管堵塞时，$\frac{c_5}{\sqrt{T_{04}}}$ 由式 (8-18) 给出，p_5/p_a 可以由下式计算出：

$$\frac{p_5}{p_a} = \frac{p_5}{p_{04}}\times\frac{p_{04}}{p_a} = \frac{p_c}{p_{04}}\times\frac{p_{04}}{p_a}$$

式中，p_c/p_{04} 是由式 (8-15) 解出的临界压比的倒数，即这是一个燃气的 k 值和喷管效率 η_j 的函数；p_{04}/p_a 是一个由式 (8-19) 计算得到的已知参数。

如图 8-14 所示为典型的推力随发动机转速和飞行速度变化曲线，从图中看出对每个马赫数都有不同的推力曲线。横坐标仍采用 $N/\sqrt{T_{01}}$，或利用以下关系式表示成 $N/\sqrt{T_a}$：

$$\frac{N}{\sqrt{T_a}} = \frac{N}{\sqrt{T_{01}}}\times\sqrt{\frac{T_{01}}{T_a}} \quad \text{和} \quad \frac{T_{01}}{T_a} = \left(1+\frac{k-1}{2}Ma^2\right)$$

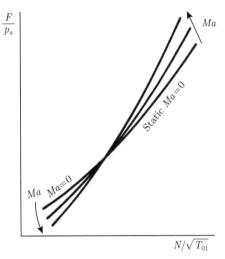

图 8-14　推力曲线

虽然当喷管堵塞时，在压气机特性图上获得的共同工作线是唯一的，但对于给定的 $N/\sqrt{T_{01}}$ 值，推力受飞行马赫数的影响。飞行速度增加后动量阻力 mc_a 增加会直接影响推力，而且飞行速度增加使冲压压缩增强，从而使压气机进口压力增加并间接影响推力。在低转速下，动量阻力的影响起主要作用，Ma 增加引起推力降低。而在高的 $N/\sqrt{T_{01}}$ 值下，冲压压缩能力提高的影响起主要作用。

虽然用无量纲转速来表示性能很方便，但实际的机械转速直接影响涡轮应力上限，需要用调节器控制涡轮的机械转速。由于推力受发动机转速影响很大，所以必须准确控制。如果转速控制在极限值之下，起飞推力将显著降低。但如果发动机转速超过规定的上限，会造成很严重的后果：不仅离心应力随转速的平方增加，而且从图 8-13 的共同工作线穿过 T_{03}/T_{01} 线看出，涡轮进口温度也随转速快速增加。典型情况下，转子速度比上限提高 2% 将导致 T_{03} 增加 50 K。叶片寿命由蠕变决定，因此要严格控制高速运转的允许时间。给定起飞功率时，最大转速允许时间通常被限制在小于 5 min 工作时间内；通过稍稍减少燃油流量从而减小转速获得所需爬升功率，通常可维持在 30 min 以内。巡航功率需要进一步减少燃油流量和转速，使应力和温度条件满足无限制工作时间。

另外，环境温度对性能的影响也很重要。当发动机在最大机械转速下工作时，环境温度的增加将引起 $N/\sqrt{T_a}$ 降低，使 $N/\sqrt{T_{01}}$ 也降低，这将使压气特性图上的工作点沿着共同工作线向 $m/\sqrt{T_{01}}/p_{01}$ 和 p_{02}/p_{01} 更小的方向移动，可以看出，这与降低机械转速的效果相同。因为 m 由 $(m\sqrt{T_{01}}/p_{01})/(\sqrt{T_{01}}/p_{01})$ 给出，实际进入发动机的质量流量将由于环境温度的提高而进一步减少。从所有这些作用的结果可知，环境温度的增加致使相当大的推力损失，如图 8-14 所示。但还不止这些，当 N 保持常数时，T_{03}/T_{01} 也随环境温度的增加而降低，而实际的 T_{03} 由 $(T_{03}/T_{01})T_{01}$ 给出，T_{03}/T_{01} 的降低比 T_{01} 的增加所带来的补偿要少。通常在固定的机械速度下，T_{03} 将随环境温度的增加而增加，在环境温度较高时，允许的涡轮进口温度可能会超温。为了保持温度在限制温度下，必须减小机械转速，这样就使 $N/\sqrt{T_{01}}$ 减小更多，从而推力也减小更多。

图 8-14 指出在发动机工作点不变的情况下，推力的变化直接与环境压力成正比。但随

着环境压力的降低，质量流量减小。随着高度增加，压力和温度都降低，后者在 11 km 后趋于平稳。由于推力与压力是一次方关系，因此 p_a 降低对降低推力的作用要大于 T_a 降低使推力增大的作用，因此随着高度的增加，推力减小。在热带高海拔地区起飞时，往往需要飞机显著减少承载。

4. 燃油消耗和 SFC 随转速、飞行速度和高度的变化

涡喷发动机的燃油消耗及飞机的燃油容量决定飞机的航程，SFC 也是常用的飞机经济性的指标，由前面的讨论可知，燃油消耗和 SFC 可以用一个关于 $N/\sqrt{T_{01}}$ (或 $N/\sqrt{T_a}$) 和 Ma 的函数来估算。

当假定了燃烧效率后，燃油消耗可以根据空气流量很方便地从图 3-7 的燃烧室温升和油气比曲线中查出油气比后计算出。为此，假定 p_a、T_a 可以从无量纲参数中获得 m、T_{03} 和 T_{02}，因此燃油流量是一个关于 $N/\sqrt{T_a}$、Ma、p_a 和 T_a 的函数。燃油流量取决于环境条件这一点，可以通过把结果画成无量纲燃油流量 $(m_f\theta_{\text{net},p}/(D^2 p_a\sqrt{T_a}))$ 来消除。当给定了燃油和发动机时，热值和长度尺寸可以去除，因此实际上无量纲参数是 $\dfrac{m_f}{p_a\sqrt{T_a}}$。如图 8-15(a) 所示为一个典型的燃油消耗曲线。不同于 F/p_a，燃油消耗仅依赖于 Ma，因为它只随压气机进口条件变化，也不用考虑动量阻力。实际上，如果 $\dfrac{m_f}{p_{01}\sqrt{T_{01}}}$ 是以随 $N/\sqrt{T_{01}}$ 的变化来画的曲线，则如图 8-15(b) 所示，曲线在喷管堵塞的区域内会合成一根简单的曲线。必须注意到，虽然在大部分工作范围内燃烧效率很高且是常数，但当 p_a 较低时，像图 8-15 中这样的曲线可能显著低估了燃油消耗。

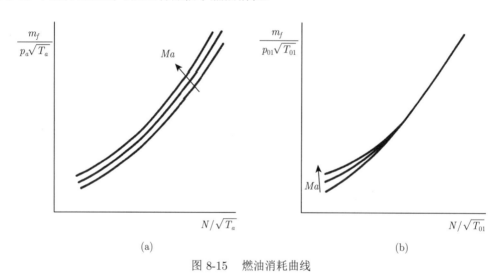

(a)　　　　　　　　　　　　　　　　(b)

图 8-15　燃油消耗曲线

通过结合图 8-14 和图 8-15(a) 可以获得无量纲的 SFC 曲线。图 8-16 是在不同 Ma 下 SFC$/\sqrt{T_a}$ 随 $N/\sqrt{T_{01}}$ 变化的曲线。显然，随着高度增加 T_a 下降，SFC 会降低，因为 SFC 仅是 $\sqrt{T_a}$ 的函数而不是 p_a 的函数，然而高度对 SFC 的作用不如对推力那么明显。应该看到，SFC 随 Ma 增加而增加。推力最初随马赫数增加而降低，然后当冲压作用克服动量阻力的增加后推力就随 Ma 增加而增加。但是燃油流量随 Ma 增加稳步增加，因为压气机

进口总压增加后空气流量增加，而这个作用占主导。

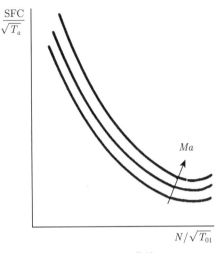

图 8-16　SFC 曲线

8.1.6　移动共同工作线的方法

前面说过，如果共同工作线与喘振线相交，那么如果不采取措施就不可能把发动机带到全功率状态。而且，即使与喘振边界有间隙，当共同工作线靠喘振边界太近，发动机加速过快时，压气机也可能发生喘振。对于大多数现代发动机来说，喘振大多在低的 $N/\sqrt{T_{01}}$ 值下遇到，而在高转速下问题较少。许多高性能轴流式压气机会在喘振线上出现一个扭结。如图 8-17 所示，图中在低速下一根共同工作线在扭结处与喘振线相交，为了解决这个问题，必须降低在危险工作区域内的共同工作线位置。

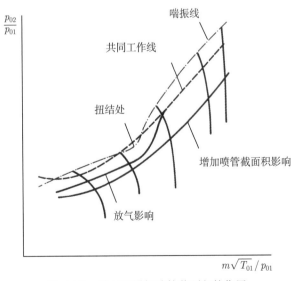

图 8-17　放气和增加喷管截面积的作用

一个通用的方法是"放气"，在压气机的中间级放出空气。放气浪费了一些涡轮功，因此放气阀必须设计成仅在必要的工作范围内工作。而且在发动机舱中要额外多出一个放气空间也较困难。替代放气的一个方法是对涡喷发动机使用一个可变面积的推进喷管，可变面积喷管还能带来其他方面的好处。

可以推断，对于给定的压气机转速，用任何一种方法都会使压比降低，因而降低了共同工作线。如果考虑在工作范围的高转速端工作，很容易证明：在压气机特性图上的定 $N/\sqrt{T_{01}}$ 线几乎是垂直的 (即 $m\sqrt{T_{01}}/p_{01} \approx \mathrm{const}$)，并且喷管和涡轮都处于堵塞状态。

如果首先考虑使用可变面积喷管，图 8-18 显示提高喷管面积就引起燃气涡轮落压比增加，从而使无量纲温度降 $\Delta T_{034}/T_{03}$ 增加。从式 (8-2) 的流量匹配可求出：

$$\frac{p_{02}}{p_{01}} = \frac{m\sqrt{T_{01}}}{p_{01}} \times \frac{p_{02}}{p_{03}} \times \sqrt{\frac{T_{03}}{T_{01}}} \times \frac{p_{03}}{m\sqrt{T_{03}}} = K_1\sqrt{\frac{T_{03}}{T_{01}}} \tag{8-23}$$

式中，K_1 是常数。因为在假定的工作条件下，$m\sqrt{T_{01}}/p_{01}$、p_{02}/p_{03} 和 $m\sqrt{T_{03}}/p_{03}$ 的值都是固定的，从式 (8-6) 的功率匹配可求出：

$$\frac{T_{03}}{T_{01}} = \frac{\Delta T_{012}}{T_{01}} \times \frac{T_{03}}{\Delta T_{034}} \times \frac{c_{pa}}{c_{pg}\eta_m}$$

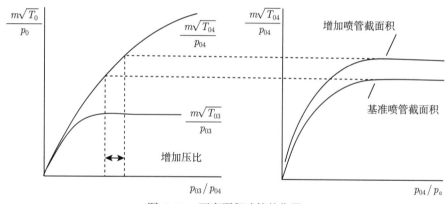

图 8-18　可变面积喷管的作用

图 8-19 是典型的温升随压比变化的压气机特性图。从图中可以看到，在相当宽范围的压比下，在固定的压气机转速值 N 下，压气机温升接近常数，温升都是定值，这是由于在偏离设计点条件工作时，效率明显变化。因此假定 $\dfrac{\Delta T_{012}}{T_{01}}$ 是常数。

$$\frac{T_{03}}{T_{01}} = \frac{K_2}{(\Delta T_{034}/T_{03})} \tag{8-24}$$

式中，K_2 是另一个常数。结合式 (8-23) 和式 (8-24) 得到

$$\frac{p_{02}}{p_{01}} = \frac{K_3}{\sqrt{(\Delta T_{034}/T_{03})}} \tag{8-25}$$

式中，K_3 是常数，由 K_1 和 K_2 获得。

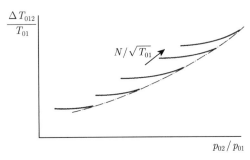

图 8-19　压气机特性

如果发动机转速 $N/\sqrt{T_{01}}$ 保持常数而提高喷管截面积，$\Delta T_{034}/T_{03}$ 会增加，式 (8-25) 显示 p_{02}/p_{01} 会降低，因而共同工作线会向离开喘振线方向移动。为了维持所需转速水平，必须要降低燃油流量，打开喷管而不减少燃油流量将使发动机加速到更高转速。由此可以知道减小喷管截面积将使工作线移向喘振边界。

当考虑放气作用时，m_1 不再等于 m_3，式 (8-23) 修改成

$$\frac{p_{02}}{p_{01}} = K_1\sqrt{\frac{T_{03}}{T_{01}}} \times \frac{m_3}{m_1} \tag{8-26}$$

当喷管或用于输出轴功装置的动力涡轮仍保持堵塞时，涡轮工作点仍保持不变，式 (8-6) 变成

$$\frac{T_{03}}{T_{01}} = \frac{m_1}{m_3} \times \frac{\Delta T_{012}}{T_{01}} \times \frac{T_{03}}{\Delta T_{034}} \times \frac{c_{pa}}{c_{pg}\eta_m} = K_4\frac{m_1}{m_3} \tag{8-27}$$

假定和前面一样 $\Delta T_{012}/T_{01}$ 也是常数，此处 K_4 是常数。联立式 (8-26) 和式 (8-27)，得

$$\frac{p_{02}}{p_{01}} = K_5\sqrt{\frac{m_3}{m_1}} \tag{8-28}$$

式中，K_5 是常数。

当使用放气时，m_3 总是小于 m_1，其结果是进一步降低了压比并降低了工作线。式 (8-27) 也显示，当使用放气时将会提高涡轮进口温度，涡轮质量流量减少就必须提高温降，以维持提供给压气机的功。当无量纲温降固定时，就意味着涡轮进口温度的提高，放气和提高喷管截面积是在流量不降低的前提下，允许压气机在任何给定转速下以更低的压比工作。

8.1.7　部分载荷性能的改进方法

供车载或者船舶使用的燃气轮机有大部分的时间以低功率运行，因此其部分载荷性能极为重要。而在对车用和船用燃气轮机的早期研究中，为了改善部分载荷耗油率，尝试过采用含有间冷、换热和再热功能的这类复杂装置，这也确实极大地改进了部分载荷下的耗油率 (见图 8-20)。但这样的复杂装置尽管在热力学上具有毋庸置疑的优点，由于其机械结构的复杂性，在汽车和船舶上的应用都没有获得成功。但近几年因为材料和设计等各方技

术的提高，间冷回热循环 (ICR) 技术又在燃气轮机中恢复使用了。罗罗 WR21 发动机的双转子燃气发生器，就是一个具有一个换热器和两个压气机之间的中间冷却器的间冷回热循环的例子。图 8-21 比较了 ICR 发动机的设计性能与传统应用于船舶推进的简单循环燃气轮机的设计性能，结果表明 ICR 发动机在所有功率水平都具有优越的耗油率，低功率水平的耗油率具有最显著的改进。在设计功率介于 40%～100% 时的耗油率曲线基本上齐平，低功率 SFC 的巨大改善可以增加其在海上的航行范围和时间。

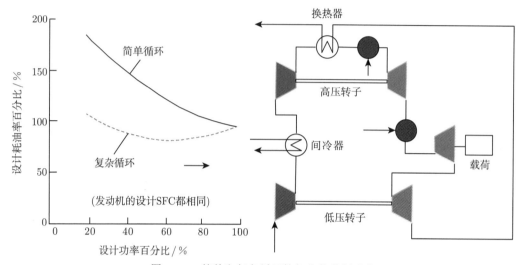

图 8-20   简单和复杂循环的部分载荷耗油率

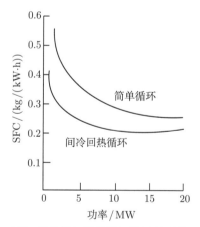

图 8-21   ICR 发动机与简单燃气轮机循环的 SFC 对比

尽管回热间冷这类复杂循环可以显著改善低功率时燃气轮机的经济性能，但其复杂的结构还是限制了其应用。实际上在过去的数年里，绝大部分装置采用简单循环，并且压比一直在逐年增加，到目前为止，工业发动机的工作压比高达 30，航空发动机则高达 40。在没用换热循环的前提下，简单循环的效率已经可以达到 40%，而组合循环的效率甚至可以达到 60%。由第 2 章分析可知，有效的燃气轮机循环的热效率取决于涡轮进口温度，并且

T_{03} 随功率不断减小而急剧下降，这正是燃气轮机部分载荷性能低的根本原因。

在车辆和船舶等大多数要求具有良好部分载荷经济性的装置中，都采用自由动力涡轮的燃气轮机设计。而由前述带自由动力涡轮燃气轮机的共同工作线 (图 8-7) 可知，T_{03}/T_{01} 随 $N/\sqrt{T_{01}}$ 的增加而增加，图 8-22 是根据共同工作线推导得到的 T_{03}/T_{01} 随 $N/\sqrt{T_{01}}$ 的变化曲线。因此，为提高燃气轮机的部分载荷效率，必须找出可以增加低功率运行时的涡轮进口温度的方法。而对于带自由动力涡轮的燃气轮机，采用可调面积动力涡轮静子就能够增加部分载荷时的涡轮进口温度。

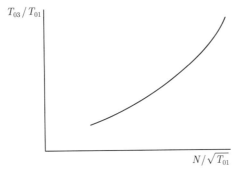

图 8-22　带动力涡轮的燃气轮机中 T_{03}/T_{01} 随 $N/\sqrt{T_{01}}$ 的变化曲线

转动导向器叶片以改变面积使有效喉道面积减小或者增大，如图 8-23 所示。由于自由涡轮的流动特性和推进喷管对燃气发生器具有相同的工作限定，自由涡轮燃气轮机和涡喷发动机在热力学上是相似的。

由涡喷发动机喷管面积调节规律可知，扩大喷管截面积使共同工作线远离喘振边界，T_{03} 降低；减小喷管截面积，使共同工作线靠近喘振边界，T_{03} 增加。因此，调节动力涡轮可调静子叶片具有跟喷管一样的效应。理论上，控制动力涡轮静子的面积变化，可以使功率降低时涡轮进口温度保持为最大值。

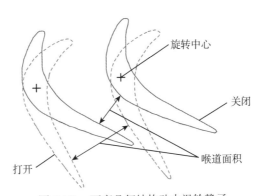

图 8-23　可变几何结构动力涡轮静子

如图 8-24 所示，如果最高温度的工作线移动而使之与喘振线相交，在这部分运行范围内必须重新打开动力涡轮导叶。当功率不断降低，以恒定的燃气发生器涡轮进口温度工作时，由于压气机功率不断降低，如果同时带有换热器，进入换热器的热燃气温度也将被提高，这些都将造成动力涡轮进口温度的增加。采用可调几何结构动力涡轮非常有利，因为当这种涡轮与换热器结合使用时升高的涡轮出口温度可被换热器利用。但工作中要保证任何一个部件的温度都控制在限制范围内，不能超温。

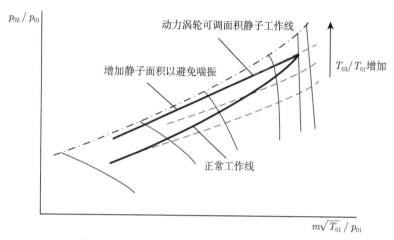

图 8-24   可调动力涡轮静子对工作叶片的影响

在对动力涡轮静子进行可变几何调节过程中，动力涡轮的效率将明显受到可调静子位置的影响，但是对动力涡轮加以仔细设计，通过保持部分载荷运行时较高的涡轮进口温度就能够显著抵消涡轮效率的降低，可调静子的面积改变在 ±20% 以内，涡轮效率的损失都在可接受范围内。可调静子的工作温度可达到 1000~1100K，因此需要对可调静子叶片进行冷却。

8.2   双转子匹配及性能预测

随着燃气轮机设计压比的增大，设计点和非设计点的密度差别将增大，由于不合适的周向速度而产生的叶片失速可能性也显著增加，为了避免进入喘振，前面介绍了可以采用压气机中间级放气的方法，但这会带来功率的浪费。另外一种有效的解决方法是采用双转子压气机的设计。由图 8-25 可以看出，当压气机转速小于设计转速时，将引起第一级叶片攻角增大，最后一级攻角减小，随压气机总压比增大，这种影响更大。通过将压气机分成由不同涡轮驱动的两部分 (或更多)，就可以提高最后一级的速度并减小第一级的速度，使前后级的攻角都保持在设计值。在常见的双转子结构中，低压压气机由低压涡轮驱动，而高压压气机由高压涡轮驱动，两个转子的转速是相互独立的，当燃气轮机在非设计点工作时，两个转子将在各自的转速下产生强烈的气动耦合，匹配工作。

双转子匹配采用的基本方法与单转子燃机匹配方法的区别在于必须满足转子之间的流量连续。虽然两转子在机械上彼此独立，但两转子转速比的气动力耦合决定了两者的匹配。下面分析双转子燃气轮机的性能预测。双转子涡喷发动机的截面编号见图 8-26，低压和高压转子的转速分别为 N_L、N_H，相应的轴动力装置在截面 6 和 7 之间用一个动力涡轮取代推进喷管。

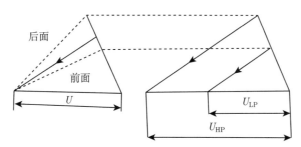

图 8-25　利用双转子调节压气机前面级和后面级速度三角形示意图

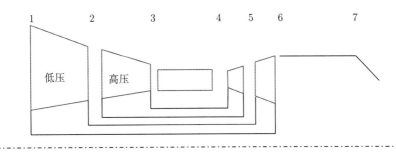

图 8-26　双转子涡喷发动机的截面编号

下面略述双转子匹配步骤。为了更容易地分析和理解问题的物理本质，做以下近似假设：首先假设已知涡轮特性线，涡轮效率及燃烧室压力损失恒定。考虑功率平衡，则低压和高压转子的方程式为

$$\eta_{m\text{L}} m c_{pg} \Delta T_{056} = m c_{pa} \Delta T_{012}$$

$$\eta_{m\text{H}} m c_{pg} \Delta T_{045} = m c_{pa} \Delta T_{023}$$

必须满足压气机之间、涡轮之间以及最终低压涡轮和喷管 (或者动力涡轮) 之间的流量连续。图 8-27 显示了喷管 (或者动力涡轮) 的引入对工况的进一步限制。

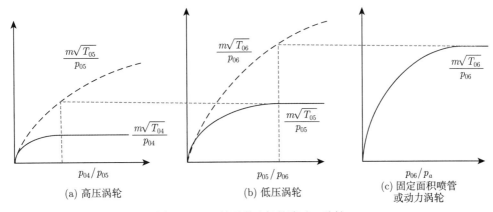

(a) 高压涡轮　　　　　　　(b) 低压涡轮　　　　　(c) 固定面积喷管
　　　　　　　　　　　　　　　　　　　　　　　或动力涡轮

图 8-27　双转子发动机的流动一致性

双转子发动机的匹配计算比较烦琐,双转子发动机的高压转子相当于带有固定喷管 (其面积由低压涡轮静子叶片的喉道面积限定) 的单转子涡喷发动机, 理解了这点后就可以对

匹配计算做出大幅度简化。对于单转子涡喷发动机,当喷管临界时定义一条独特的工作线,并且当低压涡轮静子叶片临界时,在双转子发动机的高压压气机特性线图上定义一条类似的唯一的工作线 (应该注意,双转子燃气轮机的低压涡轮实际上在大部分有效的运行范围内是临界的,但在慢车状态可能未临界)。只考虑高压转子就可以确定高压压气机特性线图上的唯一工作线的位置,在此位置由流量连续和功率平衡得到

$$\frac{m\sqrt{T_{04}}}{p_{04}} = \frac{m\sqrt{T_{02}}}{p_{02}} \times \frac{p_{02}}{p_{03}} \times \frac{p_{03}}{p_{04}} \times \sqrt{\frac{T_{04}}{T_{02}}} \tag{8-29}$$

$$\frac{\Delta T_{045}}{T_{04}} = \frac{\Delta T_{023}}{T_{02}} \times \frac{T_{02}}{T_{04}} \times \frac{c_{pa}}{c_{pg}\eta_{mH}} \tag{8-30}$$

对于高压压气机特性线图上定 $N_H/\sqrt{T_{02}}$ 线上的每个点,根据反复迭代步骤就可以解出 T_{04}/T_{02} 值。对于特殊情况,当低压涡轮临界时,高压涡轮将受到限制,其在固定的无量纲点上工作并且 p_{04}/p_{05}、$m\sqrt{T_{04}}/p_{04}$ 和 $\Delta T_{045}/T_{04}$ 值为固定值,代入式 (8-29) 和式 (8-30) 中的 $m\sqrt{T_{04}}/p_{04}$ 和 $\Delta T_{045}/T_{04}$,在高压特性线图上就可以确定低压涡轮静子临界时的工作线。确定低压临界线的意义在于它很容易满足两个压气机之间的流量连续要求。

尽管本节将要描述的步骤同样适用于具有独立动力涡轮的涡喷发动机和轴功率装置,但是它最方便解释具有完全可调推进喷管的涡喷发动机的情况。喷管面积变化将会直接影响低压涡轮的工作,并因此影响低压压气机;但是高压涡轮与喷管之间由低压涡轮隔开,如果低压涡轮临界,高压涡轮转子将避免由可调喷口造成的扰动影响。即使高压特性线图上的工作区域是由低压涡轮临界所确定的一根工作线,应用完全可调喷口后也能允许发动机在更广范围内的低压压气机特性线图上工作,与单转子发动机的情况一样。因此如果假设一个完全可调喷口,则从低压特性线图上的任意一点开始计算,最后一步计算是确定所要求的喷口面积。此计算步骤不需要迭代,总结如下所述。

(1) 根据环境和飞行条件确定进口条件 T_{01} 和 p_{01};对于地面装置,$T_{01} = T_a$,$p_{01} = p_a$。

(2) 在低压压气机特性线图的定 $N_L/\sqrt{T_{01}}$ 线上选择任意点,其将规定 $m\sqrt{T_{01}}/p_{01}$、p_{02}/p_{01} 和 η_{cL} 值。然后运用式 (8-4) 计算出压气机温升 ΔT_{012} 和温度比 T_{02}/T_{01}。

(3) 由恒等式:

$$\frac{m\sqrt{T_{02}}}{p_{02}} = \frac{m\sqrt{T_{01}}}{p_{01}} \times \frac{p_{01}}{p_{02}} \times \sqrt{\frac{T_{02}}{T_{01}}}$$

得出低压压气机出口处的无量纲流量 $m\sqrt{T_{02}}/p_{02}$,根据压气机之间的流量连续,该值即为高压压气机进口处的无量纲流量。

(4) 由低压涡轮临界确定高压压气机特性线图上的工作线,已知值 $m\sqrt{T_{02}}/p_{02}$ 定义高压压气机特性线图上的工作点。该点给出 p_{03}/p_{02}、$N_H/\sqrt{T_{02}}$ 和 η_{cH} 值,并且可以得出 ΔT_{023} 和 T_{03}/T_{02} 值。

(5) 压气机总压比由下式得出:

$$\frac{p_{03}}{p_{01}} = \frac{p_{03}}{p_{02}} \times \frac{p_{02}}{p_{01}}$$

(6) 涡轮进口压力 p_{04} 由下式得出：

$$p_{04} = \frac{p_{03}}{p_{01}} \times \frac{p_{04}}{p_{03}} \times p_{01}$$

式中，p_{04}/p_{03} 由燃烧压力损失获得。

(7) 根据两个涡轮之间的流量连续已经确定出 $m\sqrt{T_{04}}/p_{04}$ 值，并且由 $m\sqrt{T_{01}}/p_{01}$、T_{01} 和 p_{01} 得出 m 值。

(8) 涡轮进口温度 T_{04} 由下式得出：

$$T_{04} = \left(\frac{m\sqrt{T_{04}}}{p_{04}} \times \frac{p_{04}}{m} \right)^2$$

(9) 高压涡轮在固定的无量纲点上工作，p_{04}/p_{05} 和 $\Delta T_{045}/T_{04}$ 由低压涡轮临界确定。低压涡轮进口处的状态参数 p_{05} 和 T_{05} 由下式得出：

$$p_{05} = \frac{p_{05}}{p_{04}} \times p_{04}, \quad T_{05} = T_{04} - \Delta T_{045}$$

(10) 必须满足低压压气机的工作要求。这由下式给出：

$$\eta_{mL} m c_{pg} \Delta T_{056} = m c_{pa} \Delta T_{012}$$

ΔT_{012} 已知，则可以计算出 ΔT_{056}。

(11) ΔT_{056} 和 T_{05} 已知，低压涡轮出口处和喷口进口处的温度由下式给出：

$$T_{06} = T_{05} - \Delta T_{056}$$

(12) 低压涡轮膨胀比 p_{05}/p_{06} 由下式得出：

$$\Delta T_{056} = \eta_{tL} T_{05} \left[1 - \left(\frac{1}{p_{05}/p_{06}} \right)^{(k-1)/k} \right]$$

一旦 p_{05}/p_{06} 可知，p_{06} 由下式给出：

$$p_{06} = \frac{p_{06}}{p_{05}} \times p_{05}$$

(13) m、T_{06} 和 p_{06} 值确定，喷口总压比 p_{06}/p_a 已知。假设进口条件，压比和流量，则喷口面积计算就很简单。一旦计算出所要求的喷口面积，则完成匹配步骤并且获得特别喷口面积的稳定工作点以及初始值 $N_L/\sqrt{T_{01}}$。

(14) 可以重复该匹配步骤以获得其他 $N_L/\sqrt{T_{01}}$ 线上的点。这样就获得一个完整的性能计算所要求的所有数据，如每个工作点对应的推力、燃油流量和耗油率。

注意，如果使用固定的喷口，则步骤 (13) 计算出的喷口面积一般不等于规定的面积；这就需要返回到步骤 (2)，在低压特性线图的同一条 $N_L/\sqrt{T_{01}}$ 线上尝试用另一点进行迭代计算直到获得正确的喷口面积。

低压涡轮工作对其特性图上的未临界部分的影响是使高压特性线图上的工作线位置升高 (即朝喘振线的方向移动)，这是由于高压涡轮出口处的无量纲流量降低。必须对上述计算稍作修改以应对未临界的低压涡轮，但是该情况只可能发生在低功率条件下，在此不涉及计算修改。

最后，如果是针对轴功率装置，步骤 (13) 生成动力涡轮进口处的 $m\sqrt{T_{06}}/p_{06}$ 值和动力涡轮落压比 p_{06}/p_a。如果在已知 $m\sqrt{T_{06}}/p_{06}$ 值与压比的条件下 (见图 8-27) 由动力涡轮特性线图获得的值不一致，则有必要返回到步骤 (2) 进行重复计算。

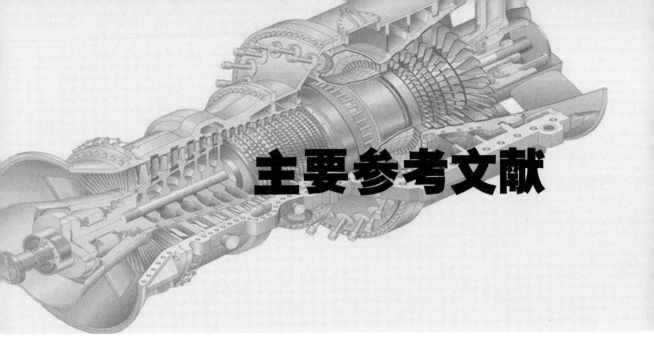

主要参考文献

楚武利, 刘前智, 胡春波. 2009. 航空叶片机原理 [M]. 西安: 西北工业大学出版社.

邓明. 2008. 航空燃气涡轮发动机原理与构造 [M]. 北京: 国防工业出版社.

李孝堂, 侯凌云, 杨敏, 等. 2006. 现代燃气轮机技术 [M]. 北京: 航空工业出版社: 1-18.

彭泽琰, 刘刚, 桂幸民, 等. 2008. 航空燃气轮机原理 [M]. 北京: 国防工业出版社: 175-277.

清华大学电力工程系燃气轮机教研组. 1978. 燃气轮机 (上册)[M]. 北京: 水利电力出版社: 1-9.

翁史烈. 1996. 燃气轮机与蒸汽轮机 [M]. 上海: 上海交通大学出版社.

吴国钏. 1993. 航空叶片机原理 [M]. 南京: 南京航空航天大学出版社: 1-204.

Saravanamuttoo H I H, Rogers G F C, Cohen H, 等. 2008. 燃气涡轮原理 [M]. 黄维娜, 译. 北京: 航空工业出版社: 1-25.

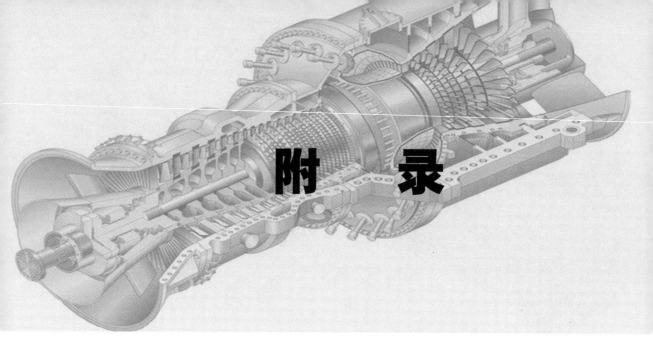

附　录

附表 1　国际标准大气条件 (ISA)

z/m	p/bar	T/K	ρ/ρ_0	$a/(\mathrm{m/s})$
0	1.01325	288.15	1.0000	340.3
500	0.9546	284.9	0.9529	338.4
1000	0.8988	281.7	0.9075	336.4
1500	0.8456	278.4	0.8638	334.5
2000	0.7950	275.2	0.8217	332.5
2500	0.7469	271.9	0.7812	330.6
3000	0.7012	268.7	0.7423	328.6
3500	0.6578	265.4	0.7048	326.6
4000	0.6166	262.2	0.6689	324.6
4500	0.5775	258.9	0.6343	322.6
5000	0.5405	255.7	0.6012	320.5
5500	0.5054	252.4	0.5694	318.5
6000	0.4722	249.2	0.5389	316.5
6500	0.4408	245.9	0.5096	314.4
7000	0.4111	242.7	0.4817	312.3
7500	0.3830	239.5	0.4549	310.2
8000	0.3565	236.2	0.4292	308.1
8500	0.3315	233.0	0.4047	306.0
9000	0.3080	229.7	0.3813	303.8
9500	0.2858	226.5	0.3589	301.7
10000	0.2650	223.3	0.3376	299.5
10500	0.2454	220.0	0.3172	297.4
11000	0.2270	216.8	0.2978	295.2
11500	0.2098	216.7	0.2755	295.1
12000	0.1940	216.7	0.2546	295.1
12500	0.1793	216.7	0.2354	295.1
13000	0.1658	216.7	0.2176	295.1
13500	0.1533	216.7	0.2012	295.1
14000	0.1417	216.7	0.1860	295.1
14500	0.1310	216.7	0.1720	295.1
15000	0.1211	216.7	0.1590	295.1

z/m	p/bar	T/K	ρ/ρ_0	$a/(m/s)$
15500	0.1120	216.7	0.1470	295.1
16000	0.1035	216.7	0.1359	295.1
16500	0.09572	216.7	0.1256	295.1
17000	0.08850	216.7	0.1162	295.1
17500	0.08182	216.7	0.1074	295.1
18000	0.07565	216.7	0.09930	295.1
18500	0.06995	216.7	0.09182	295.1
19000	0.06467	216.7	0.08489	295.1
19500	0.05980	216.7	0.07850	295.1
20000	0.05529	216.7	0.07258	295.1

注：$\rho_0 = 1.2250 \text{ kg/m}^3$。